我的葡萄酒生活提案

LE VIN C'EST PAS SORCIER

選對酒杯，看懂酒標，品出酒香味
買瓶好喝的酒一起享受生活

歐菲莉 • 奈曼 Ophélie Neiman 著
亞尼斯 • 瓦盧西克斯 Yannis Varoutsikos 繪

suncolor
三采文化

歐菲莉：
感謝皮耶．桂格及我摯愛的父親，謝謝你們好心又認真的審閱。

亞尼斯：
特別感謝我未來的太太安娜羅兒的支持，幫助我完成這了不起的作品。
感謝歐菲莉用直率幽默的文字，增長了我的葡萄酒知識。
感謝菲尼．德拉哈耶、埃馬紐爾．瓦盧的專業指導。

謝謝大家！

好日好食11

我的葡萄酒生活提案

選對酒杯，看懂酒標，品出酒香味
買瓶好喝的酒一起享受生活

作者｜歐菲莉．奈曼（Ophélie Neiman）
繪者｜亞尼斯．瓦盧西克斯（Yannis Varoutsikos）
譯者｜葉姿伶 聶汎勳 陳定鑫 張彩純 廖子萱
責任編輯｜吳愉萱
封面設計｜池婉珊
校對｜陳正益
內頁編排｜優克居有限公司

發行人｜張輝明
總編輯｜曾雅青
發行所｜三采文化股份有限公司
地址｜台北市內湖區瑞光路513巷33號8樓
傳訊｜TEL:8797-1234　FAX:8797-1688
網址｜www.suncolor.com.tw
郵政劃撥｜帳號：14319060
戶名：三采文化股份有限公司
本版發行｜2015年1月20日
定價｜NT$ 480元

國家圖書館出版品預行編目資料

我的葡萄酒生活提案 /歐菲莉．奈曼（Ophélie Neiman）著；
譯.-- 初版.-- 臺北市：三采文化, 2014.09
面：　公分.-- （好日好食：11）
譯自：LE VIN C'EST PAS SORCIER
ISBN 978-986-342-215-0(平裝)

1.飲食 2.葡萄酒

463.814　　103015203

目錄

茱莉葉開派對

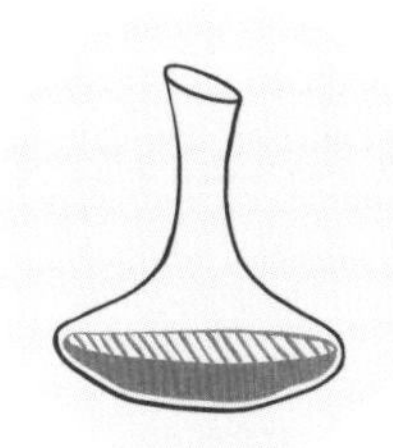

8　派對前的準備工作
20　在派對上
29　派對結束後

帕柯姆學品酒

36　葡萄酒的色澤
42　葡萄酒的香氣
52　口中的葡萄酒
66　尋找夢想中的葡萄酒

艾多種葡萄

74　從品種到果實
76　白色的葡萄品種
86　紅色的葡萄品種
96　葡萄樹的生命週期
106　葡萄採收的時機
110　如何釀造葡萄酒
118　葡萄酒的培養熟成

柯哈莉參觀酒莊

130　風土條件
134　法國葡萄酒
154　歐洲葡萄酒
164　世界各地的葡萄酒

保羅買葡萄酒

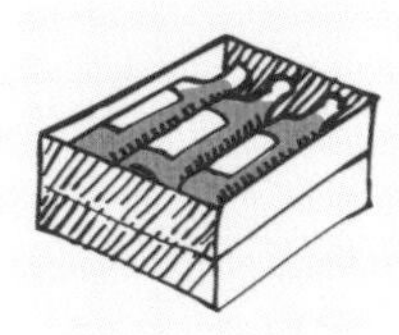

176　上餐廳點酒
181　讀懂酒標
187　選購葡萄酒
185　建立自己的酒窖

茱莉葉邀請她的朋友帕柯姆、艾多、柯哈莉和保羅一起到家裡來聚會。今晚的主題是葡萄酒，每個人對酒都有自己的一套研究：帕柯姆去學了品酒，艾多對葡萄酒的釀製懂得不少，柯哈莉熱愛旅遊和參觀酒莊，保羅還在家裡建立了專屬於自己的小酒窖。

茱莉葉要扮演好女主人的角色，得花點心思好好準備，才不會讓她的朋友們失望：她必須慎選酒杯、為今晚的餐點搭配好酒、適時地服務……然而這一切卻不如她想像中那麼簡單。她心想，要是自己是一位侍酒師，她就會知道該選擇什麼酒，來配合今晚的餐點和聚會的氣氛。不過別擔心，書中有許多專業又貼心的建議可以解決她的難題。不論是派對結束後如何清潔酒杯、處理紅酒的汙漬，或是如何處理沒喝完的葡萄酒，都沒有問題。更重要的是，她知道如何避免宿醉！一想到這，她又有了靈感：不如來玩一個充滿驚喜的盲飲遊戲呢？

這個章節是寫給所有像茱莉葉一樣的朋友，讓大家都能輕輕鬆鬆辦一場賓主盡歡的葡萄酒派對。

JULIETTE

茱莉葉開派對

派對前的準備工作 / 在派對上
派對結束後

派對前的準備工作

用哪種酒杯有差嗎？

下列是晚餐餐桌上最常出現的各種玻璃杯。

1. 水杯

用來裝水的。用這種杯子盛裝好酒，完全無法呈現它的優點與特質，頂多只能用來盛裝劣酒。

2. 碟型香檳酒杯

杯型漂亮，但香檳的香氣容易溢散。當初這款酒杯被鑄造出來時，又被稱為「龐巴度侯爵夫人的左乳房」。

3. 笛型香檳酒杯

最適合用來品嚐香檳，也適合品嚐活潑的白酒或開胃酒（例如基爾酒、波特酒、馬德拉酒、雞尾酒……）

4. 專業酒杯：INAO 杯（或稱 ISO 杯）

十分適合品酒，主要供品酒競賽的評審使用，所以容量有點小。因價格合理又適合盛裝各種類型的葡萄酒，巴黎的小酒館都愛用。

5. 勃根地酒杯

杯體渾圓、杯口狹小，可以聚集香氣。喝酒時，香氣會充滿整個鼻尖，非常適合品嚐勃根地紅酒，也適用於白酒跟年輕的紅酒。

6. 特級勃根地酒杯

專門提供給那些名氣大、單價高的勃根地紅酒使用。杯頸的設計是為了使香氣聚集，然後一次散開。

7. 波爾多酒杯

外形像一朵高大的鬱金香，適用於各種葡萄酒（除了清淡型的白酒）。和 5 號杯不同，它的杯頸較窄、杯口相對較寬，讓酒可以流進舌頭的味覺區，適用於濃郁厚重的酒款。

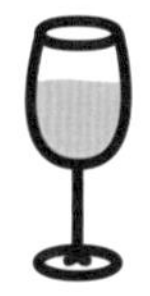

8. 萬用酒杯

身型與 7 號杯相似，只是容量比較小。不論是清瘦或濃郁的白酒、年輕或陳年的紅酒，甚至濃郁型的香檳也適用。簡單來說，雖沒有專門用途，卻適合所有酒款。

9. 有上色且裝飾的酒杯

矯情又做作，不適用於任何場合，尤其不適合喝葡萄酒。它會蓋掉葡萄酒的色澤、浪費其香氣。除非有特殊情感價值，不然可轉作迷你花瓶或蠟台使用。

高腳杯的好處

高腳杯的兩個用途：

保持酒的鮮度：手的溫度會影響酒的本質，捧住杯肚就好像把葡萄酒放在熱水瓶裡一樣，長長的杯腳可以讓你握住酒杯而不碰到盛酒的部分。

擴散酒的香氣：渾圓的紅酒杯可讓酒的香氣集中在你的鼻子前，自由地揮發擴散，讓我們能好好感受那些香氣。

相反地，一個大口無腳的杯子會使香氣四散消失，拿來裝上好的紅酒實在是可惜。拜託不要再蹂躪你的葡萄酒了！

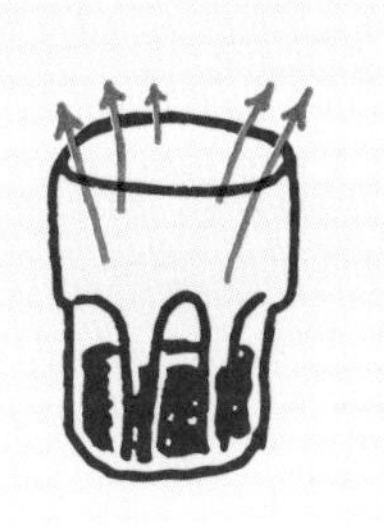

如果只能選一個呢？

可以選勃根地酒杯或大的萬用酒杯，它們適用於所有的場合和各種酒。記得，使用太小的杯子會讓香氣強烈的紅酒無法發揮，使用過於寬大的酒杯則會破壞清淡型白酒的原味。

酒杯的樣式還有很多種，有些特殊造型的酒杯被設計來盛裝特別的酒款，例如 Chef & Sommelier 品牌的 Open up 系列，具有稜角的杯肚可以完整地釋放香氣，達到醒酒的功能。若你喜愛喝香氣十足或是較精緻的酒，可以選這一種。基本上，你的選擇還是取決於你的喜好。

玻璃杯或水晶杯？

為什麼水晶杯比較好？

水晶杯可以做得十分細薄，杯緣甚至只比一張紙再厚一些。與厚重的玻璃杯相反，裝在水晶杯裡的酒喝起來有種輕盈優雅的感覺，幾乎讓人忘了杯子的存在。它的另一個好處是傳熱速度較慢，可以讓酒維持在低溫狀態久一點。水晶的表面比玻璃粗糙，當搖晃酒杯讓酒與空氣接觸時，杯壁上的小凹凸可以留住更多的酒，讓酒釋放更多的香氣。然而，我們並不建議笨手笨腳的人使用這種酒杯，因為水晶杯價格昂貴。若你買的杯子數量比你買的酒還多，那就算了吧。現在也有一些使用新材質製作的酒杯，比水晶杯更耐用，而且依然可以呈現出相同的視覺效果。

葡萄酒開瓶器

你的抽屜裡放的是哪一種開瓶器？這個問題的答案取決於你的品味、耐心、預算、能力，而非你的力氣多寡。開瓶器的原則很簡單：一個螺旋鑽頭和一個握柄。為避免軟木塞損毀，我們要慎選帶有溝槽的螺旋鑽頭；若是鑽頭太短，可能會有弄斷軟木塞的危險。

蝴蝶型開瓶器

用法很簡單，將鑽頭擰緊之後按壓雙側把手即可。此款開瓶器的優點是好操作而且省力；它的握柄處有兩個齒輪，只要將握柄同時往下壓，就可以利用槓桿原理將軟木塞拔出。唯一的缺點是，它的鑽頭往往會戳穿瓶塞，使得軟木屑掉進葡萄酒裡。

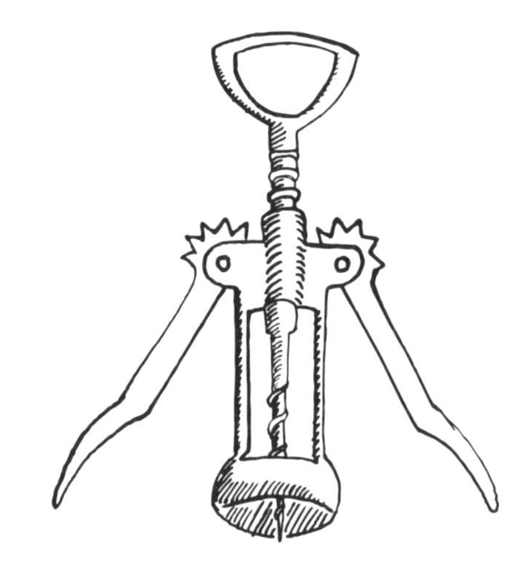

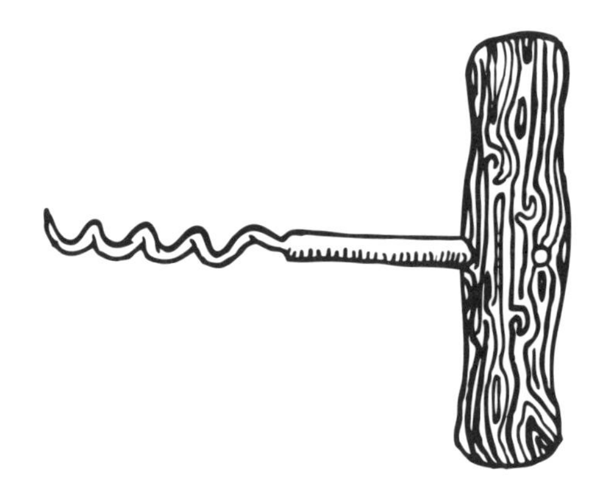

T型開瓶器

它沒有任何齒輪或操縱槓桿，只有一個單純的握柄讓你施力。若你沒有足夠的開瓶經驗，只用蠻力的話很有可能會損毀瓶塞。

其實它主要的功能應該是用來測量二頭肌的大小。

兔耳型開瓶器

這是同類型產品中開瓶速度最快，最適合高齡九十歲的爺爺連開二十瓶酒又不用擔心扭傷手腕。但是它的體積較大、價格較高，而且無法調整角度。

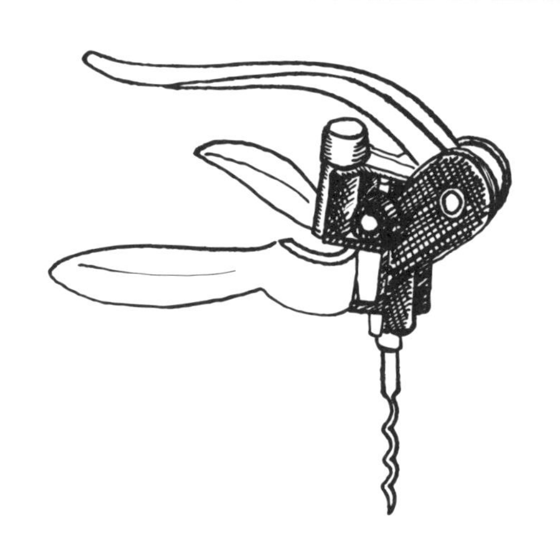

侍酒師開瓶器

又稱「侍酒師之友」，也可用來開一般瓶蓋。這是餐廳常用的開瓶工具，也是我的最愛，因為此款開瓶器可以依據軟木塞的狀態來決定如何對付它。為了發揮它真正的功效，將鑽頭固定後，要記得利用活動關節分段提起瓶塞，以減低抗力，避免弄斷軟木塞。此開瓶器攜帶方便，適合放在口袋或是手提袋裡，便於應付任何狀況。

4

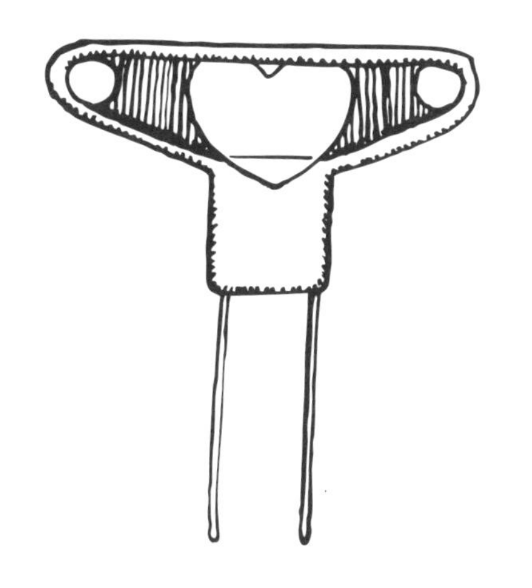

5

雙金屬片開瓶器（老酒開瓶器）

老酒愛好者的祕密武器，很少人知道。它並不具備螺旋鑽頭，也不會破壞瓶塞，但使用它需要更多技巧，將那薄薄的金屬片塞入瓶口內壁和軟木塞之間，在旋轉的同時輕輕地將瓶塞拔出。錯誤的使用方法會將瓶塞推入酒瓶內，然而對那些老酒來說，和軟木塞被搗爛的風險相比，這只是芝麻小事一件。

啊，我把軟木塞弄斷了！

別驚慌，在這裡提供大家兩個解決辦法：

如果有侍酒師開瓶器，將鑽頭傾斜勾入軟木塞固定（避免洞孔越鑽越大），緊壓在瓶口內壁一側，垂直向上拉起。

如果沒有侍酒師開瓶器，就將軟木塞推入酒瓶（小心酒濺出來），再立刻將酒倒入另一個玻璃瓶，以免軟木塞影響酒的味道。

方法 1.

方法 2.

不用開瓶器的開瓶法

要是你什麼都準備好了，唯獨遺漏了開瓶器，這裡有幾個開瓶方法供你參考。

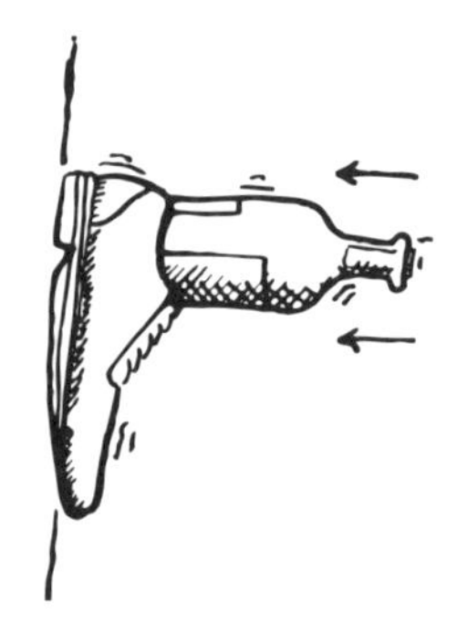

— 1 —

把軟木塞推入酒瓶內：要這麼做，一定要能在開酒後直接將酒倒入別的玻璃瓶中，才能避免軟木塞影響了葡萄酒的原味——這種開瓶方法真的會在三分鐘內破壞酒的味道。

— 2 —

自製開瓶器：獻給那些喜歡DIY、或想在派對上表現得好像很聰明的人。找個東西來拴住瓶塞，例如一個螺絲和一把鉗子，然後使用巧勁把它拉起來。這個方法很實用，而且經由本書作者測試成功；她在某次派對上從微波爐拆下了一個螺絲，再加上一把剪刀，就這樣開了四瓶酒，朋友們都玩得不亦樂乎。

— 3 —

藉由壓力將瓶塞推出：你需要一面牆或一棵樹，還有一隻有木跟或橡膠底的鞋子。撕開瓶口的金屬鉛封，將酒瓶放在鞋裡與鞋底垂直，再牢牢地對著牆面敲打鞋跟（要同時緊按住酒瓶）。衝擊的力道會從鞋底傳到瓶頸，將瓶塞往外推。敲打七、八次之後，瓶塞差不多就會鬆動。要注意，這時候開瓶，酒會因為壓力而噴出來。最好準備一條毛巾保護好你的手，以防瓶身破碎。除了要考慮安全性，劇烈搖晃瓶身也會影響酒的品質，不過在野餐時卻不失為一個好方法。

還好你有先見之明：買一瓶旋轉瓶蓋的葡萄酒，那就不需要開瓶器了！

如何開香檳？

開香檳是一件危險的事情，要是沒有「操作」好，有可能會打傷家人的眼睛，或者打碎長輩的花瓶。若不是非常熟練，下列有幾個簡單的訣竅可以幫助我們輕鬆打開香檳。

打開香檳前不要去搖晃它。如果你曾把它放在袋子裡，提著它走來走去，請將它靜置在陰涼處至少一個半小時。

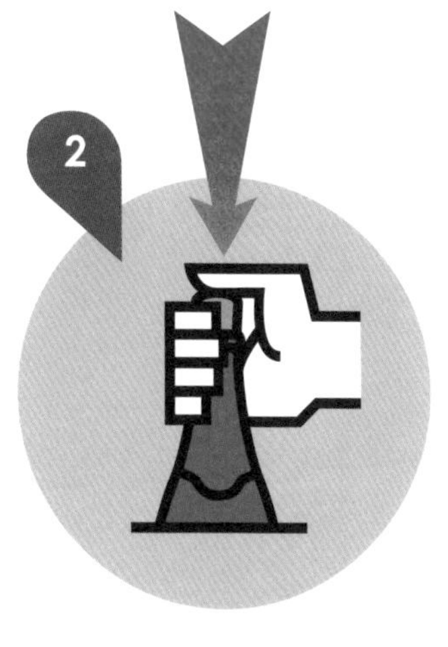

絕不可以漫不經心地解開固定瓶塞的鐵絲環。鐵絲環一旦鬆開，就要用大拇指按住瓶塞，防止它噴射出去。

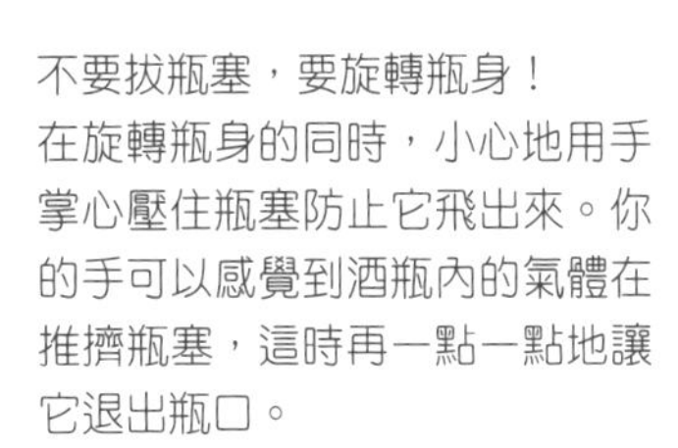

不要拔瓶塞，要旋轉瓶身！
在旋轉瓶身的同時，小心地用手掌心壓住瓶塞防止它飛出來。你的手可以感覺到酒瓶內的氣體在推擠瓶塞，這時再一點一點地讓它退出瓶口。

不要隨便放手！握著瓶塞和酒瓶，直到它們徹底分開的那一刻。你將會聽到輕輕的一聲「啵」，然後就可以優雅又從容不迫地開啟你的香檳了。

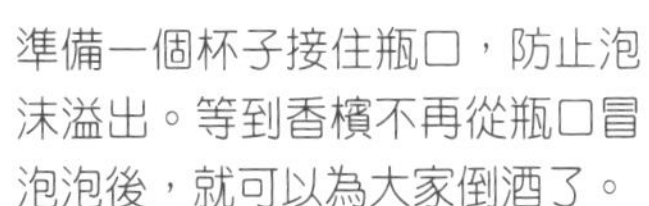

準備一個杯子接住瓶口，防止泡沫溢出。等到香檳不再從瓶口冒泡泡後，就可以為大家倒酒了。

什麼場合喝什麼酒？

選酒並沒有一定的標準，每個人都有自己喜歡的口味。儘管如此，我們喝的酒多少還是會影響氣氛，在某些場合選對了酒，或許會有意想不到的加分效果！

情人的晚餐

好主意：

營造優雅氣氛：勃根地 Côte de Nuits 紅酒或 Chablis 白酒
輕鬆的：波爾多白酒
甜蜜美好的生活：托斯卡尼紅酒
知性的：羅亞爾河白酒（白梢南葡萄品種）
性感的：隆河紅酒
擄獲甜食愛好者的心：甜白酒

壞主意：

喝太多紅酒會讓牙齒變黑，給對方留下不好的印象。

瘋狂派對

好主意：

氣泡酒：來自經典酒廠的無年份不甜（brut）香檳；勃根地、阿爾薩斯、羅亞爾河等產區氣泡酒（Crémant）；西班牙卡瓦氣泡酒（Cava）。
白酒：南法 Pays d'Oc 地區餐酒（夏多內葡萄品種）
紅酒：產自隆格多克或智利、富果香且圓潤的紅酒

壞主意：

口味輕淡的葡萄酒：用大口無腳的酒杯盛裝，完全無法展現香氣！

嚴肅的餐會

（家族聚餐或和上司吃飯）

好主意白酒：

贏得大眾喜愛：勃根地 Meursault 產區
清新幹練的印象：科西嘉島

好主意紅酒：

營造和諧的氣氛：波爾多 Saint-émilion 產區
營造穩健的氣氛：羅亞爾河 Chinon 或 Bourgueil 產區
莊重地達成協議：普羅旺斯 Bandol 產區
人人都可接受的：薄酒萊 Morgon 產區

好友的小聚

好主意：

不知名的小產區：Jasnières（羅亞爾河谷地 Touraine 產區）、Pécharmant（法國西南區 Bergerac 產區）、Cadillac（波爾多甜白酒，獻給凱迪拉克的愛好者）

被遺忘的葡萄品種釀造的酒：法國西南區 Mauzac 白酒和 Jurançon Noir 紅酒、科西嘉島 Nielluccio 紅酒

產區名聲普通但品質優良的酒：Chiroubles（薄酒萊）、Muscadet Sur Lie（羅亞爾河谷地；得在信譽良好的葡萄酒專賣店購買！）

炎熱天氣喝的葡萄酒：普羅旺斯粉紅酒

窩在沙發上喝的葡萄酒：西班牙里奧哈紅酒

壞主意：

超市的廉價波爾多紅酒：給人裝模作樣和小氣鬼的印象

加味葡萄酒：你年紀夠大可以喝酒了嗎？

重要時刻

大肆慶祝的日子：白中白香檳

家族添新成員：Puligny-Montrachet（勃根地白酒）

我永遠在那裡等你：Pommard（勃根地紅酒）

你願意嫁給我嗎：Chambolle-Musigny（勃根地紅酒）

好兄弟，一輩子：Côte-Rôtie（隆河紅酒）

美好時光的紀念日：Pauillac、Saint-Julien、Margaux（波爾多紅酒）

我是最強的：Barolo（義大利 Piémont 紅酒）

如果只有你一個人呢？

孤單一人的時候，最好喝已經開過的酒，例如先前聚會沒有喝完的葡萄酒，嚐嚐它和剛開瓶時比起來有什麼不一樣。這樣會好過重新開一瓶葡萄酒，因為無法分享的好酒就像無法分享的快樂，只會讓你感到更加孤單……

開瓶的時間

開瓶後立即飲用：
不甜的白酒、富果味的白酒、清淡的紅酒、氣泡酒和香檳，這些酒在酒杯裡就可以醒酒了。

飲用前一小時開瓶：
除了氣泡酒之外，幾乎所有的葡萄酒（不論是紅酒或白酒）都需要在飲用前一小時打開瓶塞，並維持酒的冰涼度即可。

飲用前三小時開瓶：
年輕的法國、智利、阿根廷紅酒，以及部分結構扎實的義大利、西班牙、葡萄牙酒。口感強烈、尤其是非常年輕的葡萄酒，可以在飲用前六小時開瓶，經過三小時後再倒入醒酒瓶。

為什麼要讓葡萄酒呼吸？

氧氣是葡萄酒不可或缺的伴侶，也是它兇惡的敵人。在它的陪伴下，葡萄酒會不斷變化、成長……和變老。事實上，對葡萄酒來說，氧氣可以加速它熟化。

酒和空氣
葡萄酒也需要呼吸：瓶子裡的酒可以透過軟木塞接觸到外面的氧氣。當酒倒進杯子後，空氣中的氧氣就會讓酒的香味像花兒般綻放，也可以讓單寧慢慢軟化。這樣程度的醒酒對於清淡型的葡萄酒來說已經足夠了。

葡萄酒和醒酒瓶
有時，葡萄酒需要和空氣做更多的接觸，才能讓它醒過來、綻放香氣，這時就需要使用醒酒瓶。醒過的葡萄酒集中度及層次感會變得更好，口感也會變得更加柔和。白酒和香檳也可以醒酒，而且比紅酒對氧氣更加敏感，所以在橡木桶中熟成、濃郁飽滿的白酒（例如加州、勃根地、隆河等地的優質白酒，以及少部分特殊香檳），只需在醒酒瓶中停留一小段時間。

老酒和空氣
老酒在瓶子已經存放夠長的時間，讓香味和單寧發展成熟，太多的氧氣反而會讓脆弱的香氣一下子就消散了。

醒酒或換瓶？

醒酒是為了讓酒充分接觸空氣，而換瓶是為了將老酒累積的沉澱物分離出來。年輕的酒需要醒酒，年份久遠的酒才需要換瓶；兩種情況都需要將酒從瓶子倒入另一個容器裡。

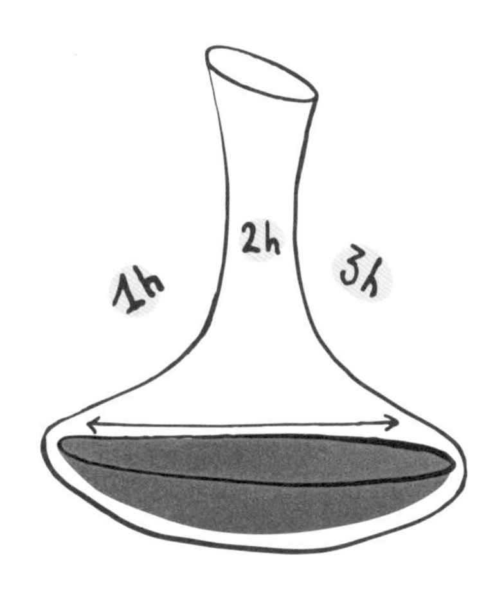

替年輕的酒醒酒

為什麼？

醒酒是為了釋放酒的香氣，這麼做也可以讓年輕紅酒中一些不好聞的味道消失。

如何醒酒？

根據每款酒的氣味與口感強度，在上桌前一至三個小時打開酒瓶，倒入醒酒瓶中。倒酒時我們可以學服務生倒薄荷茶一樣，將手舉高讓酒從高處落下，這樣可以讓酒接觸更多空氣，或是旋轉醒酒瓶讓香氣更加綻放。

用什麼樣的醒酒瓶？

最好選用腹部寬大扁平的醒酒瓶，這樣才有寬闊的空間和面積，讓酒可以充分接觸空氣。

幫老酒換瓶

為什麼？

經年累月下來，葡萄酒的單寧和色素分子轉變為沉澱物，堆積在瓶子底部，而換瓶可以避免這些沉澱物掉進客人的杯子裡。並沒有規定什麼年份的酒一定要換瓶，但執行這項任務時必須非常小心。

如何換瓶？

用餐前先將酒瓶豎直放置數小時，讓沉澱物沉澱於瓶底。然後，選一個光線明亮的環境，仔細地把酒倒入酒壺中，當灰褐色的沉澱物開始出現在瓶口時就停止。換瓶後不需等待，請直接飲用，因為氧氣很快就會破壞老酒的品質。

用什麼樣的酒壺？

為了限制酒和空氣接觸，最好選擇腹部窄、瓶口狹小、瓶蓋緊密的酒壺當作換瓶酒器。

飲用的最佳溫度

品嚐葡萄酒時，溫度非常重要：這不僅會影響香氣的釋放，也會影響口感。當一瓶酒的溫度不對，喝下去的口感甚至會讓人覺得不舒服。你可以做個小實驗，在 8℃到 18℃之間品嚐同一瓶葡萄酒，那種感覺就像在品嚐兩瓶完全不同的酒。

熱
較高的溫度或許能讓葡萄酒的某些香味更突出，但也會突顯油膩味和酒精味。溫熱的酒喝起來沉重、濃稠，甚至讓人覺得有點噁心。

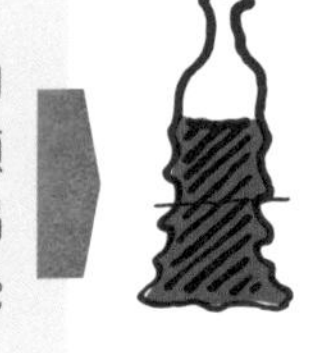

為什麼不能一視同仁，全都拿去冰箱冰就好了？

因為每種葡萄酒都有它最適合的溫度，對於不甜的白酒和口味清淡的酒，我們希望能品嚐到它清爽的酸味，所以喝的時候要保持清涼；辛香料氣味較重的紅酒，我們希望它的單寧柔和，口感才會更圓潤，所以會在常溫下飲用。

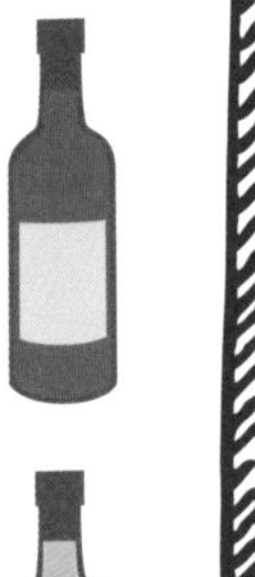

冷
低溫會讓葡萄酒的香氣無法釋放，單寧澀味和酸味便會顯得特別突出。太冰的酒反而會變得不好喝、沒有香味。

20℃以上：沒有任何酒適合在這個溫度下飲用。

16-18℃：口感強烈的紅酒。

14-16℃：柔和的紅酒、果味豐富的酒。

11-13℃：口感強烈的白酒、品質較好的香檳、清淡的紅酒。

8-11℃：利口酒和加烈甜酒、粉紅酒、果味豐富的白酒。

6-8℃：氣泡酒、香檳、口感尖銳的不甜白酒。

寧過冷，勿過熱

酒倒入酒杯之後溫度會升高，十五分鐘內大約會上升 4℃。所以寧可讓葡萄酒冰過頭，也不要讓它太熱。

小字彙：

「在室溫下飲用」，意思是把酒放在室內，使其溫度與室溫相同。但是注意，這句話有一個條件，那就是室溫必須在 17℃左右！

如何讓酒快速降溫？

葡萄酒需要儲存在涼爽的房間裡，一般來說，儲藏溫度不能超過 18℃，而最理想的溫度是 15℃。
現在客人就要來了，你的酒卻還沒達到理想的適飲溫度，該怎麼辦？

3

剩下不到一小時了

快速降溫法：在水桶裡加入半桶冷水和半桶冰，再加入大量的鹽，可以讓酒瓶的溫度降得更快。

1

大概還有二至三小時可以準備

把酒放置冰箱冷藏，依適飲溫度決定時間長短。

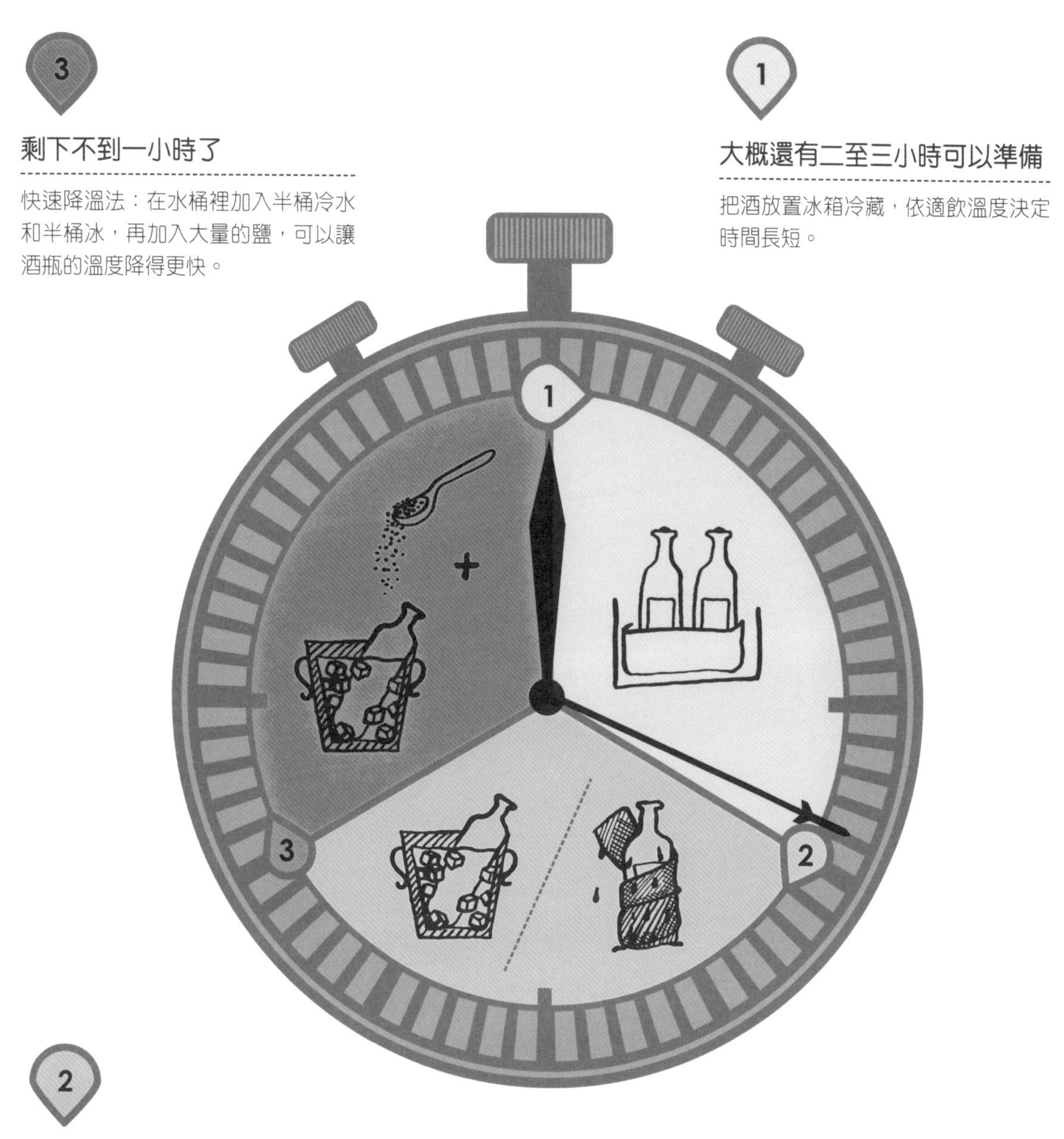

2

利用一小時降溫

將酒瓶浸在加了冰塊的水桶當中。將酒瓶放入冷凍庫也可以達到同樣效果。

另一種方法，用冰水浸濕抹布，將酒瓶包裹起來放入冰箱：濕布可以加速酒瓶降溫。

在派對上

客人帶了一瓶酒來，怎麼辦？

客人帶了一瓶酒來參加聚會，向他道謝之後，你可以試探地詢問，如果他想嚐嚐他帶來的酒，那麼請打開這瓶酒大家一起品嚐。如果這酒和今天的餐點不搭，那麼你可以將酒收到一旁，開你準備好的酒來喝。如果客人帶了一瓶需要多些時間才能成熟飲用的好酒，那麼請將酒好好收藏，數年後再邀他一同開瓶共飲。如果他沒什麼意見，那麼就看這酒是否符合今天的聚會再做決定。

不合適的酒：

如果葡萄酒和今晚的聚會主題不合（例如一瓶上好的酒和一場牛飲聚會），先收起來等待下一個合適的時間點。

如果葡萄酒和今晚的餐點不合（例如紅酒配海鮮或白酒配牛排），先收起來等下次準備合適的餐點來搭配它。

合適的酒：

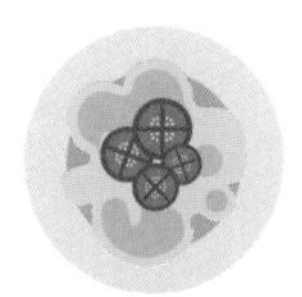

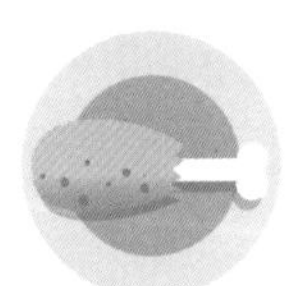

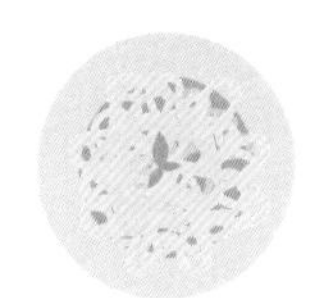

香檳和氣泡酒

如果酒已經冰過，拔出瓶塞倒出來當開胃酒；如果不冰，把它收藏起來下次再喝。

如果它和今天某道前菜很搭，就用快速降溫法讓它變得冰涼。如果是一瓶甜氣泡酒，就拿來搭配甜點。

不甜的白酒

如果酒不夠冰，將它快速降溫然後搭配前菜一起享用——前提是你準備的前菜不是油醋沙拉。

如果主菜是海鮮、白肉或沒有番茄的義大利麵，可以搭配享用。也可用來搭配飯後的乳酪。

紅酒

將它擺在室內涼爽的地方，或者放進冰箱 30 分鐘。如果主菜是紅肉或是淋上紅色醬汁的菜餚，可以搭配享用。

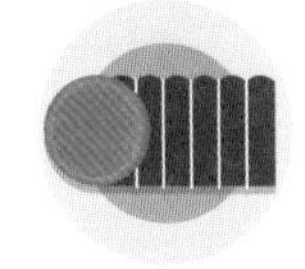

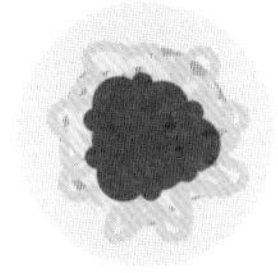

帶瓶好酒去赴宴

如果你想帶一瓶好酒參加聚會，最好先與主人聯繫，了解一下他準備的菜單，再帶一瓶能夠與菜餚互相搭配的葡萄酒。

甜白酒

把它放進冰箱，等會兒拿來搭配甜點。

喝酒也要按照順序嗎？

喝酒的順序非常重要，順序不對只會讓你後悔先前喝了那些酒。為了避免這種情況發生，要注意別讓味蕾過度受到刺激、麻痺，失去了味覺。

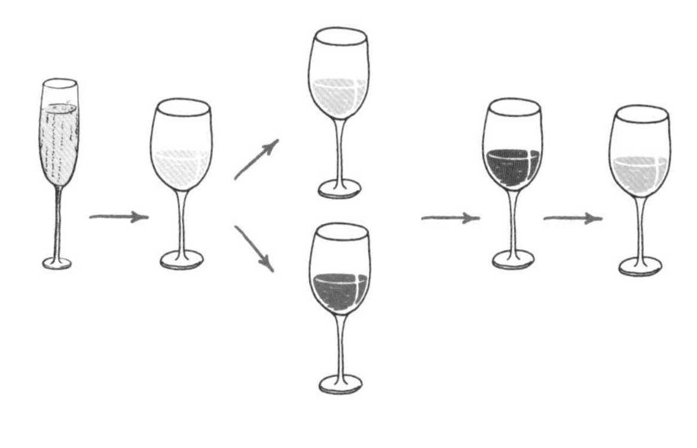

錯誤的飲酒順序會讓後面接著的酒變得難以入喉，例如：

- 先喝非常甜的酒，再喝非常不甜的酒
- 一開始就喝到溫度過高或口味非常重的酒
- 先喝口感濃郁的酒，再喝口感輕淡的酒
- 先喝充滿活力的新酒，再喝溫和的老酒

品酒原則是先喝活潑清淡的酒，再喝濃郁飽滿的酒。經典的品酒順序如下：

- 不甜氣泡酒
- 不甜白酒
- 口感濃郁的白酒或口感清淡的紅酒
- 口感濃郁的紅酒
- 利口酒或加烈甜酒

喝到相似類型的葡萄酒

要是喝到同類型的葡萄酒，先品嚐老酒、再品嚐新酒，因為老酒的口感通常更細緻。若是純粹品酒，反而要先從年輕的酒開始品嚐。品酒的時候不要吃東西，以避免食物過度刺激味蕾。

如何正確地侍酒？

當主人拔出瓶塞，在給賓客們倒酒之前，應該先在自己的杯中斟上酒。這麼做有兩個目的，一是回收開瓶時可能掉入酒中的軟木塞屑，更重要的是要在賓客之前嚐嚐這瓶酒，確認這酒是否沒問題。當然，如果你已經品嚐過，並且將它倒入醒酒瓶中，就可以跳過這個步驟。

和上主菜一樣，斟酒時先從女士們開始（年紀較長的先），才輪到男士們（年紀較長的先）。

斟酒時永遠不要超過酒杯的三分之一。這麼做不是怕客人喝太多酒，而是為了讓酒能夠更充分地呼吸、接觸空氣，讓香味釋放出來，讓你的賓客在更好的條件下品嚐葡萄酒。

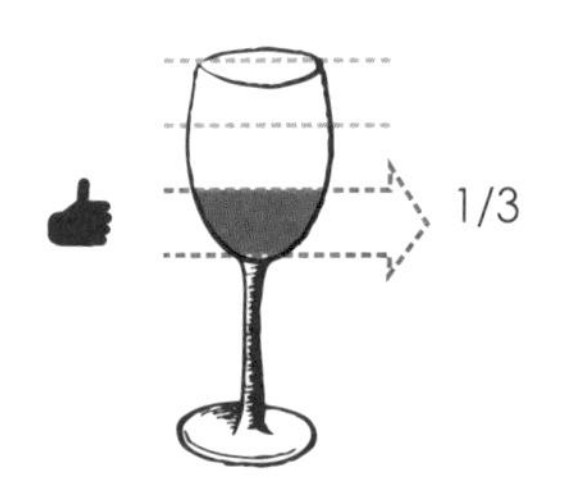

在客人的酒杯見底之前替他添酒，若客人拒絕就不要勉強。

若有足夠的餐具，請在酒杯旁放一杯水。

小心別讓酒滴出來！

每次倒完酒都會滴出來，或沿著瓶口流下來，弄髒了桌布。要解決這令人煩惱的小事，以下推薦三種方法：

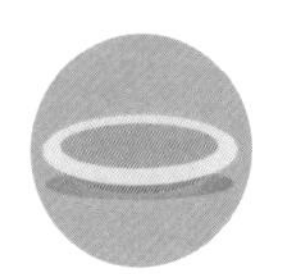

預防措施：
在桌上放一個酒墊。有些不銹鋼或銀製的酒墊非常漂亮，你也可以拿咖啡盤當作酒墊，這樣流出來的酒就不怕弄髒桌布了。但是要注意，倒酒後不要忘記再次將酒瓶放回到酒墊上。

小工具：
市面上有很多種小工具可以防止酒滴出來，或者接住滴出來的酒。例如套在瓶口的止滴環，外層是金屬、內層是天鵝絨，可以接住從瓶口流下來的酒。另一種實用的工具叫做止滴片，長得像一張有光澤的小紙片，捲起來塞入瓶口，可以有效避免酒液到處滴灑。

手動自己來：
倒完酒後，輕輕往內轉動手腕，再提起瓶身，讓酒滴流回酒瓶裡。這個方法需要練習練習才會成功。

什麼酒配什麼食物？

餐酒搭配的基礎

餐與酒之間的關係就像婚姻一樣：成功了，兩者在一起就會迸發出更美妙的味道；失敗了，兩者就會衝突、會爭吵，最後失去彼此原本的優點。但要怎麼知道到底適不適合呢？最好的方法就是去嘗試，可能的話，最好每一階段都試試看，打從廚房裡冒煙的平底鍋旁，直到盛盤上桌，看這食物是否能包容酒的味道。味道的契合是婚姻的第一步，但契合與否終究還是你個人的事，畢竟關起門來，你的鄰居也管不著。

下面幾頁提供一些餐酒搭配的基本原則，方便你參考。你可以照著原則走，當然也可以大膽嘗試不同的搭配。

顏色搭配法

這是餐酒搭配最簡單的一個訣竅——選擇顏色相同的酒食。

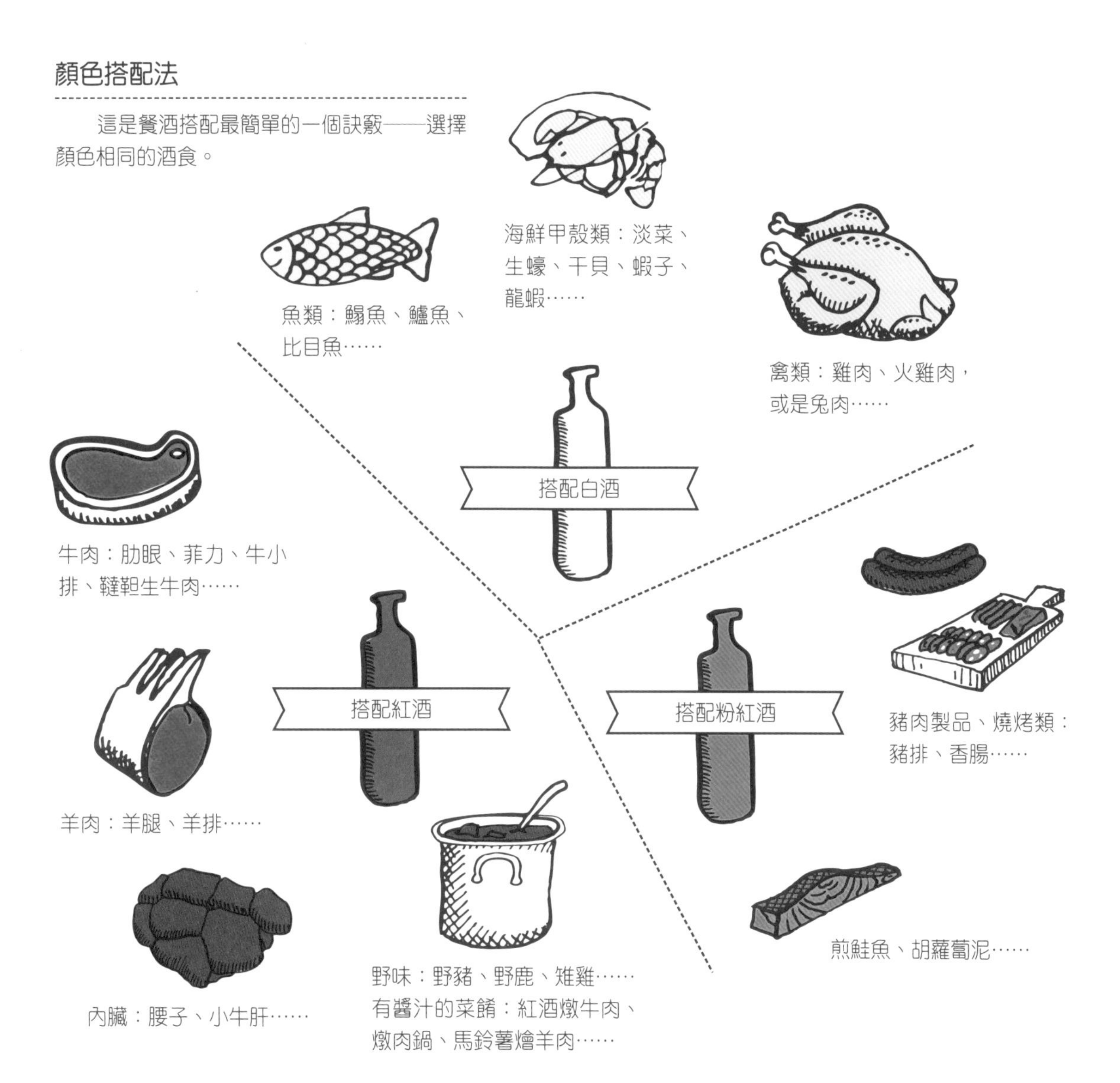

風土搭配法

若多數人選擇的主菜是同一道地方特色菜餚，可優先選擇與這道菜發源地同一區出產的葡萄酒，例如酸菜香腸鍋（Choucroute）配阿爾薩斯的麗絲玲或白皮諾、卡蘇萊燉砂鍋（Cassoulet）配卡歐（Cahors）的葡萄酒、烤乳酪（Raclette）搭配侏羅（Jura）的白酒、西班牙海鮮飯配西班牙的紅酒、波雅克小羔羊配波雅克（Pauillac）的紅酒等……

對比搭配法

比起和諧的搭配法，這種方法的目的在於製造驚喜，激發新的香氣，發現新的味道。最令人意想不到的搭配，通常來自於我們平常較少接觸的那些酒，例如氣泡酒、甜酒、加烈甜酒。

融合搭配法

選擇與菜餚風味相近的葡萄酒：濃郁的配濃郁的、不甜的配不甜的、帶鹹味的配帶鹹味的……例如帶有礦石風味的蜜思卡得（Muscadet）白酒或夏布利（Chablis）白酒可搭生蠔，有鳳梨香氣的索甸（Sauternes）貴腐甜白酒配上法式鳳梨派；口感強烈的酒搭味道濃郁的菜餚，口感清淡的酒配柔和細膩的菜色。如果使用葡萄酒入菜，也可留一些用來佐餐，或者另外挑一瓶相同產區且相同品種的葡萄酒。

下列是幾種比較大膽的酒食搭配：

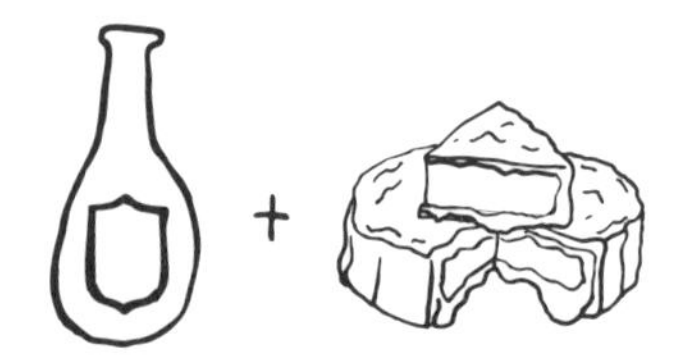

不甜（brut）的香檳或是品質好的氣泡酒，搭一塊成熟、半融化的卡門貝爾乳酪（Camenbert）——酒中的氣泡可以中和乳酪裡的油脂。此外也可以嘗試搭配蘋果氣泡酒。

侏羅的黃酒（Vin Jaune）搭咖哩雞——咖哩的氣味會影響口中的葡萄酒，但伴隨出現的會是蘋果、堅果及水果乾的香氣。

超甜型葡萄酒搭配安佩爾圓型乾乳酪（Fourme d'Ambert），或是索甸貴腐甜白酒搭配洛克福藍紋乳酪（Roquefort）——葡萄酒的甜味抑制了乳酪刺鼻的味道，並可突顯乳酪的圓潤和濃郁。

甜型葡萄酒搭配泰式料理或中式烤鴨——口感偏甜的葡萄酒，竟意外地與亞洲料理鹹中帶甜的調味方式合襯。此外葡萄酒中的糖可去掉菜餚中的辛辣味，減緩口中的灼熱感。

不適合搭配葡萄酒的食物

有些食物不適合和葡萄酒一起享用，更糟的是，它們還會讓葡萄酒變得不好喝。

醋會讓葡萄酒變成活死人。

生食會讓葡萄酒昏迷。

大蒜會把葡萄酒掐死。

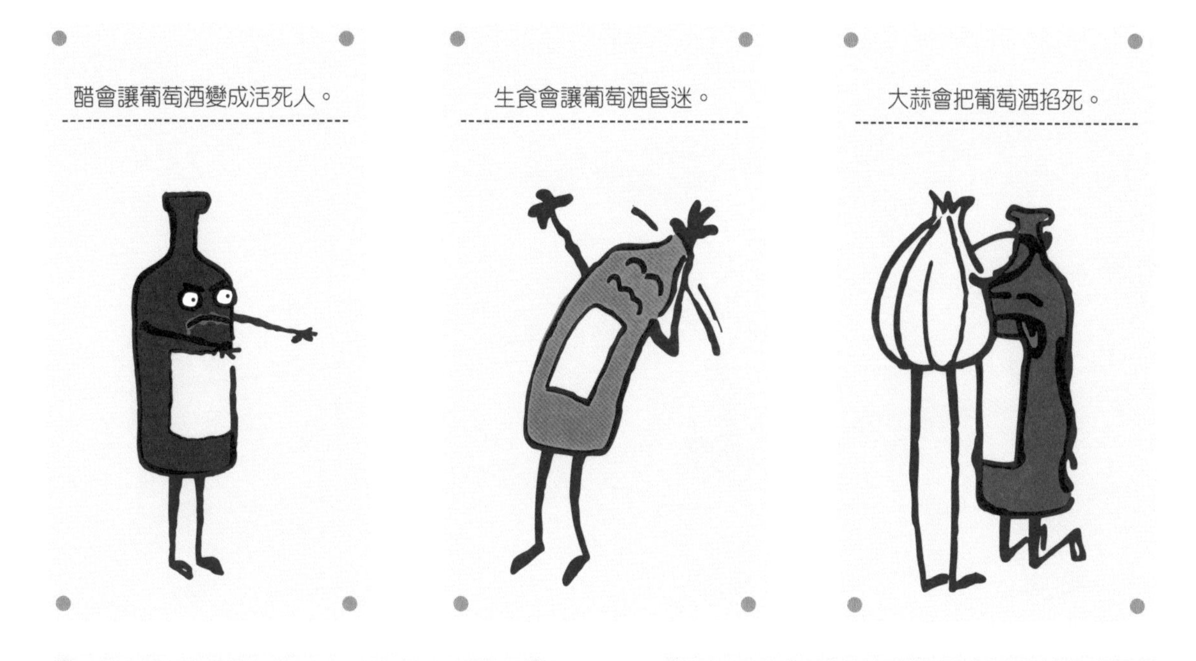

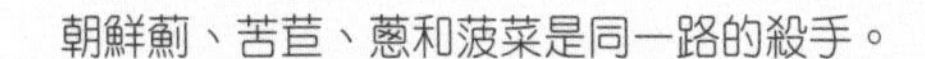

朝鮮薊、苦苣、蔥和菠菜是同一路的殺手。

葡萄柚敢死隊會跟葡萄酒同歸於盡。

下列的餐酒搭配可能會讓你失望：

- 單寧強的紅酒搭配魚類和甲殼類海鮮料理：清淡的紅酒（羅亞爾河、勃根地、薄酒萊）可以搭配海鮮，但強烈的單寧會讓魚肉嚐起來有金屬味。
- 不甜的白酒搭配甜點：糖的甜度會讓葡萄酒顯得過於銳利僵硬，反而破壞了甜點的美味。

品酒會的小建議

品酒會的有趣之處，在於我們可以同時比較不同酒款在香氣與口感上的差別。

一開始，先學會如何分辨兩款風格迥異的葡萄酒。累積了一些經驗之後，再嘗試進階或有主題的品酒練習。每次品酒時（除非情況不允許），請準備兩款同價位的葡萄酒：一般的葡萄酒約 10 歐元就可買到，好一點的葡萄酒一瓶大 25 歐元（看起來有點貴，但如果五個人一起分攤兩款酒，每人就只需要支付 10 歐元而已）。

給初學者

好的紅酒

25 歐元 / 瓶

波爾多對勃根地（最好購買年份等級差不多的）。正常來說，這兩者的香氣和口感都完全不同。以香氣來說，勃根地有櫻桃、草莓、李子甚至是菇類的香氣，而波爾多的香氣則表現出黑色果實、黑醋栗、紫羅蘭、菸草、皮革等味道。以口感來說，波爾多結構更強、單寧更豐富，勃根地的黑皮諾酸度較高、口感更細緻輕盈。

一般紅酒

10 歐元 / 瓶

布戈憶（Bourgueil）對加漢（Cairanne）。布戈憶是來自羅亞爾河，以卡本內弗朗品種釀造的紅酒；加漢是來自隆河南部，以希哈和格那希品種釀造的紅酒。第一款酒帶有櫻桃、覆盆子、甘草，或許還有一點甜椒的香氣，喝在口中有新鮮和清爽的感覺；第二款酒可聞到黑櫻桃、黑莓、胡椒和香料的氣味，嚐起來比較烈（酒精感較重）、口感帶甜（實際上不甜）、圓潤且較濃郁。

經典白酒

12-15 歐元 / 瓶

波爾多對勃根地伯恩丘（Côtes de Beaune）。波爾多白酒使用的葡萄品種是蘇維濃和榭密雍，有時還會用蜜思卡岱勒（muscadelle），帶有強烈的檸檬和椴花香氣，有時會有一點鳳梨味；相反的，勃根地的夏多內在香氣上低調許多，有刺槐、蛋白甜餅和奶油的香氣。口感上比較起來，波爾多新鮮清爽，勃根地則更加豐腴、濃郁、肥美。

不同年份比較

10 歐元 / 新酒
18 歐元 / 老酒

新酒對老酒。選擇兩款來自相同的地區與法定產區的葡萄酒，範圍越小越好，例如波美侯（Pomerol）比波爾多更好、夏布利（Chablis）比勃根地更好；而且最好產自同一家酒莊，兩款酒的年份至少要差五年以上。新酒會有更豐富的果香味和花香味，也許帶一點木桶味；老酒的果香味和木桶味則變得很淡，取而代之的是皮革、菸草、菇類和皮草味。新酒嚐起來讓人感到輕鬆愉悅，老酒喝起來感覺比較平和寧靜。

給進階愛好者

產區跳羊式品酒

同時比較數款勃根地白酒，例如夏布利、梅索（Meursault）和聖維宏（Saint-Véran），試著找出它們之間的相異處（比如夏布利的線條簡潔、梅索的架構飽滿、聖維宏的清新圓熟）。你也可以比較波爾多左、右岸葡萄酒的味道差異：梅多克（Médoc）結構優雅、聖愛美濃（Saint-Émilion）柔美愉悅。

不同國家相同品種

品嚐並比較勃根地、南非和美國奧勒岡州種植釀造的黑皮諾葡萄酒，感受黑皮諾各種不同的風貌（不甜、熟甜、酒精度高）。

給資深愛好者及專業人士

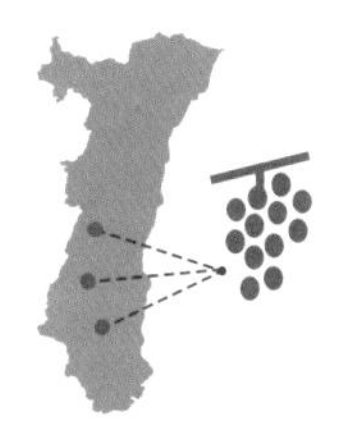

舉辦垂直品酒會

找同一款葡萄酒（來自同樣的酒莊）的三個不同年份，根據它們的酒精濃度、酸度及果實的成熟度，來判斷各自的年份。

追尋風土條件的差異

舉例來說，先挑選阿爾薩斯的麗絲玲（riesling）葡萄，再由北至南選擇三個不同的地塊（例如 Kirchberg de Ribeauvillé、Sommerberg 和 Kitterlé 的特級園），藉此比較環境條件對葡萄酒的影響。

品嚐「海盜葡萄酒」

有些葡萄酒，與我們記憶中對該葡萄品種或產地的印象相去甚遠。例如聖彼茲（Saint-Bris）是勃根地唯一使用白蘇維濃（sauvignon blanc）葡萄的產區；隆格多克的利慕（Limoux）生產的夏多內白酒、侏羅區生產的白中白氣泡酒（crémant），鮮少人認識當地這兩款不錯的酒；來自邦斗爾（Bandol）的陳年老酒，其濃郁口感會讓人誤以為來自西南產區；還有美國加州以「波爾多風格」釀造的卡本內蘇維濃紅酒……

＊葡萄酒品種介紹詳見第三章。

談論葡萄酒：絕對派得上用場的葡萄酒講評

即使完全不懂得品酒，也希望有天能藉著談論葡萄酒而成為公司裡眾人矚目的焦點嗎？隨機挑選下面的幾個句子，以充滿自信的態度多練習幾遍，絕對沒問題。要是你遇到一個懂酒的專家，想跟你再多討論一下，那麼……到時你得自己想辦法應付囉！

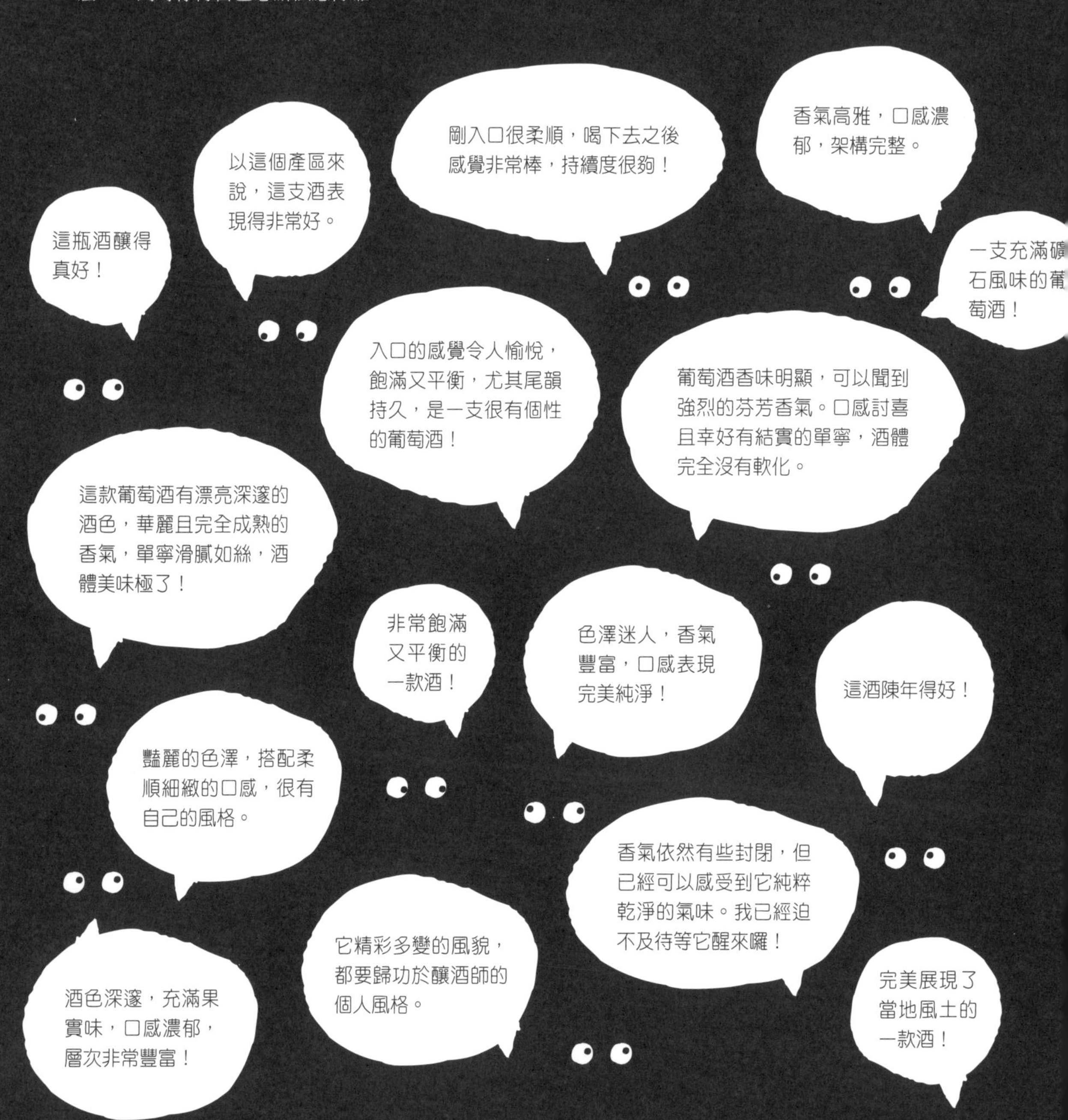

派對結束後

如何去除酒漬？

悲劇發生了！派對進行得很順利，大家都玩得非常愉快，但你身上最心愛的襯衫卻被葡萄酒弄髒了……

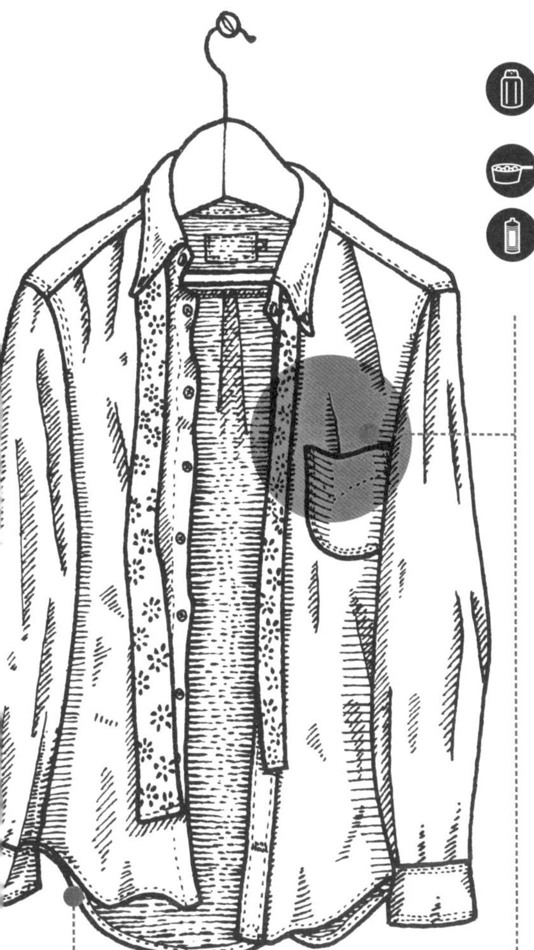

如果沾到紅酒或粉紅酒，要盡快在十分鐘之內處理汙漬。千萬不可以使用：

- 鹽巴，它會使布料褪色，灼傷衣料纖維，讓汙漬徹底固定在衣服上。
- 沸騰的水，尤其是高級布料做的衣物。
- 漂白水和小蘇打，除非你的衣服是純白色的。

首先，用紙巾盡量將酒漬吸乾。接著，你可能得犧牲一瓶白葡萄酒：最理想的情況是，你的櫃子裡就有一瓶酸度夠、微溫、剩下半瓶的白酒。將白酒倒入臉盆，再將弄髒的衣服浸泡其中，靜置一至兩小時，甚至更長的時間，並且規律地敲打衣服上的那塊酒漬，最後將衣服放到洗衣機裡清洗。

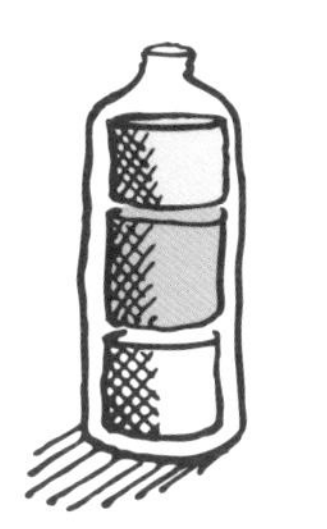

或者，你可以做一個自製除漬配方：找個瓶子，放入三分之一的水、三分之一的家用消毒酒精和三分之一的白酒醋，在家裡隨時準備一瓶。使用方法同上：將去漬水倒入臉盆中，將衣服浸泡其中，最後放入洗衣機清洗。

兩種作法的原理都一樣：醋酸和酒精可以溶解花青素（就是葡萄酒色素的來源），對去除色素很有幫助。

如果沾到白酒或香檳：
無須擔心，幾乎不會留下顏色，頂多有一些淡淡的痕跡，洗過就會不見了。

如果酒漬乾掉了：
什麼都別做了，用最快的速度拿到洗衣店去請人處理！

清洗酒杯

酒杯要怎麼洗才算乾淨？潔淨、沒有水痕，這是當然的，但重點是不能殘留異味！

清洗

為了確保能清洗乾淨，而將洗碗精直接倒進酒杯中。這樣殘留的洗碗精味道會汙染葡萄酒。

將酒杯直接放入洗碗機，而且使用大量的清潔劑。這樣會給葡萄酒帶來一種不舒服的氣味及苦味。

派對結束後，立即用很燙的熱水沖洗酒杯，如此一來幾乎可免去使用清潔劑，只要用海綿從杯緣輕輕帶過，再將酒杯置於碗架上瀝乾即可；或是將洗好的酒杯直接用布擦乾，小心地把杯緣就口的部分擦拭乾淨。

洗杯子的水越熱，晾乾時酒杯上的殘留的水痕就越少。

放置

乾燥之後，若是酒杯懸掛架，就將杯口朝下掛上去。若是櫃子，則杯底朝下直接放進去。

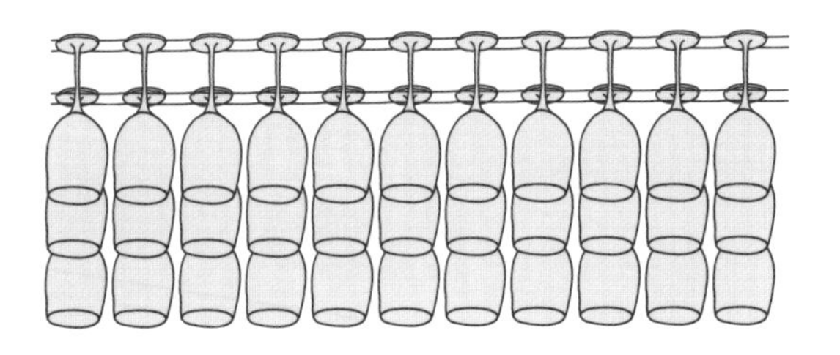

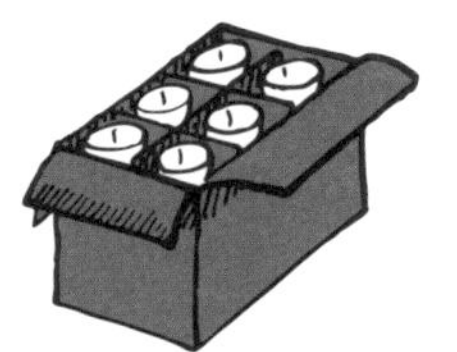

盡量避免將酒杯放在紙箱裡，這會使酒杯中充滿紙箱的氣味。要是你別無選擇，下次使用前記得先用水沖洗酒杯，再倒入葡萄酒。

絕對不要將酒杯開口朝下倒置於層板架上！因為酒杯會吸取層板架的氣味，進而影響到你下次品嚐葡萄酒的味道。

保存已開封的葡萄酒

派對結束後，還有剩下的葡萄酒嗎？你不需要強迫自己把酒喝完。一瓶喝了一半的白酒，若密封得好，可以在冰箱裡存放二至三天。紅酒放置在陰涼處，同樣可以保存三天之久，若放在冰箱裡則可長達四至五天。

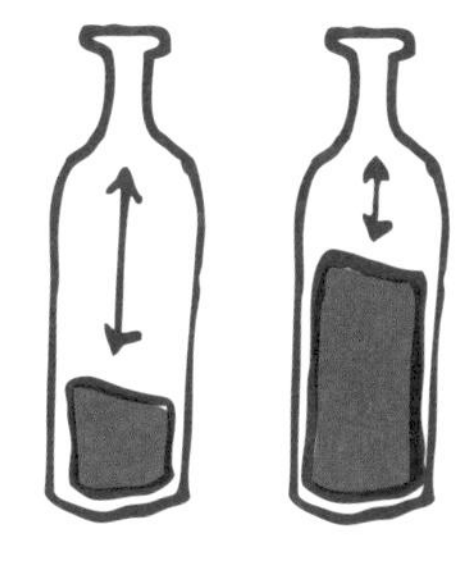

保存葡萄酒時，你應該考量的是剩餘的酒量和酒瓶內空氣含量的多寡。

瓶子越滿，對於葡萄酒的保存越有利。

若酒喝到快見底了，瓶中大量的空氣將會迅速影響並破壞葡萄酒的品質。

你也可以利用市面上販賣的小工具，來延長葡萄酒的保存期限，大約可延長三至四天。

除了密封型酒塞，也有可以抽真空的酒塞，將酒瓶中的氧氣盡量抽掉。另外還有一種內裝氮氣或二氧化碳的小氣瓶，可將氣體噴進酒瓶內，排出瓶中的氧氣。至於香檳則有專用的瓶塞，讓它的氣泡可以維持至少二十四小時。

喝不完的酒拿來做料理

沒喝完的酒可以保存於冰箱內，但不能放超過十天。我們可以拿它來做料理！在這裡列出幾道菜，給大家一點靈感。

沒喝完的紅酒可以拿來做：

- 法式紅酒水波蛋
- 任何一種用紅酒燉煮的料理：法式紅酒燉香雞、勃根地紅酒燉牛肉、雜燴鍋（將燻肉條和洋蔥炒過放入燉鍋，馬鈴薯切塊用紅酒浸漬，加一點水和一綑香料束，開火燉煮至軟爛）
- 加上香料煮紅酒燉洋梨、加上香草和糖煮紅酒燉草莓
- 果醬

沒喝完的白酒可以拿來做：

- 蘑菇炒小牛肉或豬肉
- 燉牛膝
- 奶油扇貝
- 水煮魚
- 田雞腿
- 羊肚菌燴雞
- 白酒煮淡菜
- 義式燉飯
- 鮪魚義大利麵
- 乳酪風度火鍋

沒喝完的甜白酒可以拿來做：

- 沙巴庯（義式蛋黃醬）
- 甜酒煨西洋梨
- 水果沙拉
- 甜酒蘋果蛋糕
- 甜酒煨雞腿
- 甜酒煎鵝肝（鴨肝）

沒喝完的香檳可以拿來做：

依據香檳的甜度等級，可用在一般白酒或甜白酒做出來的料理。

治療宿醉

事實上，防止宿醉最有效的方法就是……不要喝醉！

為什麼會宿醉？

頭痛、嘔吐、抽筋、強烈的疲勞感？

前一晚你到底喝了幾杯酒呢？無論如何，你是喝醉了。

第一個最明顯的症狀是「覺得口渴」，這是肝臟在分解酒精時的典型生理反應。喝太多酒也會造成血糖下降、頭暈不適，這是起因於酒精本身所含有的某些物質，例如甲醇，以及某些常出現在便宜、品質差的酒類（葡萄酒和其他酒類都有可能）的亞硫酸、添加物……

當天晚上該怎麼辦？

喝水，在睡前喝大量的水。可以的話，喝 0.5 公升的水，能喝下 1 公升更好！這是阻止頭疼最好也最有效的辦法，非常簡單，前提是你夠不夠清醒去做這件事……記得的話，另外準備一壺水放在床頭。若你睡到一半時感到口渴，喝水就對了！

隔天醒來該怎麼辦？

補充維他命。

睡醒後吃一根香蕉，或補充一些維他命 C。前一夜狂歡喝太多酒，酒中的酸性有可能使你胃痛，所以這時不要喝柳橙汁，以免使胃痛更加嚴重。可多吃含蛋白質、維他命以及糖分的水果，例如香蕉。或者喝一碗肉湯，或富含礦物質的湯；貝類含有豐富的鋅，對緩解宿醉也十分有效。

治療胃痛。

如果覺得胃痛，取一茶匙的食用小蘇打加水喝下去，這樣做可減緩胃酸過多帶來的疼痛。

喝一杯草本排毒茶或洋甘菊茶，不要喝茶和咖啡，後兩者非常利尿，可能使脫水狀況更嚴重。多吃米飯，可以讓我們的胃有飽足感，而這些澱粉轉換成的碳水化合物可維持白天身體所需的熱量。

最後一招，來一杯雞尾酒。

用蕃茄汁、伏特加（少量）、芹菜、Tabasco 辣醬調一杯血腥瑪莉；蕃茄的維他命 C 可幫助你恢復精神，少量的酒精可減緩因酒精戒斷造成的身體不適。但這個方法其實頗受爭議。

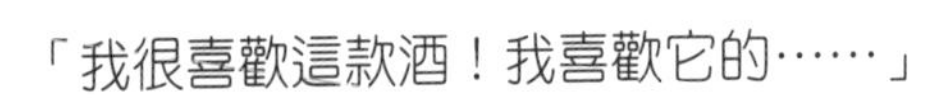

「我很喜歡這款酒！我喜歡它的……」

「它的什麼？」

「它聞起來的味道！像是……」

「像是？」

「葡萄酒！聞起來就像很棒的葡萄酒！」

數百萬人都曾經歷過這樣尷尬的場面，帕柯姆也是。帕柯姆喜歡葡萄酒，但對葡萄酒一無所知。他會形容一款酒「很棒」，而這已經是他所能用的最好的形容詞。帕柯姆其實很想學會到底該如何品嚐葡萄酒，雖然他沒有音樂家的耳朵，但是沒關係，只要好好運用其他的感官——銳利的眼睛、靈敏的鼻子、敏銳的味蕾與迫不及待的舌頭——這樣就夠了。

專注地看、聞、品嚐和感受，然後用一個形容詞說明上述每個步驟得到的結論。在剛開始練習的階段，一個形容詞就夠了。品酒其實並不複雜，只要經常練習，就可以累積經驗（但請不要練習過度、喝過頭了）。

現在每次參加晚宴，帕柯姆不會再發出誇張的驚嘆聲，他只是將鼻子貼近酒杯，專注地觀察。把酒喝下去之前，他還花了一點時間，用嗅覺與味覺去感受酒的變化。帕柯姆不喝多，但他細細品味。他不會去評斷這款酒的外表與名聲，只是單純地去認識它、享受它。

這個章節獻給每一位帕柯姆。

PACÔME

帕柯姆學品酒

葡萄酒的色澤 / 葡萄酒的香氣

口中的葡萄酒 / 尋找夢想中的葡萄酒

葡萄酒的色澤

為何葡萄酒愛好者總會在喝酒之前凝視著酒杯？不是要參透什麼道理，也不是在讚美那光線的折射，這麼做是為了看清楚葡萄酒的顏色，它可以告訴你關於杯中葡萄酒的祕密。走進一家服飾店之前，你會打量櫥窗裡的裙子；品酒前，我們則會仔細端詳葡萄酒的色澤（robe）*。

顏色與色調

專業的做法：

圓平面

邊緣

將酒杯置放在白色的背景前，從上方審視酒的圓平面或邊緣，仔細觀察色調的差異，就可以知道葡萄酒的年紀。

色調差異

紫羅蘭色

紅酒

橘色

綠色

白酒

橘色

年輕的酒：
紅酒的色澤偏紫，白酒的色澤偏綠。

適飲期的酒：
如果紅酒呈現紅色、紅寶石、石榴紅，白酒呈現檸檬、金黃、淺黃，表示酒已進入了適飲階段。

老酒（甚至過老的酒）：
紅白酒皆會呈現瓦片色或橘黃色調。

小字彙：

形容白酒的顏色：綠、灰、檸檬黃、淺黃、金黃、蜂蜜色、古銅色、琥珀色、深栗色。

形容紅酒的顏色：紫、紫紅、紅寶石、石榴紅、櫻桃紅、黃褐色、桃木色、瓦色、橘色、深栗色。

老酒

請注意，老酒不一定是指超過十年的酒。葡萄酒的骨架與生命週期，決定其老化速度的快慢。同樣一瓶酒，存放在溫差大、光線明亮的環境，會比存放在 12℃的酒窖裡老化得更快。

此外，有些葡萄酒在釀造之初，就是為了能夠長時間陳放，所以即使經過十年仍然顯得年輕。要等這些酒達到適飲期，將會是一場漫長的等待。

＊譯註：robe 在一般法文指的是裙子，用於品酒則是指葡萄酒的色澤。

色澤與亮度

色澤與年紀

如同色調的差異，色澤也會顯示葡萄酒的年紀。紅酒在陳年的過程中，顏色會慢慢變淺，並形成酒渣沉澱於酒瓶底部；相反地，白酒陳年之後顏色會加深。所以如果將紅、白酒陳放超過一個世紀，其色澤是很容易讓人混淆的。

色澤與產地

葡萄酒的色澤通常也說明了它的出生地。釀酒葡萄的選用視產區與氣候而定，一般來說，天氣炎熱的地區出產的葡萄酒，色澤會比寒冷地區的葡萄酒來得深；因為生長在熱帶的葡萄皮會增厚，以對抗酷熱，連帶使得釀出來的酒色也較深。

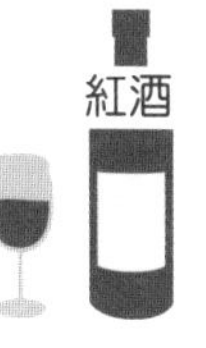

口感清淡，產自寒冷地區（如：勃根地紅酒）

果香豐富，產自溫和地區（如：波爾多紅酒）

口感厚重，產自炎熱地區（如：法國西南產區的馬爾貝克葡萄）

口感清爽，產自寒冷或涼爽地區（如：羅亞爾河產區的蘇維濃葡萄）

口感圓潤、香氣十足，產自涼爽地區，或是經橡木桶熟成（如：伯恩丘的白酒）

口感厚重，經長時間橡木桶熟成，或是甜酒（如：索甸區的貴腐甜白酒）

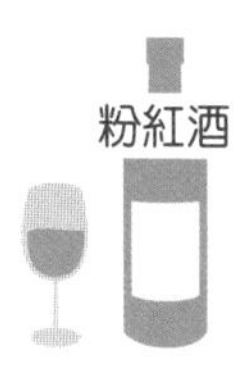

顏色無法顯示出粉紅酒的血統

小字彙：

形容葡萄酒色澤：蒼白、清淡、鮮明、深色的、深邃、暗沉。

色澤與風味

通常色澤較清淡的酒嚐起來較酸、口感較細緻。色澤暗沉的酒通常是陳年時間較長、酒精濃度較高、糖分較多或單寧較重的酒。

粉紅酒的顏色

與紅、白酒不同，顏色無法顯示粉紅酒的年紀或來歷，而是取決於釀酒師，他可以依自己的喜好決定色澤深淺。粉紅酒的色澤來自紅葡萄（全歐洲唯有法國香檳區可以直接用紅酒加白酒來調配粉紅酒），在榨汁過程中，紅葡萄的皮會將果汁染色（果肉則無法），浸泡越多葡萄皮，得到的顏色就越深；如果想要顏色淺一點，只要提早將果皮與果汁過濾分開即可。顏色較深的粉紅酒，不見得就會有較多的風味與酒精濃度。

粉紅酒的顏色通常隨著流行趨勢走，近年來大眾比較喜歡鮮明的粉紅色，酒瓶玻璃的顏色則趨於越來越透明。

小字彙：

形容粉紅酒的顏色：灰、杏桃黃、洋蔥黃、鮭魚紅、玫瑰木、肉色、牡丹紅、珊瑚紅、紅醋栗、石榴紅、覆盆子、古銅色。

反射光澤與清澈度

觀察完顏色、色調與色澤亮度的差異，接著來看酒液的反射光澤與清澈度，檢查酒液中是否有懸浮物，或是呈現混濁狀態。

葡萄酒的反射光澤

在極少數的情況下，葡萄酒會因細菌感染而變得毫無光澤，不適合販售。但在一般情況下，葡萄酒的反射光澤只是美觀，與口感好壞無關。

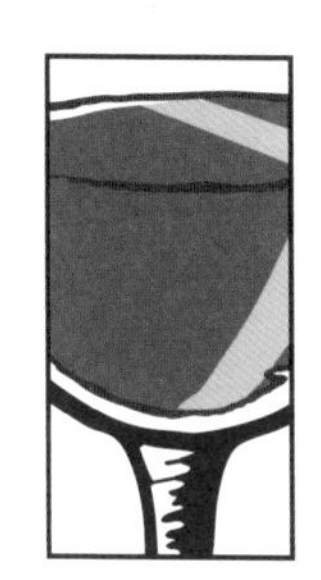

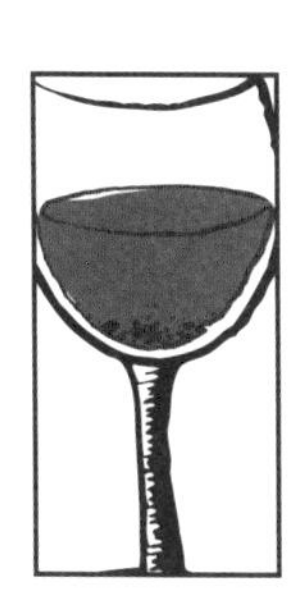
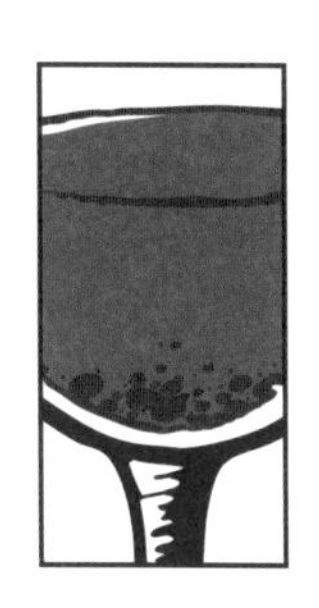

酒瓶底的沉澱物

沉澱物是葡萄酒的成分所形成的自然產物，它有可能是白酒的酒石酸結晶，也可能是陳年紅酒的單寧或色素所形成的物質。這並不會影響酒本身的品質，也別讓它影響你品嚐葡萄酒的興致。不過殘留在牙齒上的酒渣會影響美觀，所以請好心別將瓶底的酒斟給坐在你隔壁的朋友。

酒中的懸浮物或渾濁

這個現象越來越常見，但也越來越不需要擔心。早期，所有的酒在裝瓶前都會先過濾，若出現酒質混濁則是不正常的現象。如今，越來越多的「自然酒」生產者不再過濾他們的酒，這些酒通常帶著不甚美觀卻也不影響風味的混濁。通常，這些酒的酒標上會註明「可能出現輕微混濁」的字樣。若非如此，混濁的葡萄酒的確需要當心。

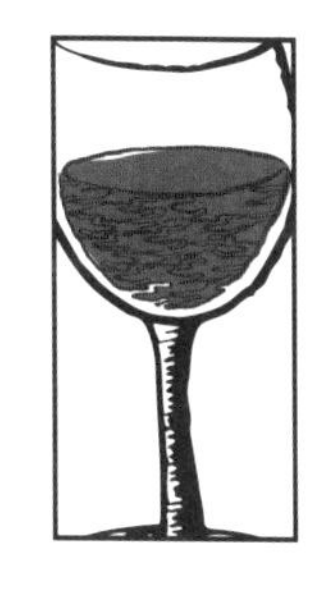
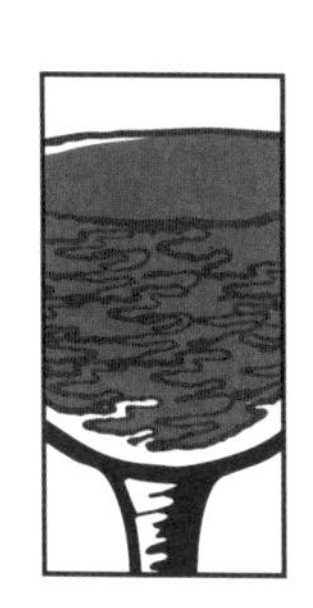

小字彙：

形容葡萄酒的清澈度：清澈、含有結晶、朦朧、混濁。

酒淚與酒腳

我們無法只欣賞葡萄酒的腳而不欣賞它流下的淚……酒腳與酒淚這兩個名詞，其實指的是同樣的東西：葡萄酒在酒杯裡形成的痕跡。你只需轉動酒杯，杯壁上就會流下一圈令人讚嘆的酒淚。

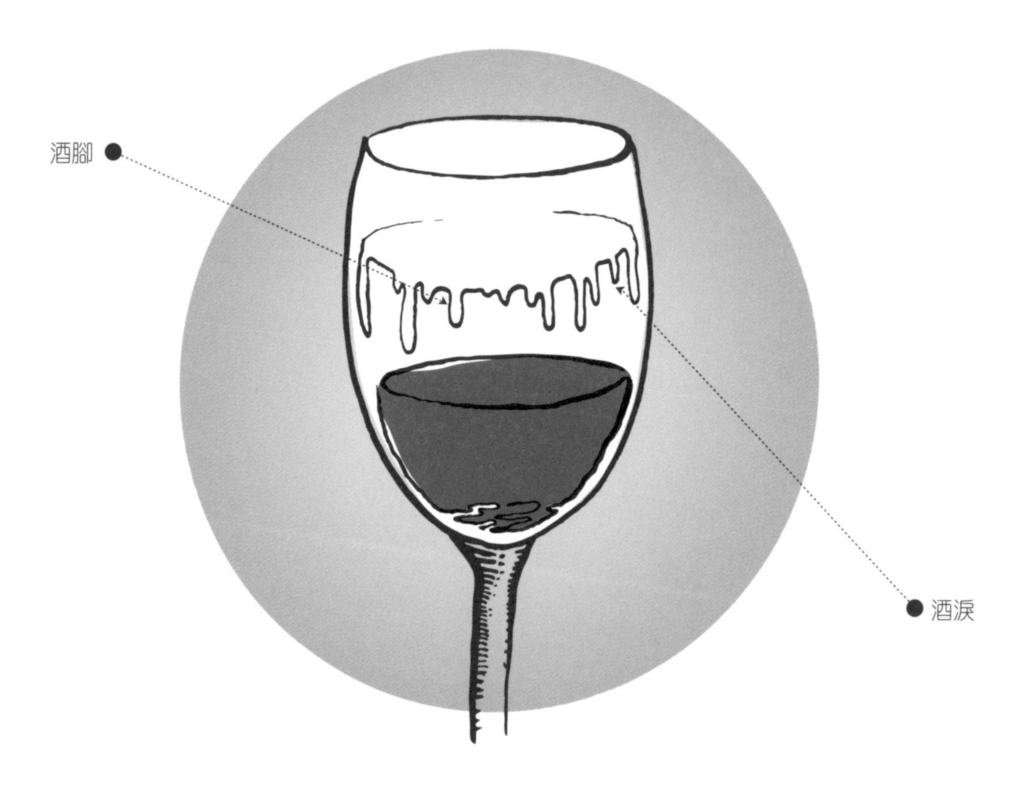

酒淚意味著什麼？

酒淚代表酒精與糖分的多寡。酒淚形成得越多，代表著杯中酒的糖分越多、酒精濃度越高。蜜思卡得（Muscadet）生產的酒幾乎不會有酒淚，而尼姆丘（Costières-de-Nîmes）產區生產的酒則有可能會哭個不停。你可以在旁邊準備一杯水與一杯蘭姆酒，稍微比較一下，就能看出非常明顯的差異。

酒精度

然而杯中形成的酒淚越多，並不代表我們在飲用時，口中感受到的酒精度就越明顯。酒精濃度高於14%的葡萄酒，同時也會帶著高酸度與良好的單寧架構，這樣的酒並不會造成你喉嚨的灼熱，反而會令你覺得口感格外均衡。

注意，杯子的清潔會改變一切

一個骯髒油膩的杯子會製造出更多的酒淚，相反地，若是杯中有清潔劑殘留，將會使酒淚消失得特別快。

觀察氣泡

氣泡是葡萄酒的歡樂象徵，就如同天上的星星般，在杯中冉冉上升。

氣泡的大小

觀察氣泡的大小，可以了解你手中這杯氣泡酒的品質如何。請將視線放在成串上升的氣泡上，如果是細緻的氣泡，代表這瓶酒的釀造過程緩慢且精良；如果是粗大的氣泡，這瓶酒比較適合當日常解渴飲料。若氣泡能活躍且優雅地在杯中形成一串串細膩的珍珠，那就是最理想的氣泡。高級香檳表面形成的那層泡沫必須非常細緻，泡沫顆粒小到幾乎不存在，嚐起來甚至可以如同啤酒泡沫那般綿密柔軟。

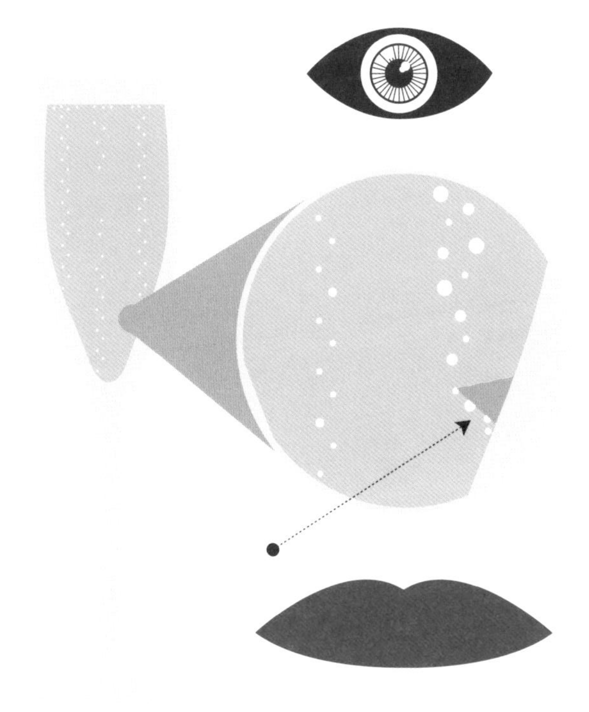

氣泡的數量

我們在酒杯中看到的氣泡數量，取決於杯子的清潔程度：杯子越乾淨，氣泡就越少。聽起來不可思議，但事實就是如此。光滑無瑕的酒杯是不會產生任何氣泡的，只有當我們喝到口中才能感受到它。相反地，有點髒或是以破布清潔的杯子則能讓氣泡大量出現。事實上，氣泡的生成要歸功於酒杯內壁上極細微的凹洞，侍酒師會建議你以乾淨的抹布擦拭香檳杯，因為棉質的纖維能夠幫助杯中氣泡的產生。同理，你也可以用細緻的磨砂紙來擦拭杯子內層底部。

口中的氣泡

不要浪費時間去計算氣泡的數量，直接用你的味蕾去感受它的細緻、刺激、綿密……

不存在的氣泡

您是否曾在飲用非氣泡酒時感受到氣泡？這對非常年輕的葡萄酒來說很正常，那是酒精發酵過程中所產生的二氧化碳殘留所致，當你搖晃杯子時就會出現氣泡。

小字彙

沒有氣泡的葡萄酒稱為靜態葡萄酒。含有些許二氧化碳的靜態酒*，入口時可以感受到輕微的泡泡刺激感。

＊編註：以此類推，香檳及氣泡酒則稱為動態葡萄酒。

葡萄酒的香氣

現在該跟著帕柯姆進入品酒令人愉悅的第二階段：感受香氣。聞葡萄酒的香氣，和品嚐它的味道同樣令人感到興奮。或許有一天，你會因為這款葡萄酒的香氣實在太過迷人，反而害怕味道會讓你失望，而猶豫著遲遲不敢品嚐它。葡萄酒的香氣就是它最誘人的武器，讓你在品嚐它之前就愛上它。

如何聞葡萄酒？

釋放香氣

讓酒透透氣，才能釋放更多的香氣。你可以抓著杯腳，拿在手上或貼在桌面轉動你的酒杯（依個人習慣而定）。

第一層香氣

指的是當葡萄酒處在靜止狀態時所釋放的各種香氣。品酒的時候，葡萄酒絕對不要超過杯子的三分之一；酒斟越滿，香氣就越出不來（餐廳一定要教育服務人員，千萬不要幫客人把酒倒太滿）。

— 3 —

第二層香氣

指的是葡萄酒接觸到空氣之後才突顯或是改變的香氣。通常這些氣味會更直接而且強烈。如果香氣表現仍不太明顯，請更劇烈地搖晃你的酒杯，因為這杯葡萄酒還沒醒過來，它的香氣仍處於封閉的狀態。

「輕嗅」比「深吸」好

千萬不要對著杯中的葡萄酒深吸氣，這樣會讓所有氣味同時塞滿你的鼻腔。可以學學布魯托或是其他的狗，用輕嗅的方式去探索氣味的線索：以鼻子輕聞數次，讓你的神智處在清醒的狀態，閉起雙眼則能幫助精神更集中。別把注意力全放在單一的香氣表現上，而是張開所有感官，慢慢體會各種香氣。

年份很老或很名貴的葡萄酒：
請避免在杯中搖晃，此舉可能會令香氣溢散消失。輕輕地將杯子傾斜，並從各個角度（杯子中心與杯緣）去嗅聞，這麼做就足以讓你完整體會所有複雜的香氣了。

香氣的分類

香氣的類型

葡萄酒有許多種氣味，並不是那麼容易就能辨認出來。為了方便辨別，品酒專家們將氣味分成幾大類，其中包含許多小品項，例如水果類包括果核、種籽、漿果……你也可自行添加你熟悉的或更具體的香氣品項，譬如不同品種的蘋果……

嗅覺訓練

是否有些氣味是你無法形容的呢？請試著去表達每一種香氣以及感受，買些水果與季節鮮花（或聞聞看香水簡介上寫的那些香氣）、吃些巧克力、去樹林裡散步、舔石頭，這些都是必要的練習。你也可以買個聞香瓶來訓練嗅覺。如同音樂家要懂得如何譜曲，品飲者也要懂得如何表達嗅覺的感受。

水果類

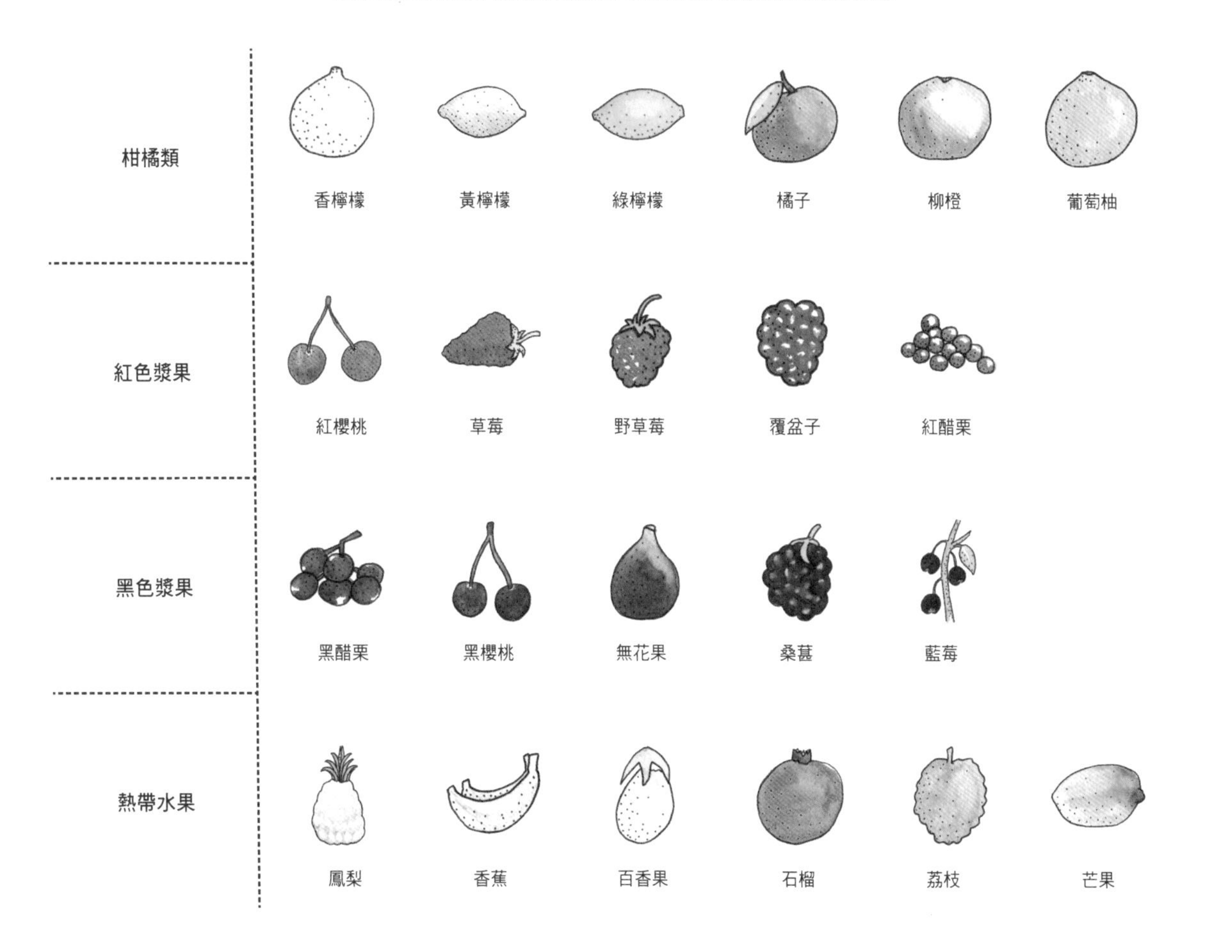

水果類

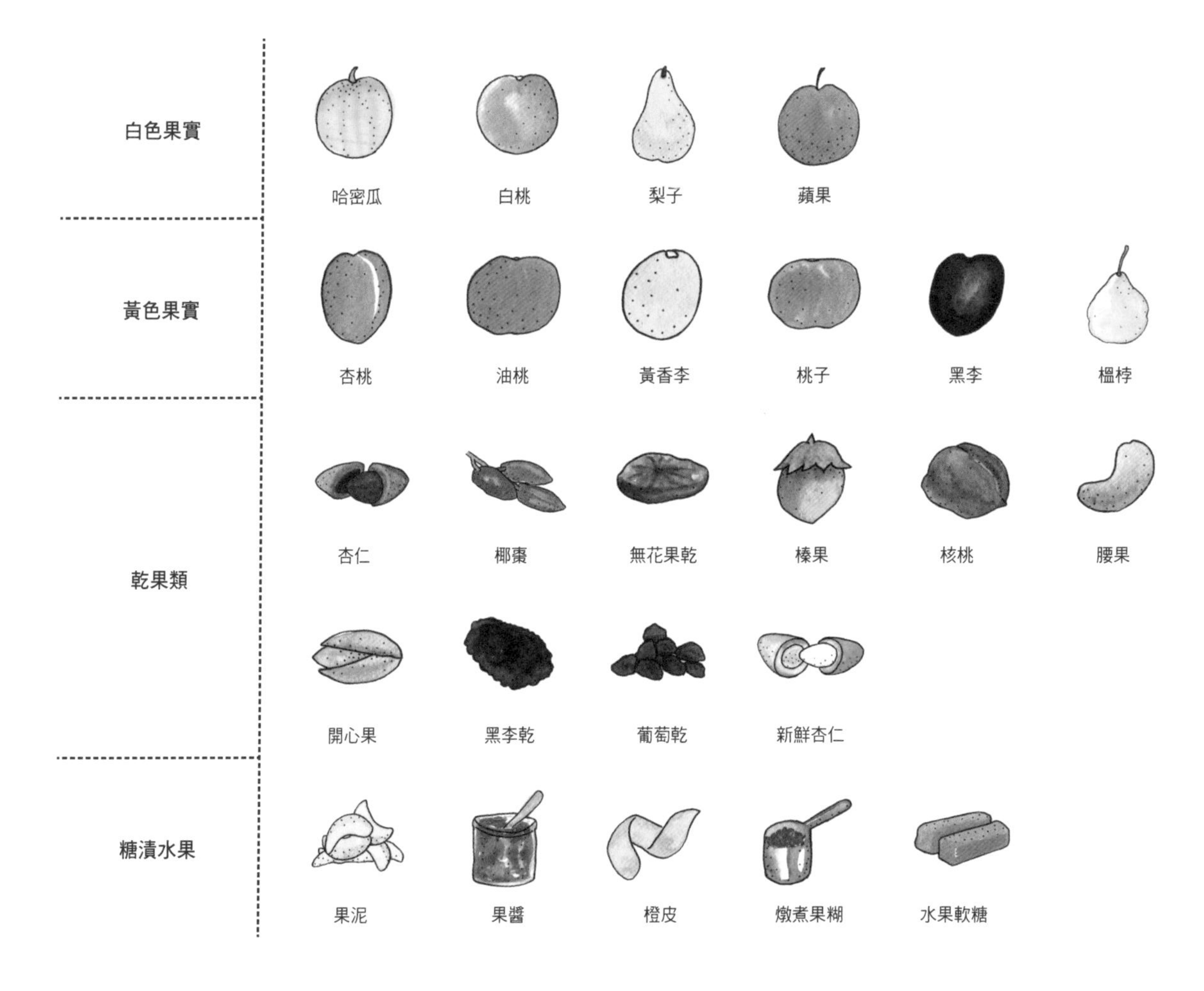

糖果類

果凍軟糖

棉花糖

花卉類

洋槐　山楂　洋甘菊　忍冬　橙花　丁香花　鳶尾花　茉莉

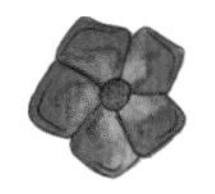

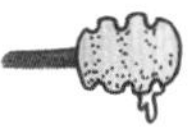

紫丁香　石竹　牡丹　玫瑰　紫羅蘭　蜂蜜

糕點類

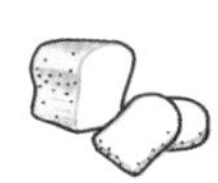

新鮮奶油　餅乾　奶油麵包　動物性鮮奶油　植物性鮮奶油　牛奶　酵母　吐司

派皮　杏仁糕　優格

木質類

巴沙木　木材　雪松　橡木　椰子　廣藿香　松樹　樹脂

檀木

新鮮與乾燥草本類

香茅

尤加利

茴香

乾牧草

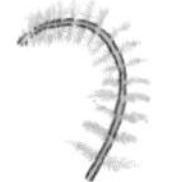
蕨類

青草

薰衣草

薄荷

甜椒

接骨木

菸草

茶葉

椴樹

馬鞭草

矮灌木

各種辛香料

八角

肉桂

丁香

芫荽

咖哩

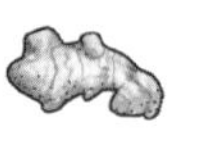
薑

月桂葉

肉豆蔻

白胡椒

黑胡椒

甘草

迷迭香

百里香

香草

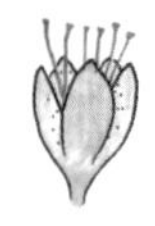
番紅花

紅椒粉

烘培燻烤類

可可

咖啡

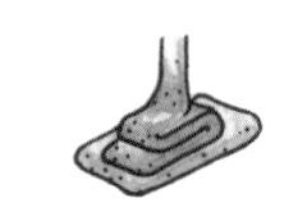
焦糖

巧克力

煙燻味

瀝青

摩卡咖啡

烤麵包

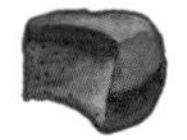
杏仁糖

森林地被類

洋菇　落葉　雞油蕈　腐土　青苔　泥土　松露

動物類

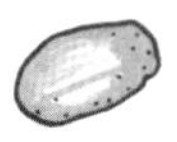

琥珀　蜂臘　麝香貓　皮革　皮草　野味　肉汁　麝香

礦石類

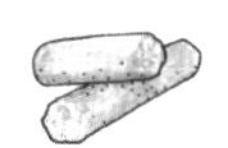

白堊（粉筆）　鵝卵石　石油或燃料　碘酒　火藥（煙火）　打火石

礦石類的氣味在葡萄酒中並不常見，但確實存在。當你感受到它時，你大可篤定這是一瓶非常好的酒。

有缺陷的氣味

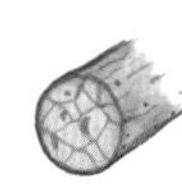

紙箱　花椰菜　馬廄　天竺葵　軟木塞　霉味　洋蔥　爛蘋果

腐爛味　體味　倉庫　粗麻布　硫磺　汗味　貓尿　醋

季節的輪替

葡萄酒的香氣絕對不會一成不變的，它會在瓶中演化，會隨著歲月而改變。改變甚至會在一瞬之間，就從你打開酒瓶、倒入酒杯的那一刻開始。

葡萄酒的生命週期

葡萄酒自有其生命週期：少年時年輕氣盛，接著邁入成熟期並到達巔峰，之後開始走下坡直到衰老。而葡萄酒的香氣表現如同四季的交替，一款年輕的酒宛如在春天踏著輕快步伐，冬天則象徵其生命的終點。這種比喻不失為辨別葡萄酒成熟度的好方法（通常五年會是一個分水嶺：適合陳年的酒依舊年輕，適合新飲的酒則已經垂垂老矣）。

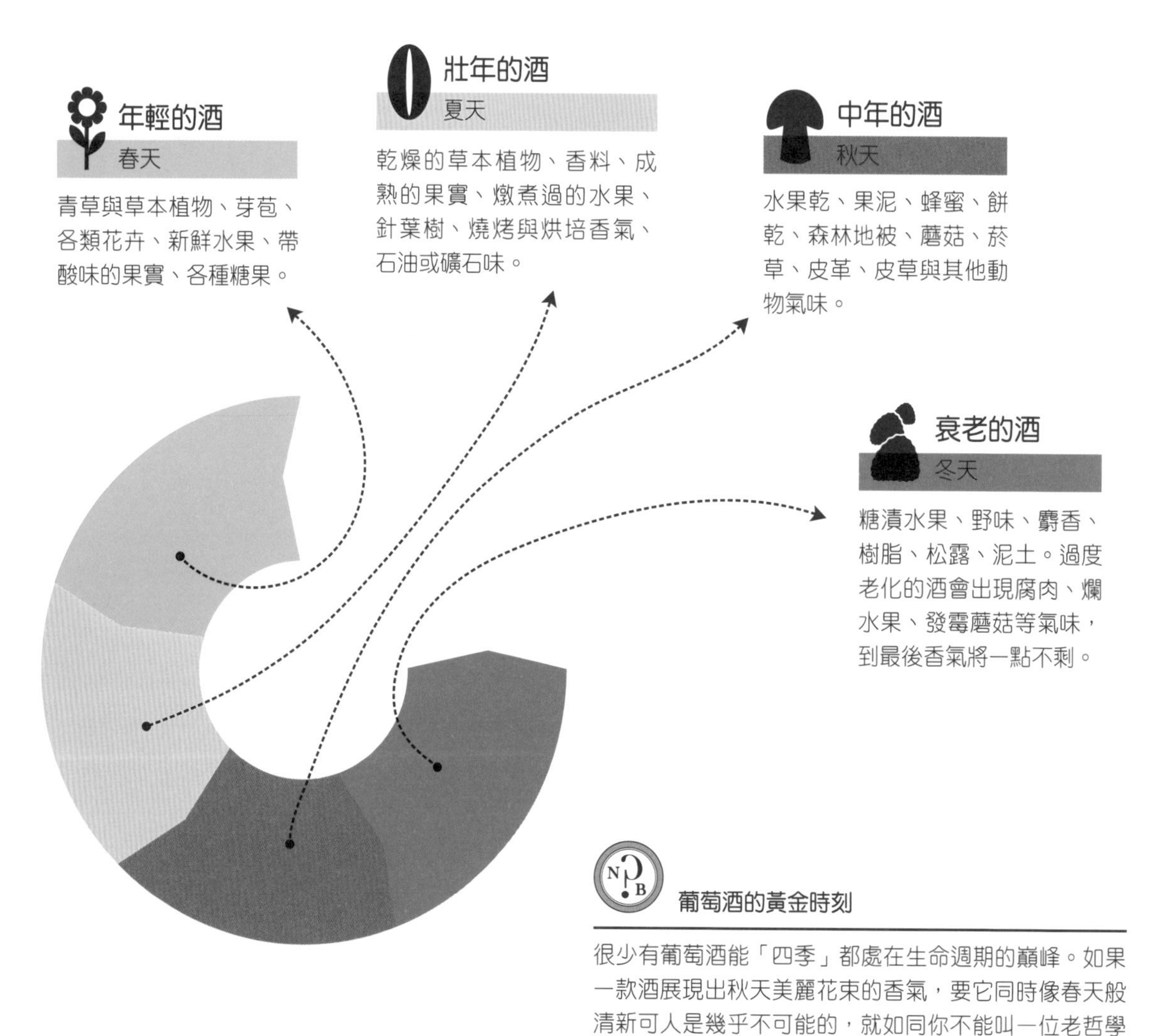

葡萄酒的黃金時刻

很少有葡萄酒能「四季」都處在生命週期的巔峰。如果一款酒展現出秋天美麗花束的香氣，要它同時像春天般清新可人是幾乎不可能的，就如同你不能叫一位老哲學家去扮演一位年輕力壯的足球員一樣。

香氣的三個階段

發酵與香氣

每一個品種的葡萄都擁有獨特的香氣，無論明顯與否，都需要藉著發酵才能釋放出來。葡萄酒在發酵過程中會產生絕大部分的香氣，其他的則會在熟成培養的過程中慢慢顯露。釀製葡萄酒，不只是為了產生酒精，同時也是為了創造獨一無二的香氣！

根據葡萄酒的釀製過程，我們可以把香氣分成三個階段：

1 **第一階段：原始香氣**

葡萄本身的香氣，會在酒精發酵的過程中被釋放出來。

香氣類型：果香、花香、草本味、礦石味。

2 **第二階段：釀造香氣**

根據不同酵母本身的氣味，還有乳酸發酵產生的香氣。

香氣類型：果醬、糖果、糕點類的香氣。

3 **第三階段：窖藏香氣**

木桶培養與瓶中陳年產生的香氣。

香氣類型：木質香、辛香料、燻烤與烘培的焦香、森林地被與動物氣味。

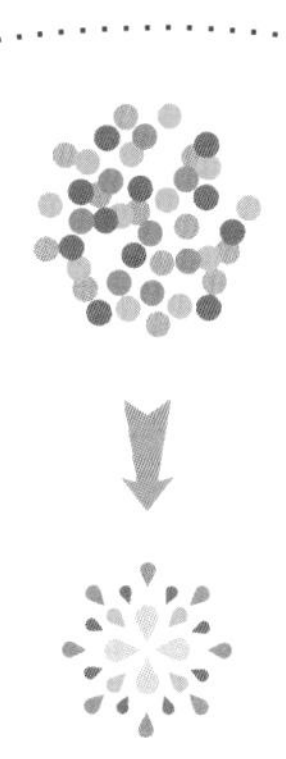

小字彙：

「窖藏香氣」（bouquet）*指的是成熟或陳年葡萄酒的香氣，來自第三階段（但也有某些香氣是來自第一階段）。一瓶帶有窖藏香氣的好酒，通常給人成熟、穩重的印象，如同置身於一間堆滿花束的花店，充滿各種香氣卻依舊美好協調。

＊譯註：bouquet 在一般法文中指的是花束，用於品酒則代表陳年的香氣。

酒壞了！

這瓶酒的氣味聞起來不太妙？面對這種情況，除了把酒倒掉之外，也沒有其他法子了。

無法挽救的缺陷氣味

葡萄酒常會因為某些因素，出現多種令人不悅的氣味。

拿來釀酒的葡萄不夠成熟：聞起來有貓尿、草皮、綠胡椒的味道。

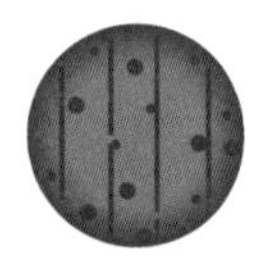

葡萄酒有軟木塞味：起因於藏在軟木塞內的細菌（市售葡萄酒約有 3-5% 的感染機率），聞起來有霉味或軟木塞腐爛味。

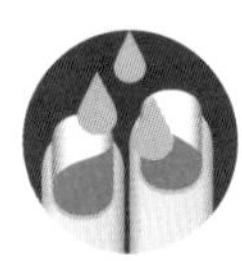

葡萄酒醋化：聞起來像醋或是去光水。

葡萄酒儲存不當：葡萄酒暴露在光線下，或是儲存在受潮的紙箱裡因而沾染味道，聞起來有灰塵或紙箱味。

葡萄酒氧化：聞起來像馬德拉酒、胡桃堅果，或是過熟甚至發霉的蘋果。（不包括馬德拉酒或其他以氧化培養釀製的酒。）

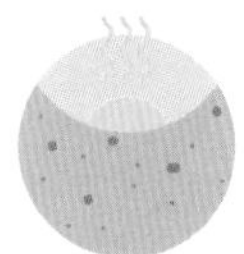

硫化物影響：酵母菌在缺乏空氣的環境下，與葡萄酒中的硫化物結合產生的氣味，聞起來像臭雞蛋。

細菌感染：在熟成的過程中，葡萄酒被一種稱為「酒香酵母」（brettanomyces，簡稱 bretts）的細菌感染，可能會產生類似汗水、馬廄、抹布或排泄物的氣味。

還原味：年輕葡萄酒的缺陷

有些葡萄酒開瓶後，會飄出一股類似花椰菜、腐爛的洋蔥，甚至瓦斯的氣味，一般稱為「還原味」，起因是葡萄酒中的硫化物，或是酒瓶中缺氧導致。其實這個問題並不嚴重（雖然聞起來很嚴重），因為這只是暫時的。

我們要如何消除還原味，使葡萄酒恢復香氣呢？

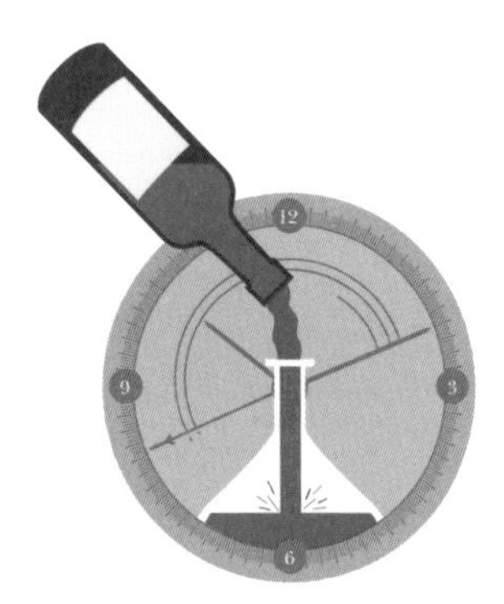

空氣

強力的換瓶醒酒，甚至再加以劇烈搖晃，最壞也就是等個幾小時（是的，會錯過晚餐時間，需等到隔天）。

銅板

如果真的時間緊迫，你可以在醒酒瓶裡丟入一枚乾淨的銅板。銅可以加速氧化與硫分子的還原。

品酒時的各種災難

鼻塞，酒沒醒

感冒鼻塞：你的呼吸道裡塞滿了黏液，根本什麼都聞不到。這的確很令人沮喪，請好好保重，你可以擇日再品酒。

酒沒有醒：葡萄酒裝在瓶子裡好幾個月沒有被打開，香氣也被封住了。這種令人懊惱的情形可能會持續好幾個月，你必須使用醒酒瓶，增加葡萄酒與空氣的接觸。尤其是對付某些難搞的酒，需要提早好幾個小時來醒酒。如果酒醒了一整晚，香氣仍未恢復，建議你將它留到隔天中午再享用。

聞到難聞的氣味

打開一瓶葡萄酒或許會讓你體驗到各種不好的氣味：軟木塞的孔隙太多讓空氣滲入，導致酒變質；受細菌感染的軟木塞，連帶讓整瓶酒都染上發霉的味道；開到一瓶聞起來像排泄物的葡萄酒……各種糟糕的狀況都有可能發生。品嚐葡萄酒，必須冒著花了錢卻換來失望的風險，然而只要做好心理準備，聞到難聞的酒也沒什麼好大驚小怪的。一瓶好的酒能讓晚宴盡興，不好的酒也不至於敗壞興致。

你對氣味的感受與眾不同

你明明在杯中聞到大黃的氣味，侍酒師卻問：「你有聞到那怡人的葡萄柚香氣嗎？」呃，並沒有……沒關係，因為這一點都不重要！每個人對氣味的認知與感受都不一樣，它取決於你的飲食文化背景以及遺傳基因。不要讓他人的感受來影響你的感受，這是品酒非常重要的一個觀念。如果你是唯一一個聞到大黃香氣的人，不必感到不好意思，大聲說出來。有趣的是，如果你特別不喜歡某種氣味，反而更能夠輕易地嗅出來。

口中的葡萄酒

如何「品」酒？

一般品酒有兩種方法，重點是，無論哪一種方法，你都得讓酒進到嘴巴裡！

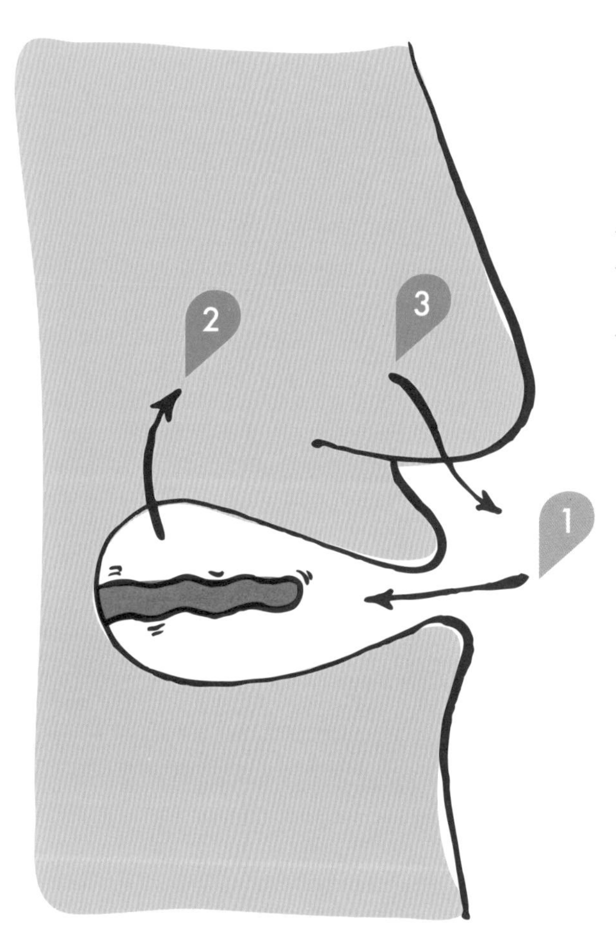

啜飲葡萄酒

如果某人在喝葡萄酒的時候，發出了奇怪的吸吮聲，代表他正在啜飲葡萄酒。原則就是把酒含在嘴巴裡，同時吸氣，簡單的步驟如下：

1. 把嘴嘟起來，嘴型像「鳥嘴」一樣。
2. 從嘴巴吸入空氣，讓酒在你口中攪動、回盪並展現風味。
3. 從鼻子吐氣，讓空氣帶著香氣循環上升，抵達你的嗅覺感官。

咀嚼葡萄酒

沒錯，就像在咀嚼一塊牛排一樣！這種方法更簡單，效果跟啜飲法相同，都能讓口中葡萄酒的風味完整展現出來。

你可以選擇自己喜歡的方法，或將兩者結合：啜吸之後咀嚼葡萄酒，或先咀嚼後啜吸。或是讓舌頭靠近上顎抖動，以嚐到葡萄酒的甜、酸、苦等所有味道、在口腔中的所有香氣，以及其他感受（如刺激與收縮等）。

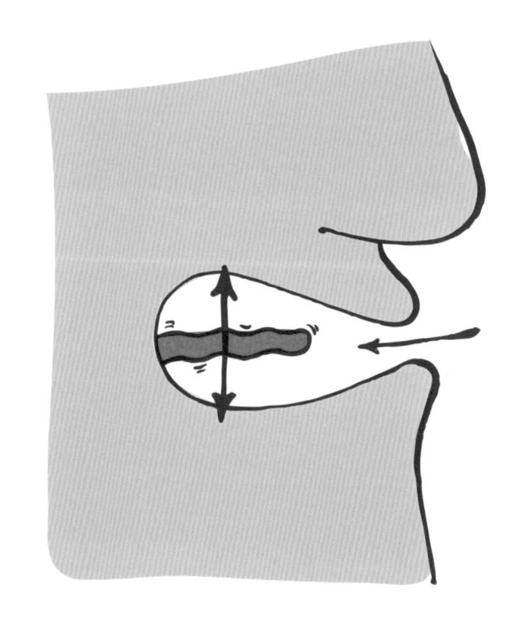

味道

苦味：細緻的苦味等同於優雅，我們可以從某些白葡萄品種中找到它，例如隆河地區的馬姍（marsanne）、西南區的莫札克（mauzac），或東南區的侯爾（rolle）；但過多的苦味則會讓人感到不舒服。它時常出現在「尾韻」中，等其他味道消失後才會顯現。對於不吃苦苣、不喝啤酒、不碰濃茶與咖啡的人來說，一點點苦味都會特別敏感。

甜味：就是葡萄酒裡的糖分，其每公升含量可從 0 至 200 克以上！最明顯的例子好比索甸（Sauternes）的貴腐甜酒，或班努斯（Banyuls）和莫利（Maury）的加烈甜酒。我們對於甜味的感知是立即的，但若平常吃得越甜，味蕾對於甜味的敏感度就越弱。

鹹味：葡萄酒很少顯露鹹味，除了某些比較活潑或尖銳的白酒，像是蜜思卡得（Muscadet）出產的白酒。

酸度：可以撐起葡萄酒的架構，是不可或缺的支柱。沒有酸度的葡萄酒等於沒有未來（不適合陳年）。適量的酸度能促進唾液分泌，有助於開胃。相反的，過多的酸會讓舌頭與喉嚨緊縮，嚐起來令人不舒服。

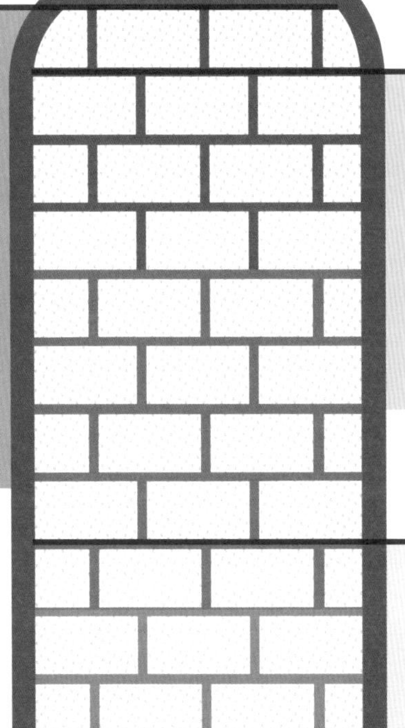

超甜型白葡萄酒
（每公升含糖分超過 45 克）

例如：阿爾薩斯選粒貴腐葡萄酒（SGN）；波爾多的索甸貴腐甜酒、巴薩克（Barsac）貴腐甜酒；西南產區的蒙巴季亞克（Monbazillac）、居宏頌（Jurançon）甜酒；羅亞爾河的邦若（Bonnezeaux）、休姆卡德（Quarts-de-Chaume）甜葡萄酒、梧雷（Vouvray）甜白酒；德國的精選貴腐甜酒（Trockenbeerenauslese）；德國、奧地利和加拿大的冰酒；匈牙利的托凱甜酒（Tokaji）……

甜型白葡萄酒
（每公升含糖分 20-45 克）

例如：阿爾薩斯遲摘型葡萄酒（Vendanges Tardives）；羅亞爾河的萊陽丘（Coteaux-du-Layon）、蒙路易（Montlouis）或梧雷甜酒；西南產區的居宏頌、維克畢勒（Pacherenc-du-Vic-Bilh）、貝傑哈克（Côtes-de-Bergerac）甜酒；德國精選型葡萄酒（Auslese）……

微甜葡萄酒

微甜（sec）和半甜（demi-sec）等級的香檳；半干型（demi-sec）* 的羅亞爾河白酒，如蒙路易（Montlious）與莎弗尼耶（Savennières）；法國南部的紅酒、地中海沿岸的白酒……

小字彙：

形容葡萄酒的酸度（由弱至強）：平乏、溫和、清爽、鮮活、強勁、尖銳、刺激。

* 詳見第 117 頁。

圓滑或刺激？

除了酸甜苦，我們的舌頭還能感覺到其他不同的味道，例如金屬味（令人不舒服）、辣味、油膩、灼熱……

葡萄酒的圓滑度

酒精：如果酒精味太明顯會讓喉嚨感到灼熱。
甘油：發酵過程中形成的甘油，給葡萄酒增添脂滑感，帶給味蕾奶油般的滑順感受。這種油脂感會因酒款而異。

葡萄酒的架構

酸度與圓滑度：我們可從這兩個項目來評估葡萄酒的架構，並簡單以下列圖表來說明。

酸度（刺激）

圓滑度（圓潤）

清爽型的葡萄酒，口感鮮活、微酸、有稜有角，喝起來爽口，甚至有點刺激，通常是非常不甜的白酒或易飲型的紅酒。如果酸度太高，往往是因為葡萄不夠成熟。

白酒：阿爾薩斯以白皮諾（pinot blanc）葡萄釀的白酒，羅亞爾河蜜思卡得（Muscadet）產區白酒，波爾多、小夏布利（Petit Chablis）、侏羅（Jura）或薩瓦（Savoie）等產區的白酒
紅酒：羅亞爾河和薄酒萊以加美（gamay）葡萄釀的紅酒、勃根地以黑皮諾（pinot noir）葡萄釀製的紅酒

令人心「醉」的葡萄酒，飽滿、充滿熱情，有一定的質量，通常是口感強烈的迷人紅酒。如果缺乏酸度，喝起來會有相當程度的灼熱感，容易令味蕾疲乏並倒胃口。這類型的酒通常來自氣候炎熱的產區，或是帶有甜味但缺乏酸度的白酒。

紅酒：隆格多克、南法、南美洲或美國加州

瘦弱且乏味的葡萄酒，嚐起來纖細、清瘦、淡薄。不會是高級酒款，也沒有非喝不可。

濃郁的葡萄酒，口感渾厚、完整、層次豐富，是令人讚嘆的酒！它的口感強而有力，同時具備酸度與圓滑度，喝起來非常舒服。這類酒款通常具備陳年潛力，而且價格不菲。

白酒：勃根地、波爾多、羅亞爾河、隆格多克
紅酒：波爾多、隆河丘、西南產區、勃根地

小字彙：

形容葡萄酒的油脂與圓滑度（由弱至強）：生硬、融合、圓潤、飽滿、滑膩。

葡萄酒的雙腿

「啊，這款葡萄酒有雙出色的腿！」這是出自於法國作家拉伯雷（François Rabelais）的描述，形容一款酒圓潤、迷人且酒體飽滿。現在的品酒人士幾乎已經不這麼形容了，儘管如此，我們還是可以借用有趣的大腿比喻，來描述各具特色的葡萄酒。例如隆格多克的卡利濃（Carignan）紅酒彷彿有一雙如運動員般粗壯有力的腿，勃根地的紅酒則擁有一雙苗條纖細的腿。你可以根據場合，想像自己現在適合什麼樣的一雙腿！

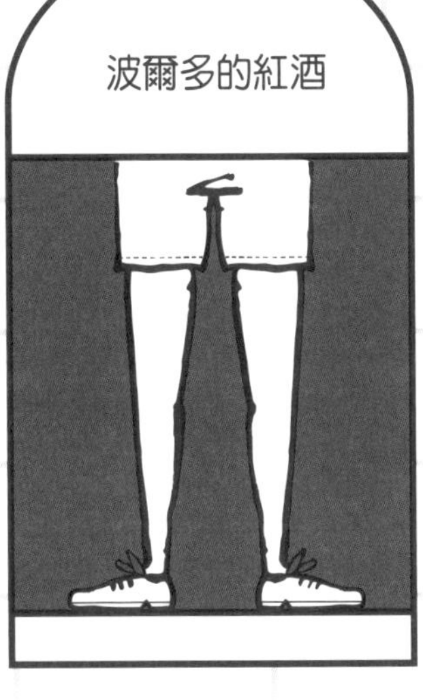

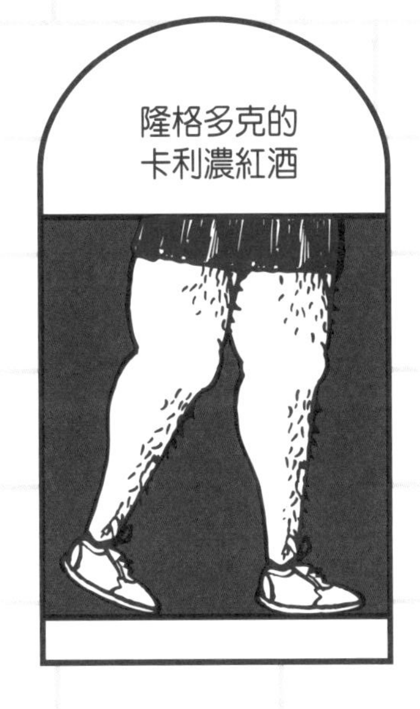

葡萄酒的單寧

喝葡萄酒，一定要認識單寧。單寧可以說是紅酒的宇宙，有時也包含了粉紅酒的宇宙；白酒則通常不含單寧。

什麼是單寧？

單寧會讓我們的舌頭、甚至整個味蕾都覺得乾澀，感覺就像是喝了一杯太濃的茶，因為茶也含有單寧。有些紅酒的單寧含量較少，有些含量偏多，我們也因此而清楚感受到這款酒是細緻或粗糙；就像你的舌頭是被絲綢包裹，或是有人在上面鋸木頭。想要品酒，我們應該學著分辨葡萄酒中單寧的優劣與多寡。

單寧從哪裡來？

單寧主要來自葡萄皮、葡萄籽與梗（連接葡萄樹與果實的梗，因為單寧含量太高，通常在榨汁前就會去除掉）。紅酒的釀製過程與白酒不同，酒農將葡萄的果汁、果皮與籽一起浸泡，這些物質就會釋出單寧。單寧能撐起葡萄酒的架構，也是讓葡萄酒禁得起陳年的要素。

小字彙：

形容單寧的強度：稀薄、順口、帶有單寧感、具收斂性、苦澀。
形容單寧的特性：粗糙、刮舌、細緻、柔軟、如絲綢般。
可參考下列圖示：

微量單寧 | 單寧粗糙刺激 | 單寧具收斂性 | 單寧細緻 | 單寧如絲綢般滑順

窺探後韻

你知道如何同時運用鼻子與嘴巴來感受氣味嗎？這種方法是讓氣味從另一條捷徑（鼻子後面）進入鼻腔，又稱為「回溯嗅覺」。其實我們每天吃東西的時候都在使用這種方法 ！

有兩種方式可以觸發我們的嗅覺黏膜：直接用鼻子聞，或是讓氣味經過舌根後面進入鼻腔。這兩種方式都可以讓我們感受到食物的味道。吃東西的時候捏住鼻子試試看：食物是不是變得索然無味了呢？

就品酒來說，回溯嗅覺比一般嗅覺更敏銳。它能幫助我們確認先前殘留的或難以察覺的氣味，讓我們拼湊出一款酒的完整面貌（香氣）。某些專業品酒者還會利用三餐進行特訓，讓自己的嗅覺更靈敏。

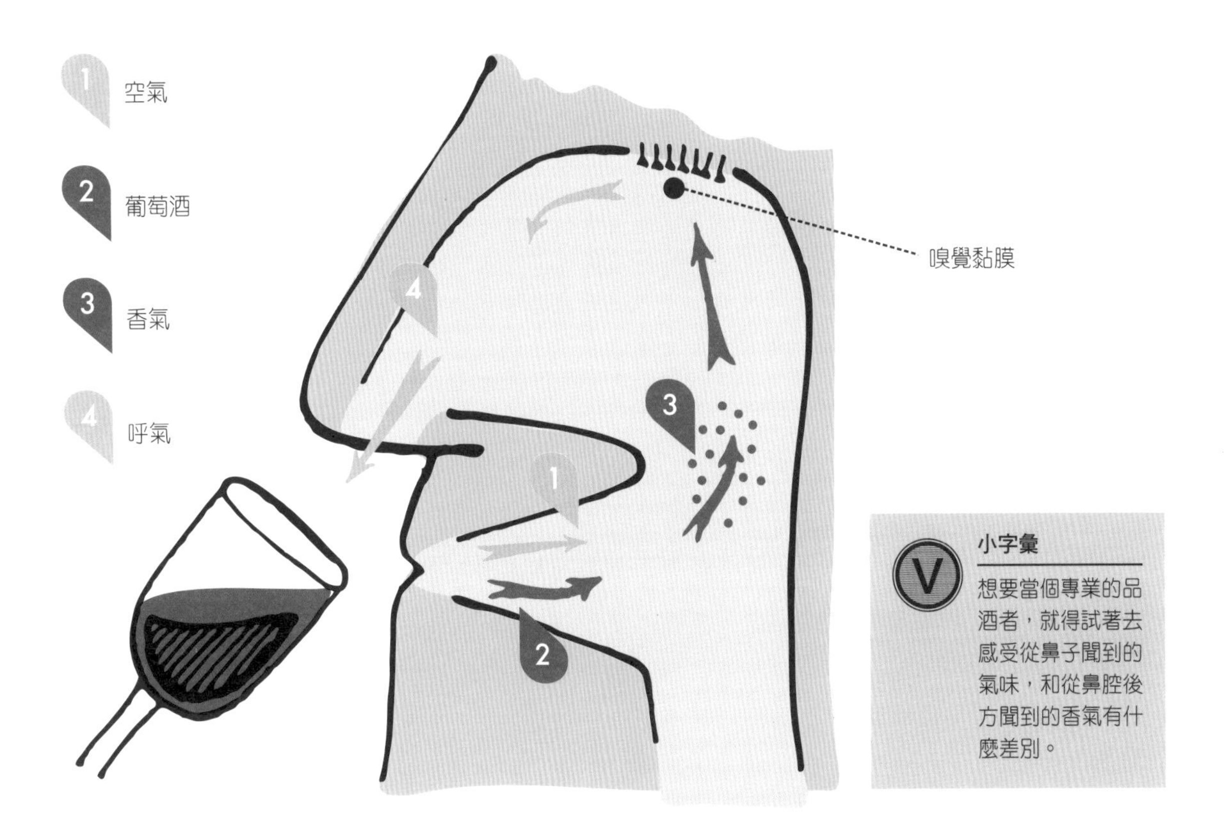

小字彙

想要當個專業的品酒者，就得試著去感受從鼻子聞到的氣味，和從鼻腔後方聞到的香氣有什麼差別。

已經不見，但依舊存在

有時在吞下葡萄酒之後的幾秒鐘內，我們會感覺葡萄酒仍停留在舌頭上，彷彿它還在我們的嘴裡，這就是所謂葡萄酒的尾韻。有時尾韻殘留的香氣與口感會停在口中或長或短一段時間，這就是葡萄酒的尾韻長度。無庸置疑地，擁有悠長且令人愉悅的尾韻，代表這絕對是一瓶好酒 ！

小字彙

酒尾（Caudalie）指的是計算葡萄酒尾韻長度的單位，事實上它以秒數來計算。若一款酒的尾韻在口中可以持續七秒，那它的酒尾就是七。但是這種說法現在已經不流行了，因為使用起來不免讓人覺得有些做作。

用黑色酒杯玩盲飲

視覺的影響

為什麼要用不透光的酒杯，而且最好是黑色的酒杯來品酒，感覺會特別有趣？

因為視覺可能會引導我們做出錯誤的判斷。

在日常生活中，我們認識事物的第一個方法就是用眼睛看。視覺主導了一切，卻也會讓我們產生先入為主的觀念，進而影響到其他的感官。比如一盤美味的菜餚，若是賣相不佳，就很難引起我們的食慾。想來點小羊腦嗎？或試試昆蟲雜燴？視覺影響了我們的判斷與想法，有時甚至會不知不覺將我們引導到錯誤的方向。經多次實驗證實，試飲綠色的石榴糖漿，多數人會信誓旦旦地說自己喝到了薄荷的味道；把水裝在粉紅色的杯子裡，有些人會覺得嚐起來有草莓味。葡萄酒的試飲也一樣，一款帶有紅酒色澤的白酒，會讓品酒的人覺得嚐到了如同酒色般的紅色漿果味。

酒標的影響

酒瓶上的標籤會讓品酒的人產生預設心理。

德國曾在幾年前做過一個實驗，讓六名學習侍酒師課程的學生，品嚐兩瓶不一樣的勃根地葡萄酒：第一個瓶子只標示地區名稱，另一瓶則標了一個富有盛名的法定產區。結果這些準侍酒師們全都認為第二瓶較第一瓶品質更優、口感更細緻、架構更完整，然而兩個瓶子裡裝的，其實都是同一款酒……

100%

地區名

法定產區

從白酒到紅酒

嗅覺如果不經常訓練就會變得遲鈍，使你猶豫不決，而且它是所有感官中最容易被視覺欺騙的一個！

杯中裝的是紅酒還是白酒？這是盲飲的第一個問題。要答對這個問題其實沒有你想像中這麼容易！

先用鼻子啟動調查：如果聞起來有柑橘類、奶油麵包等香氣，表示這是一款白酒；若聞起來像黑色漿果、皮革、菸草，表示這是一款紅酒。但如果是以木桶熟成、帶有木質香氣的白酒，或是口感清淡、帶有水果酥餅香氣的紅酒，那麼猜錯的機率就會變高。要是你對嗅覺沒信心，那麼口中的味蕾就是唯一能為你找出答案的救星：若酒嚐起來不甜、帶有收斂感，表示酒中有單寧，應該是紅酒；如果舌頭被酸味包圍，那麼有可能是白酒。

盲飲的步驟

召集三五好友，準備一瓶「匿名」的酒（可用長襪裹住瓶身），可以的話，再準備幾個不透光的黑色酒杯。記得帶上一張紙，在品飲的同時記下評論。品酒的過程最好在五分鐘內完成，不然就沒什麼意思了。然後，忠實記下你從杯中感受到的一切，包括所有的疑問。為了減少誤差或失誤，你可以逐個項目循序漸進，依循「漏斗式」的思考方式：擴大觀察範圍，再盡可能地從細部評估。

— 1 —

聞

啟動你的嗅覺，找出最明顯的香氣類別。做出決定，並記錄下香氣的成熟階段。接著消除腦中對這個氣味的記憶，再找出嗅覺的第二、第三印象。

— 2 —

品嚐

品嚐，輕啜，感覺香氣是否有變化？哪種味道最明顯？葡萄酒是否有甜味？喉嚨是否因酒精而感到溫熱？味蕾是否因單寧而變得乾燥？最後，你覺得這款酒哪個部分最突顯？你對這款酒的整體印象為何？能不能用一個字或詞句來做總結？

— 3 —

推論

依照你的感覺，試著推敲酒的產地、產區與年份。如果可以，接著繼續推測生產者或酒莊的名稱。

— 4 —

比較

將你的結論與朋友的結論做比較，然後揭曉答案！觀察你們感受到的香氣有什麼不同？你是否全盤猜錯？就算這樣也沒關係，你可能只是太緊張，或因為前面喝了幾杯酒讓味蕾變鈍了。重點是好好享受，有了經驗就會做得更好！

品酒紀錄表範例

嗅覺	香氣類型			香氣
第一印象	✕ 果香 ○ 烘培香 ○ 燻烤 ○ 礦石	○ 花香 ○ 木質香 ○ 動物 ○ 缺陷	○ 草本 ○ 香辛料 ○ 森林地被	黃色水果： 杏桃 熟透的杏桃
第二印象	○ 果香 ○ 烘培香 ○ 燻烤 ○ 礦石	✕ 花香 ○ 木質香 ○ 動物 ○ 缺陷	○ 草本 ○ 香辛料 ○ 森林地被	濃郁白色花香： 茉莉花
第三印象	○ 果香 ✕ 烘培香 ○ 燻烤 ○ 礦石	✕ 花香 ○ 木質香 ○ 動物 ○ 缺陷	○ 草本 ○ 香辛料 ○ 森林地被	介於花香與烘培的香味：蜂蜜
嗅覺強度	○ 微弱	○ 中等	✕ 濃郁	○ 強烈

味覺	香氣類型			香氣
回溯嗅覺	✕ 果香 ○ 烘培香 ○ 燻烤 ○ 礦石	○ 花香 ○ 木質香 ○ 動物 ○ 缺陷	○ 草本 ○ 香辛料 ○ 森林地被	淡黃色的水果： 榲桲
持續出現的香氣	榲桲與蜂蜜香氣持久			

甜度	○ 無	○ 微甜	✕ 甜	○ 非常甜			
圓滑度	○ 封閉	✕ 圓潤	○ 飽滿	○ 滑膩			
酸度	○ 平乏	○ 清爽	✕ 鮮活	○ 強勁	○ 刺激		
單寧（量／質）	✕ 無 ○ 如絲綢般	○ 微弱 ○ 柔軟	○ 順口 ○ 細緻	○ 明顯 ○ 粗糙	○ 具收斂性 ○ 刮舌	○ 苦澀	
酒精度	○ 微弱	○ 輕巧	○ 飽滿	○ 溫熱	○ 灼熱		
口感	○ 微弱 ○ 迷人 ○ 生硬	○ 乾扁 ○ 熱情 ○ 濃烈	○ 細微 ○ 沉重 ○ 結構完整	○ 清淡 ○ 濃稠	○ 鮮活 ○ 豐富	○ 微酸 ✕ 渾厚	○ 刺激 ○ 飽滿
總結	甜酒，優雅，均衡						

我認為這是一款微甜型的白酒，口感圓潤，葡萄品種是白梢楠。如果產自法國，應該是來自羅亞爾河地區，根據它優雅與活潑的特性，我猜是梧雷產區的白酒？

均衡問題

你幾乎掌握了品酒的所有步驟，現在只缺如何做出結論。並不是將葡萄酒的單項特徵累積起來，就等於完整的描述。以人為例，若要你形容自己的好朋友，你會說他身高 176 公分、體重 75 公斤、綠色眼珠，還是面容姣好、親切風趣呢？

如果口感表現強烈

酒精感太重會有灼熱感，酸度帶來鮮活口感，苦澀則來自單寧……儘管整體表現失衡，一款酒依然可以展現出自我特色。

如果口感均衡

酸度與圓潤達到平衡的白酒？酸度、酒精、單寧三方鼎立的紅酒？這些都是好喝的酒，但一款口感均衡的酒其實沒那麼「神聖」，某些酒在不均衡的狀態下表現更顯精彩。

再者，這種模糊的概念也會受產區影響：法國南部地中海沿岸的酒通常酒精感較重，北方的酒則通常酸度較高。

比均衡更重要的是，喜歡與否

最後，你必須思考一個最根本的問題：你喜歡這款酒嗎？如果喜歡，你應該馬上可以說出原因，是因為香氣、酒體結構，還是整體均衡感？

一款表現均衡、沒有缺陷、符合所有條件的好酒，你不一定會喜歡，而理由可能只是因為這款酒……令人感到無聊！別小看這個想法，因為一個小缺陷能為一瓶酒帶來更大的魅力。例如一瓶陳年的依更堡（Château d'Yquem，法國最出名的貴腐甜酒）可能會帶有輕微揮發性的酸味（介於漆、膠水與醋的味道），而這正是它受到喜愛的原因之一。

葡萄酒的類型

填完評量表後，你應該可以歸納出剛才品嚐的酒屬於下列何種類型：

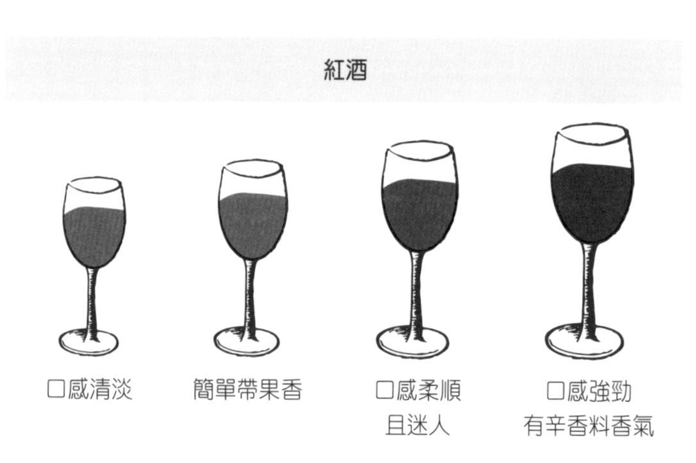

吞下去或吐掉？

如果你是參加宴會或聚餐，你得把酒喝下去。

- 因為如果你是餐桌上唯一把酒吐掉的人，只會讓你看起來很做作。
- 因為把酒吐掉這動作看起來一點都不性感。
- 因為在用餐的時候吐酒，有可能會讓你吐出別的東西。
- 因為適量飲酒能令人感到愉悅，如果你也樂在其中，就無需剝奪這項樂趣。

例外：如果你參加的是一場品酒會、如果你還要開車、如果你懷孕了，請盡量不要喝酒。

如果你是參加酒展或品酒會，你必須將酒吐出來。

- 因為喝醉的品酒者與一般人無異，不僅顯得笨拙尷尬，而且容易危險駕駛。
- 因為酒精會讓人反應遲鈍，會影響你對酒的評論。
- 因為酒精會影響你的嗅覺與味覺，喝到一定的量之後，你會無法區分酒的香氣與口感的不同。（是酒精讓你的味蕾灼熱，還是你喝到全身發熱？）
- 因為酒精會讓人麻痺，你可能會開始亂買東西。

如何優雅地吐酒？

乖乖順從地心引力，不要想去控制吐酒的方向和「射程」。

低下頭，避免酒流到下巴。挽起你的頭髮、領巾、外套等一切有可能會被酒濺到的東西。

將嘴唇嘟成「O」型，但是注意不要讓自己看起來呆呆的。

進階技巧

以吹口哨的力道將酒吐出。如果你只是單純將酒吐到吐酒桶，會發出像在廁所小號一樣的聲音，這樣一點也不優雅。

是品酒，不是酗酒

酒精為惡，葡萄酒為善

所有的葡萄酒愛好者必須了解：品酒是一種帶有責任的品飲行為。

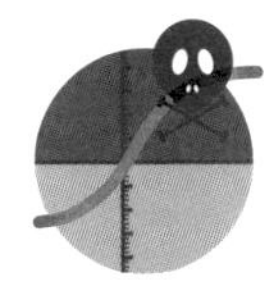

請切記中世紀醫學家帕拉賽爾蘇斯（Paracelse）的名言：「**劑量的多寡，決定你吃下肚的是毒藥還是解藥！**」

一次半杯酒：品酒最好一次半杯就好，這樣喝三杯的量就可以品嚐六款不同的葡萄酒。

世界衛生組織建議：成年男性一天不要喝超過三杯葡萄酒，女性則不要超過兩杯。參加聚會時最好不要喝超過四杯，一週應有一天休息完全不喝酒。

一杯水：養成早起喝一杯水的習慣。有格言如是說：水能讓你止渴，酒能讓你歡愉。

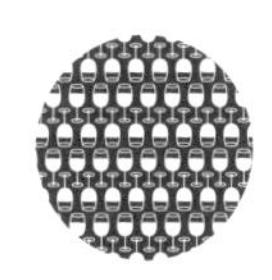

飲酒過量：酒精會對肝臟、胰臟、胃、食道、咽喉、大腦等器官造成傷害，導致肝硬化與癌症。當常態性的飲酒變成習慣，可能進而變成重度酒精依賴。在法國，酒精中毒是第二大死因（僅次於吸菸）。

法式悖論（French Paradox）

為什麼法國是全球葡萄酒消費量第一名（平均每人每年 50 公升），心血管疾病罹患率卻低於其他國家？這就是所謂的法式悖論。

適量飲用葡萄酒其實能帶來一些好處。根據 2011 年，一份針對一般大眾的抽樣報告指出，少量的葡萄酒能降低罹患心血管疾病的風險至 34%（一天喝一至兩杯），並可預防第二型糖尿病，還有如阿茲海默症、帕金森式症等病變。在法國西南部，人們飲食油膩但經常喝高單寧的葡萄酒，因單寧驚人的抗氧化功效，讓當地人罹患心血管疾病的機率遠低於法國北部的人。

尋找夢想中的葡萄酒

有了一些品飲經驗後，你可以開始找出喜愛的口味，並有機會買對自己真正喜歡的酒。

酒槽或橡木桶？

你喜歡

果香、花香、乾燥草本或是花草茶的香氣？爽口、輕盈、鮮活且帶點酸度？那麼，你是屬於酒槽熟成的葡萄酒愛好者。

為什麼？

因為水泥或不鏽鋼材質的酒槽不會為葡萄酒添加任何香氣和口感，可說是一種很「中性」的容器。用這種方式培養出來的葡萄酒，可以表現出葡萄品種本身的風味和特色。

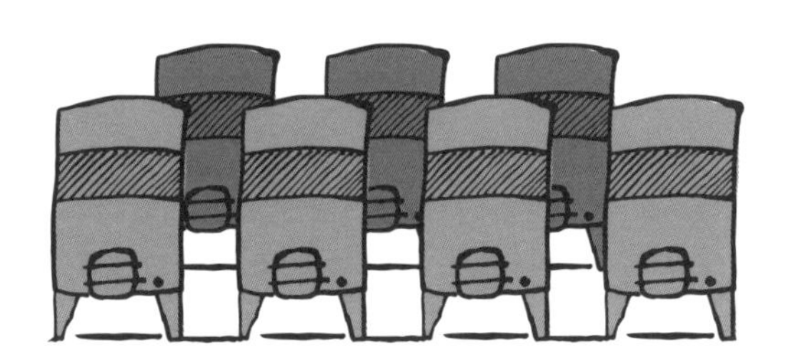

你喜歡

果香混合著木頭、樹脂、香草、椰子、丁香、烤麵包、杏仁糖、焦糖的味道？口中有芬芳、圓潤、絲滑的感覺？那麼，你是屬於橡木桶熟成的葡萄酒愛好者。

為什麼？

因為橡木桶會與葡萄酒產生作用，賦予酒新的香氣，改變單寧、色澤與酒體架構。

木桶味

在過去二十年間，市場上曾經非常流行帶有強烈木桶味的葡萄酒。許多酒莊選擇在酒槽中放入木板或木塊，在降低成本的同時重現橡木桶熟成的風味。然而到了現在，人們對桶味過重的葡萄酒早已失去興趣。

木桶的製作過程，大大影響了葡萄酒最後所呈現的風味。

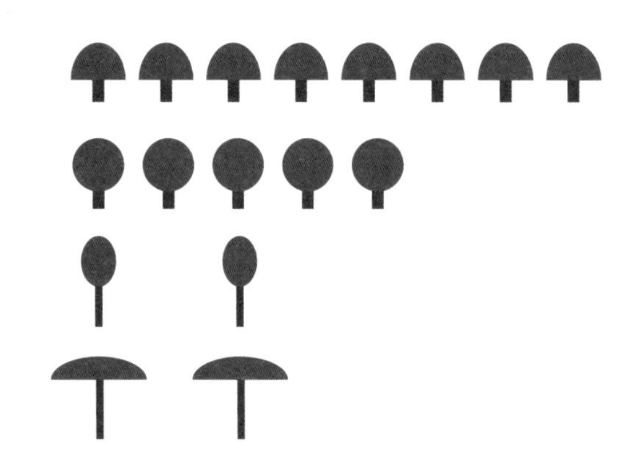

木頭的選擇

橡樹是最被廣泛使用的木材。

栗樹的品質較差，已經漸漸沒有人在使用。此外，有些樹木具有少見的香氣，會拿來製作特殊的木桶，例如白堅木或相思樹。

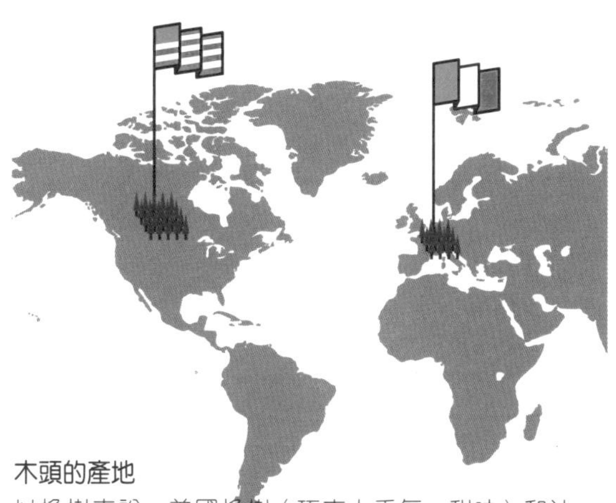

木頭的產地

以橡樹來說，美國橡樹（巧克力香氣、甜味）和法國橡樹（香草味）的特色差異就非常大。來自法國 Tronçais 和 Allier 兩處森林的橡木，更是質好量少的珍稀品。

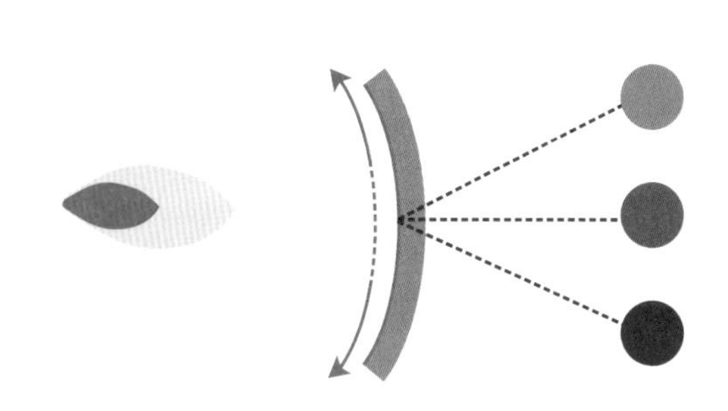

酒桶的燻烤

木桶在製造過程中會經過烘烤，根據火候的強弱，木頭會產生香料、燒烤或是燒焦的氣味，進而帶給葡萄酒香草、焦糖、咖啡和烤麵包的香氣；橡木桶烘烤程度的不同，香氣也隨之不同。

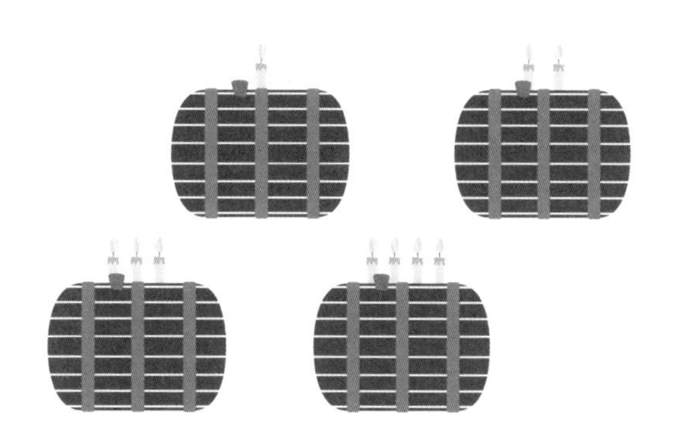

酒桶的年齡

新酒桶可以帶給葡萄酒非常多香氣和單寧，但要是葡萄酒的基礎結構與力量不足，無法將如此豐富的香氣和單寧吸收並融入自身的香氣，使用新桶就顯得多此一舉。此種情況就是所謂的「桶味蓋過了酒味」。反之，超過四年的木桶幾乎已無法為葡萄酒帶來任何香氣，基本上就是一個中性的容器。酒農會根據不同酒款的需要，選擇適當年齡的酒桶。

年輕或陳年？

除了個人口味偏好，這個問題還關係到荷包的深度！通常陳年老酒要比年輕葡萄酒貴上許多，但無論如何，你不必強迫自己假裝喜歡老酒，只因為覺得這樣比較有品味。土壤、菌菇、野味……這些都是非常特殊的氣味，也不是所有人都能接受的。

年輕的酒

如果你喜歡在夏季的果園裡散步、鮮艷的色澤、開滿花朵的院子、清脆的蘋果、多汁的草莓、布瑞塔乳酪、披薩……別懷疑，你絕對適合果味奔放的年輕葡萄酒。

陳年老酒

如果你喜歡在秋天的森林中漫步、經典沙發和雪茄館的氛圍、野豬燉肉、堅果、松露……別管你的荷包了，因為你的味蕾需要的是老酒的滋味！

葡萄品種或風土條件？

當一款葡萄酒追求的目標，是要表現其使用的葡萄品種特色，我們稱之為品種葡萄酒。相反地風土葡萄酒則是在於展現產地特殊的土壤、氣候，以及酒農特色等，即追求展現「風土條件」的葡萄酒。

品種葡萄酒（**Vin de cépage**）

你覺得葡萄酒不用太貴（當然也不能買便宜的爛酒）、不喜歡裝模作樣、不需要複雜的層次、喜歡和朋友一起看電影邊嗑洋芋片……選擇品種葡萄酒吧！一瓶好的品種葡萄酒大概不會多細緻，但也絕不會難喝得讓你作嘔，非常適合派對暢飲，是大家都會喜歡的流行口味。但別挑選超市裡最便宜的那款，最好選擇大家耳熟能詳的葡萄品種（例如蘇維濃或希哈），並且由大廠牌生產的葡萄酒。

風土葡萄酒（**Vin de terroir**）

你追求的是對葡萄酒的感動、感受黏土土壤的豐腴或礫石土壤的酸度、古老和被遺忘的葡萄品種的滋味、酒農的雙手對酒產生的微妙差異……毫無疑問地，你想要的是酒農全心照料的風土葡萄酒。這種酒並不一定就會比較昂貴，但在一般的超市裡很難找到，通常要上葡萄酒專賣店，或直接去酒莊詢問，就可以找到好的風土葡萄酒。

舊世界或新世界？

雖然某些新世界（美洲及澳洲）葡萄酒和歐洲葡萄酒很像——反之亦然——偶爾會讓人搞混，但我們還是可以從口感和香氣分辨出兩者的差別。

「新世界」葡萄酒

你喜歡喝味甜、滑膩、厚重的葡萄酒？那你極有可能會被新世界葡萄酒收買。它擁有奔放的香草與奶油香氣，口感非常圓潤（偶爾有些肥膩），白酒與紅酒同樣誘惑迷人。你可能會覺得充滿果醬的香氣缺少了點層次感，但喝起來讓人心情愉快。以白酒來說，可以發現許多在歐洲葡萄酒不容易找到的熱帶水果香氣。新世界葡萄酒不僅順口易飲，而且信價比很高！值得注意的是，現在越來越多新世界酒莊致力於釀造精巧細緻的葡萄酒，也生產出許多充滿活力、不容忽視的好酒。

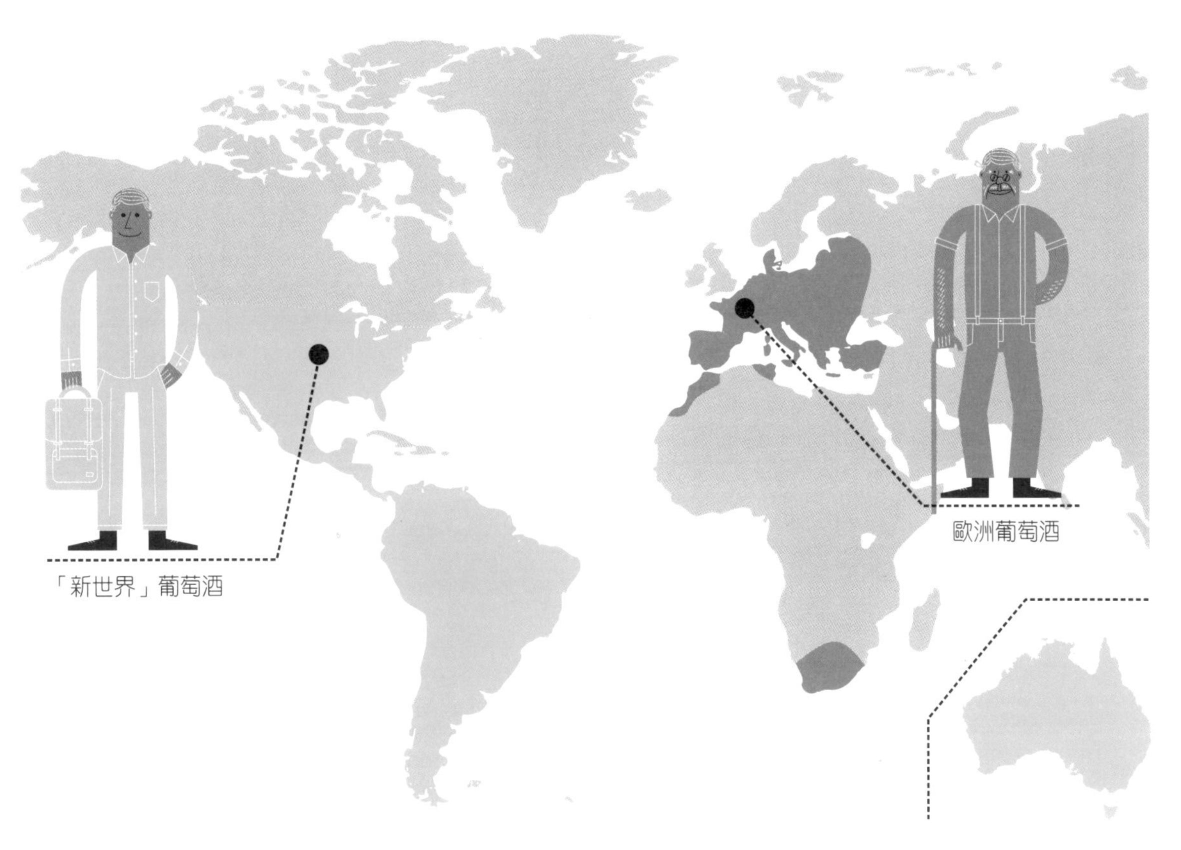

歐洲葡萄酒

你喜歡清新的口感、緊緻的酸度？你偏好極端內斂的口感？回歸歐洲葡萄酒的懷抱吧！毀譽參半的歐洲葡萄酒雖然少了份甜美，酸度與單寧都很明顯，卻使葡萄酒嚐起來更精巧優雅。但要小心別陷入了歐洲葡萄酒的浮誇和昂貴陷阱！其實許多來自義大利、西班牙和南法的葡萄酒也是非常嫵媚動人，值得一試。

釀造技術、有機或無添加硫化物？

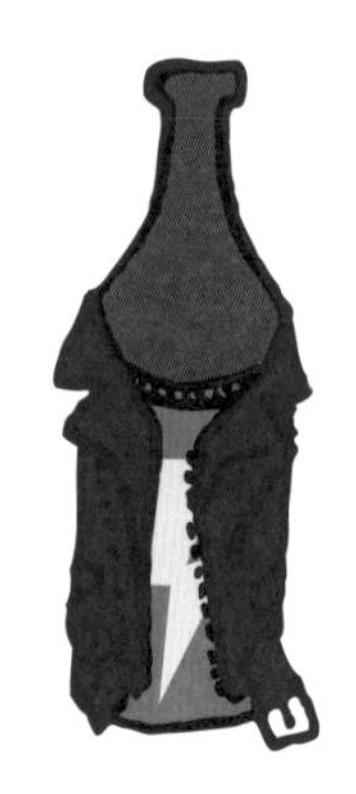

釀造技術型的葡萄酒

對這類型的葡萄酒來說，年份、土質甚至產地都不太重要，重點在於追求葡萄酒的均衡感，不過分強調特色，適合作為應酬或嚴肅場合的佐餐酒。依賴現代化種植與釀造技術釀出來的酒，已經越來越能討好並融入普羅大眾的口味。

我們的建議

你不用排斥它，也不用對這種到處都有的酒過度寵愛。技術型的酒順口到會讓人感到無趣，但好處是不裝腔作勢，也不怕踩到地雷。它通常出生大戶之家（大型酒商或知名品牌），不少超市裡的酒均屬此類。

有機葡萄酒

想要靠人的嗅覺或味覺，分辨出有機農法與合理減藥農法（理性地使用化學產品）栽種、釀製的葡萄酒，幾乎是不可能的。兩者真正的差別在於土壤：有機葡萄園的土壤含有更豐富的礦物質、微生物，也更有生命力。

我們的建議

一塊過度使用化學物質的土地，是無法孕育出最美好、風味集中且富含礦石味的葡萄酒。注意聽好了，釀造好酒的條件，除了要有好的葡萄，酒窖裡的釀造工作與葡萄園裡的農務同樣非常重要！越來越多世界一流的酒莊開始採用有機或自然動力法栽種葡萄，以此種方法生產的葡萄酒在酒瓶上會貼有 Ecocert、AB、Demeter 或 Biodyvin 的認證標章*。

＊詳見第三章。

無添加硫化物的葡萄酒

你有嚐過無添加二氧化硫的葡萄酒嗎？這些葡萄酒儘管產量非常稀少，卻在巴黎許多新潮酒吧之間蔚為風潮。通常這些酒的原料都是採用自然動力法栽種（絕不是因應潮流而創造的產品），並且在釀造與裝瓶的過程中不添加任何硫化物。缺少抗氧化劑保護的這些葡萄酒非常脆弱，保存也比較困難，對於瓶中的任何狀態都很敏感。無添加硫化物的葡萄酒可能會氧化得特別快，但添加過量硫化物的酒則可能會出現花椰菜的氣味。

我們的建議

喝這種酒有點像在買樂透，有時會令人失望（帶有爛蘋果與乾核桃的氣味），但當你中大獎時，那種美妙的感覺會讓你覺得一切風險都是值得的！

依照場合選酒

不知你是否有發現，人們在冬天比較喜歡培根焗烤馬鈴薯，夏天則比較喜歡吃沙拉。喝葡萄酒也一樣，別光憑自己的口味來選酒，更要挑選適合「當下」的酒。

下列有幾項建議可供參考：

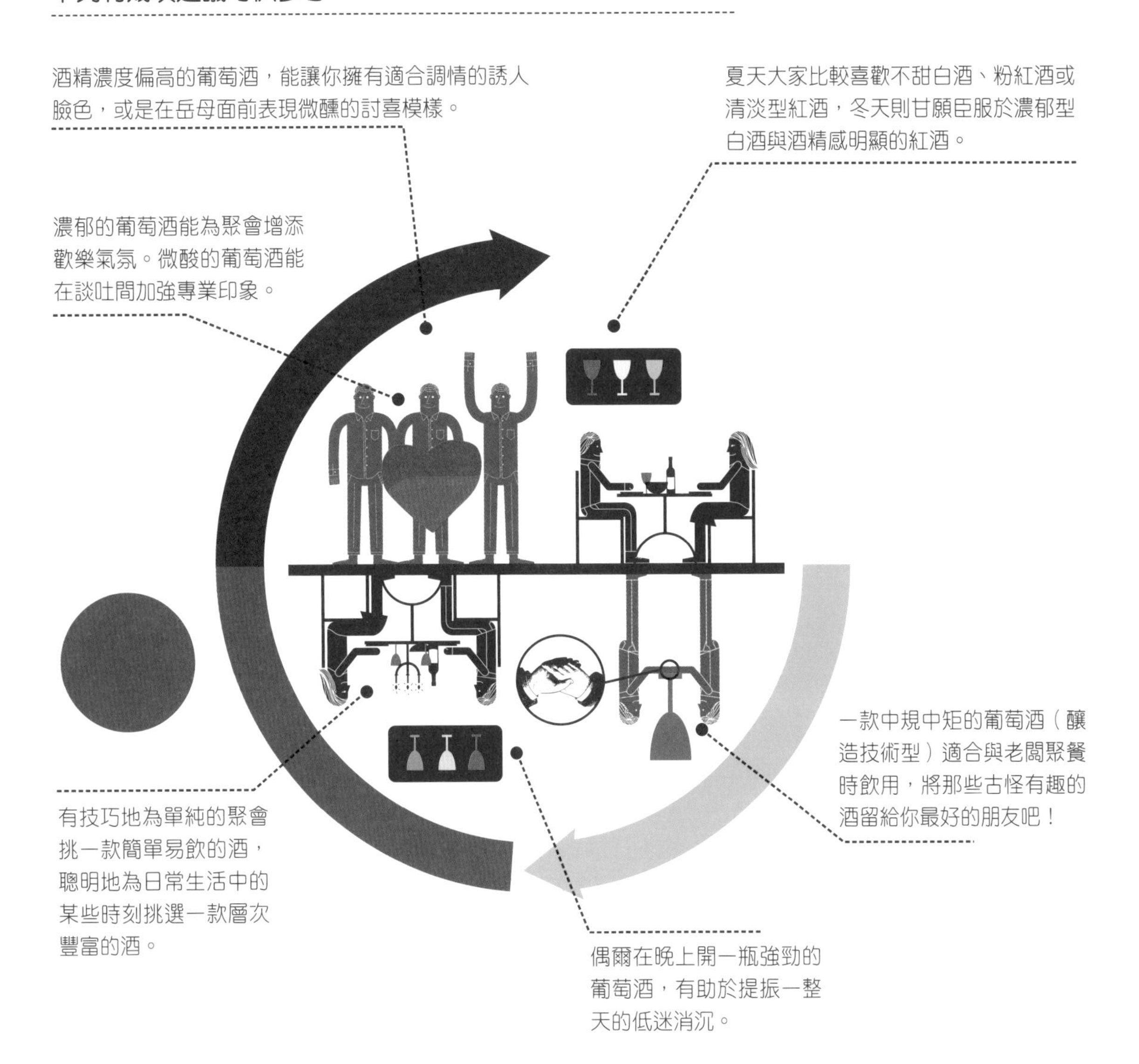

八月底九月初，對學生和他們的父母親來說，是準備開學與重返工作的季節，生活的節奏再次開始。然而對葡萄農來說恰恰相反，這個時刻代表工作完成，還有歡樂的收成時光。

大學生活的最後一年，艾多想趁著暑假到戶外去打工。他是個勇敢強壯的男孩，而他選擇的工作正好需要這二項特質，那工作就是——採收葡萄。他只帶了頂大帽子遮擋炙熱的陽光，就出發前往南部的隆格多克葡萄酒產區。到了葡萄園，人們給他一把葡萄剪，他便開始拿著剪刀收集希哈、格那希、慕維得爾等各個品種的葡萄。他不僅學會了分辨這些品種的差異，也學到從種植葡萄到採收的大小知識。晚上，他與其他的採收者一起共進晚餐，暢飲酒莊自己釀的葡萄酒。在整個葡萄園採收完畢的那天，大家舉辦了一場盛大的慶祝活動。

活動結束後，葡萄酒農挽留艾多，希望他在開學前能再留下來幫忙幾個星期。艾多答應了，並且表示自己很想觀摩葡萄酒的釀製工作，而酒莊的人也實現了他的心願。他終於明白葡萄酒為何會一桶一桶存放在酒窖中，還有年份對葡萄的影響有多重要。此後，每當他品嚐葡萄酒，就知道自己口中的氣泡或甜味是從哪裡來的了。

這個章節獻給像艾多一樣充滿好奇心的人，讓大家了解杯中的葡萄酒是怎麼變出來的。

HECTOR

艾多種葡萄

從品種到果實

白色的葡萄品種 / 紅色的葡萄品種

葡萄採收的時機 / 葡萄酒的培養熟成

從品種到果實

葡萄剖面圖

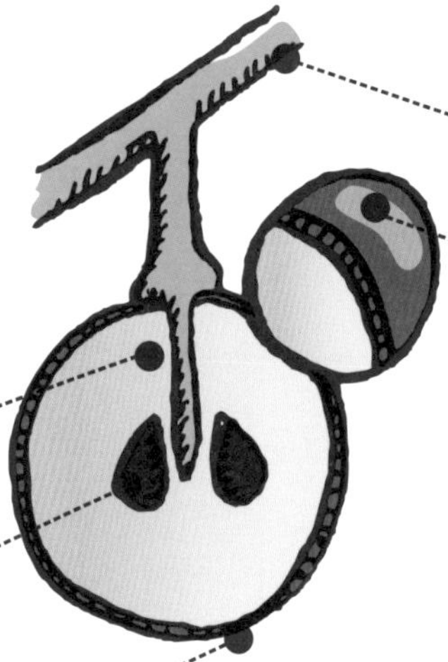

梗：含有大量的單寧和不討喜的草本味道。葡萄農在釀酒之前會將它摘除，這個動作稱為「去梗」。

果肉：包含了水分、糖分與酸的成分。除了少數被稱為「染色葡萄」的品種，葡萄果肉通常都是沒有顏色的（白色）。

果霜：一層白色類似蠟質的薄膜，可以保護葡萄果實，減少染病機率。上頭含有釀酒所需的酵母，當它與葡萄裡的糖分接觸，就會發酵產生酒精。

籽：含有美好的單寧（所以咬破葡萄籽時會感覺到苦味），是紅酒結構中不可或缺的一環。

皮：它是著色的染料，是葡萄酒的顏色由來，也是產生香氣的原料。

釀酒葡萄與食用葡萄的差別

兩者在品質的要求上不太一樣。我們喜歡吃蛋糕上的葡萄，因為它皮薄多汁，幾乎沒有籽的存在。相反地，釀酒的葡萄果實帶著厚皮，較容易萃取出顏色與香氣，而葡萄籽裡的單寧將為紅酒帶來陳年的保證。

葡萄果實的差別

不同品種的葡萄，果實的外形與特徵也會不一樣。以同一品種來說，氣候、風土條件和葡萄農的種植方式都會有所影響。如果雨水多，果粒就會顯得飽滿、膨脹，皮就會變薄；相反地，若遇上乾旱年份，那一年收成的葡萄就會皮厚、個頭小，為即將釀造的葡萄酒濃縮了所有精華與香氣。

葡萄家族

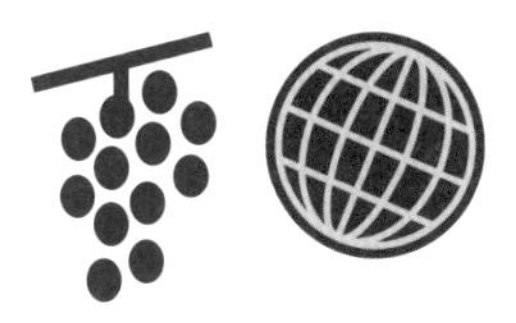

葡萄的品種非常非常多，而且每一個品種都有自己的風格和特徵，有的拿來食用，有的種來釀造葡萄酒。

世界上有一萬多種葡萄，在法國約有二百四十九種被允許用來釀酒，然而其四分之三的葡萄產區僅使用了其中十二個品種。

法國人選用歐洲葡萄種（Vitis vinifera）來釀造高品質的葡萄酒，它也是最被廣泛種植來釀酒的葡萄種類；另一類較常見的則是北美洲葡萄種（Vitis Labrusca）。這兩種都歸在葡萄屬（Vitis），是葡萄科（Vitaceae）家族體系的成員。這個龐大的家族包含所有的藤蔓型植物，例如爬滿屋子外牆的爬牆虎就是其中一個分支。

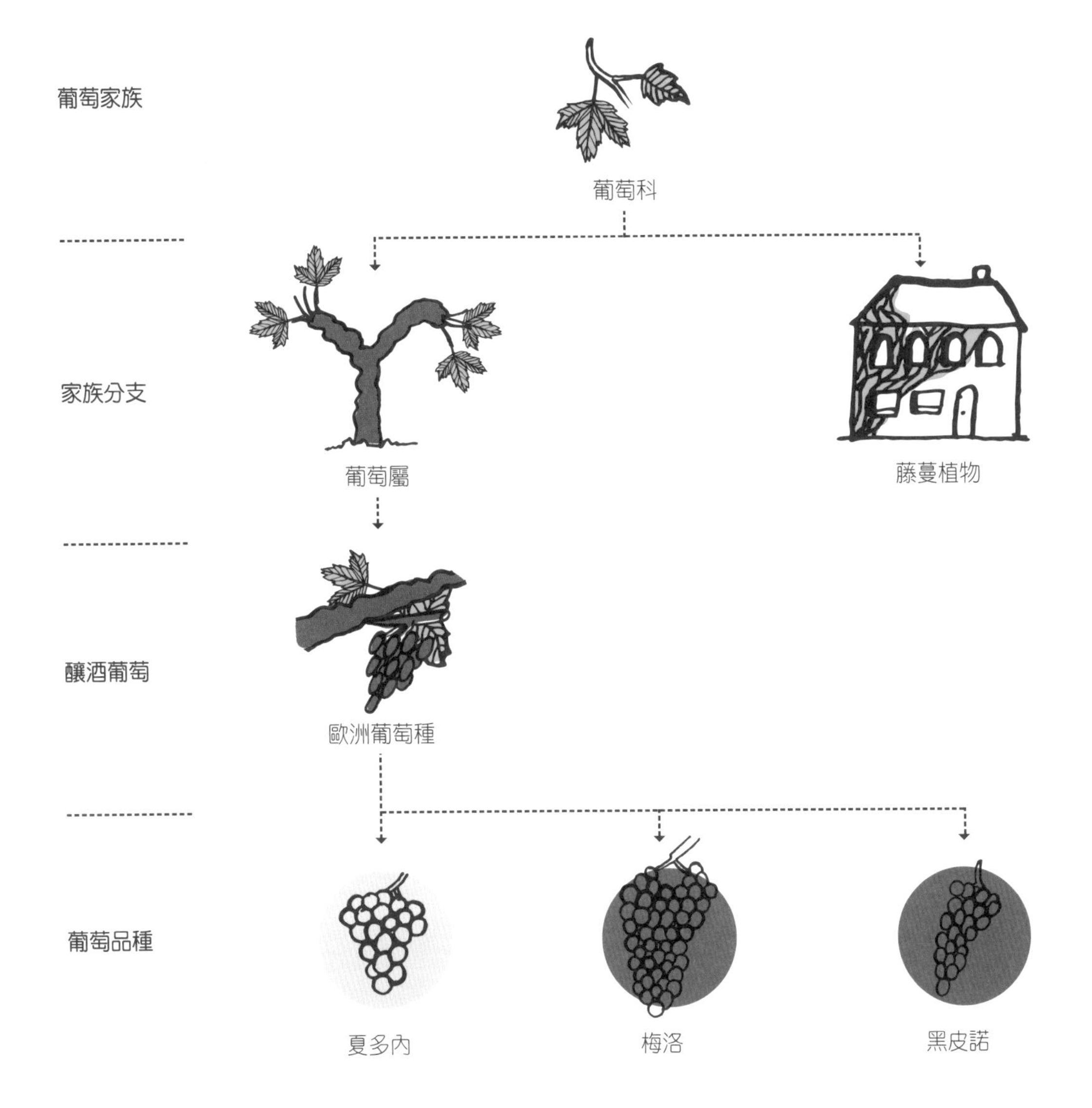

CHARDONNAY

夏多內

西洋梨

蜂蜜

榛果

烤杏仁

奶油麵包

香草

烤麵包

特色

夏多內個性多變，連葡萄皮的厚度也會隨著種植區域、土壤和種植技術而有所不同。在香氣表現上時而花香多、時而果味多；在勃根地北部的夏布利（Chablis）表現銳利且富礦石味，在加州則變得性感、充滿奶油香。正因如此，它沒有非常明確的香氣，但一般來說可以聞出檸檬、洋槐和奶油的綜合味道，而它也常被置放在橡木桶中，藉此增加燒烤與奶油麵包的香氣。

知名度

葡萄酒界的超級明星。夏多內葡萄不僅釀造出全世界最偉大的白酒，價格也是最昂貴的。此外它也被用來釀造香檳。

生長氣候

冷熱皆宜。夏多內能適應各種氣候，這就是它受歡迎的原因。它所呈現的風貌也會因環境而有所改變：生長在寒冷的環境，可以釀出不甜且富有礦石風味的白酒；反之，生長在較熱的環境，口感則變得豐潤，帶有成熟果味。

哪裡可以找到？

法國：勃根地、香檳區、侏羅區、隆格多克、普羅旺斯
其他地區：美國加州、加拿大、智利、阿根廷、南非、中國、澳洲

SAUVIGNON

蘇維濃

果香

黃檸檬

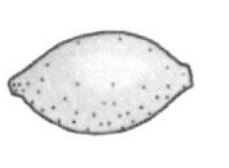
綠檸檬

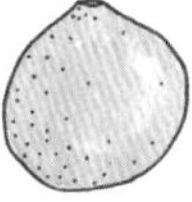
葡萄柚

香檸檬

熱帶果香

鳳梨

百香果

草本與花香

茉莉

青草

黑醋栗花苞

接骨木

其他

煙燻味

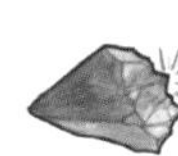
打火石

白堊（粉筆）

特色

蘇維濃個性鮮明，在杯中的表現可圈可點。它賦予紅酒清涼、強烈的柑橘果香與嫩草香氣，讓人聯想到春天的來臨與生命的喜悅。藉由葡萄農的巧手和良好的土壤區塊，可賦予它更豐富的煙燻與打火石氣味。口感輕盈活潑，偶爾有點神經質。在發酵期間，可以與波爾多其他品種如榭密雍，混釀出不甜或是甜的白酒，替成品帶來輕盈的美感。

知名度

蘇維濃會變得如此受歡迎，要感謝鼎鼎大名的波爾多與羅亞爾河地區的松塞爾（Sancerre），現在被廣泛種植於世界各地。它釀出來的酒簡單易飲、氣質清新，可以說是白葡萄界的女明星。

生長氣候

適合溫帶氣候。溫度太冷會讓它出現不討喜的青梗味道，甚至出現貓尿味；天氣太熱，就會出現濃郁的熱帶水果味，過多的話會令人感到噁心。

哪裡可以找到？

法國：羅亞爾中央區、波爾多、西南產區
其他地區：西班牙、紐西蘭、美國加州、智利、南非

CHENIN
白梢楠

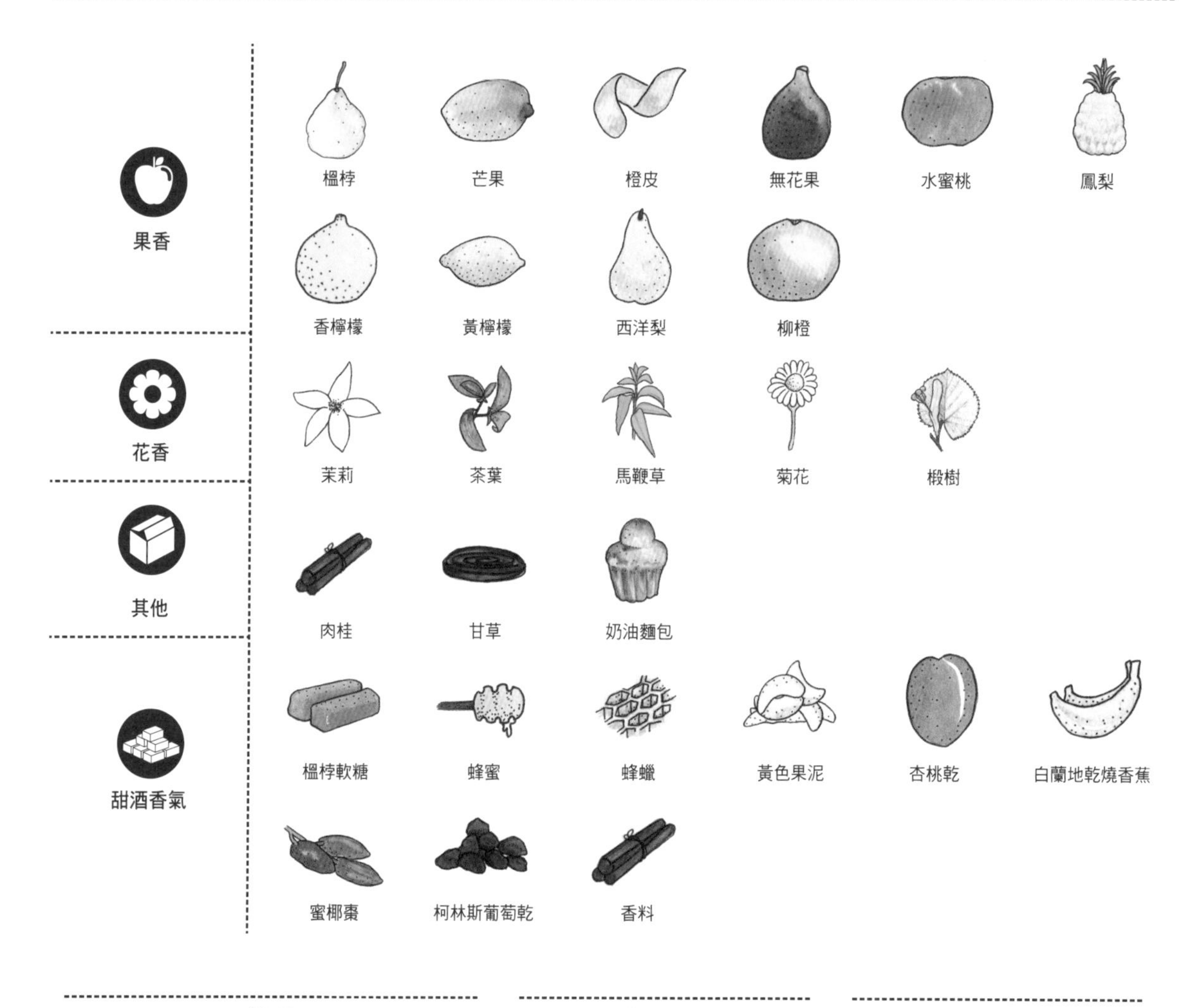

特色

鮮活的口感與甜度是白梢楠給人的第一印象。它的柔順與酸度足以被用來釀造氣泡酒、干型*白酒、半干型白酒、甜酒或貴腐甜酒，香氣豐富、風貌變化多端，不需與其他品種混合，有能力獨自釀造出優質的葡萄酒。有些用白梢楠釀製的貴腐甜酒，具有十年以上的陳年潛力。

＊詳見第 117 頁。

知名度

最多才多藝的品種之一，目前對大眾來說還是有點神祕。愛好者正在逐漸增加中。

生長氣候

適合溫帶氣候。氣溫太冷會讓它酸度飆高，太熱又會讓果實太早成熟。

哪裡可以找到？

法國羅亞爾河、美國加州、南非

GEWURZTRAMINER

格烏茲塔明那

果香

荔枝

熱帶水果

百香果

橙皮

花香

玫瑰

牡丹

香料

肉桂

肉豆蔻

甘草

甜酒香氣

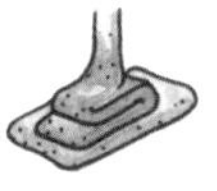

焦糖

皮革

蜜椰棗乾

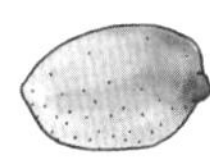

芒果

蜂蜜

香料麵包

杏仁糖

水果軟糖

特色

它的名字來自德文「gewürze」，意思是「香料」。可想而知，它生產的酒常帶有香料味，獨特的玫瑰與荔枝香氣讓人輕易就能辨認出來。它在甜酒的表現上很豐滿、芬芳，但是當它缺少酸度時，濃郁過頭的香氣反而會令人噁心。只要處理得好，它還是可以釀出甜美的葡萄酒。很少與其他品種合併混釀。

知名度

喜好或厭惡它的人通常很兩極，常被拿來當作開胃酒，或是搭配甜點、聖誕節大餐、亞洲料理（中式、泰式，或是壽司）。

生長氣候

適合寒冷的環境，屬於北方或大陸性氣候的品種，對冬天結霜有很好的抵抗力。

哪裡可以找到？

法國阿爾薩斯、德國、奧地利、北義大利

VIOGNIER
維歐涅

果香

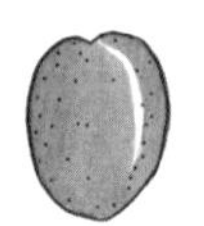
杏桃

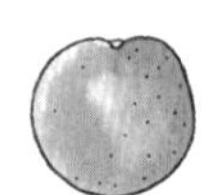
黃色水蜜桃

白色水蜜桃

糖漬果皮

西洋梨

哈密瓜

花香

紫羅蘭

鳶尾花

洋槐

其他

麝香

香料

蜜臘

烤榛果

菸草

特色

維歐涅釀造出來的白酒，最常聞到的香氣就是杏桃與水蜜桃，口感經常表現得有些滑膩肥厚，甚至容易醉人。如果釀造得好，會出現花香與少見的高雅；相對地，要是釀造過程沒處理好，會就會顯得沉重黏糊。它源自於隆河谷地，可以獨自釀出精彩的白酒，也可以與當地品種混合，例如馬姍與胡姍（Roussanne），或是加入希哈來柔化單寧。

知名度

隆河谷地的維歐涅白酒非常吸引人，價格也非常高，不過在新世界地區尚未有太大名氣。

生長氣候

適合溫暖偏高溫的環境。栽種不易，產量少，最大的挑戰是該如何在圓潤的天性與正確的酸度之間取得平衡。

哪裡可以找到？

法國：隆河谷地、隆格多克
其他地區：美國加州、澳洲

SÉMILLON
榭密雍

果香

黃檸檬

橘子

柳橙

香檸檬

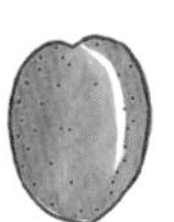
杏桃

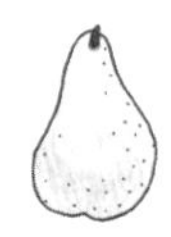
糖漬西洋梨

無花果

花香

椴樹

洋槐

其他

奶油

甜酒香氣

杏仁糖

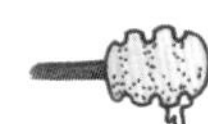
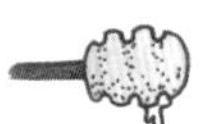
蜂蜜

蜂蠟

椰棗

榲桲軟糖

橙皮

果醬

特色

榭密雍對貴腐菌（或稱灰霉菌）非常敏感——這種菌可以濃縮葡萄的糖分，用來釀造知名的貴腐甜白酒——是波爾多地區釀造這種奢華甜白酒的主要品種。當它被釀成不甜的白酒時，口感滑膩且香味不明顯，但還是可以陳年保存；當它被釀成甜白酒時，才能將所有的優點表現出來。然而榭密雍從不曾單獨釀酒，它最要好的合作夥伴就是能帶來圓潤口感的蘇維濃，有時也會加入蜜思卡岱勒（Muscadelle）。

知名度

釀酒葡萄界的冠軍品種。索甸（Sauternes）貴腐甜白酒銷售得很成功，而且被全世界的的葡萄酒愛好者收藏。

生長氣候

適合溫暖的海洋性氣候，讓貴腐菌可以在秋天順利產生。

哪裡可以找到？

法國：波爾多、西南產區
其他地區：澳洲、美國、南非

RIESLING
麗絲玲

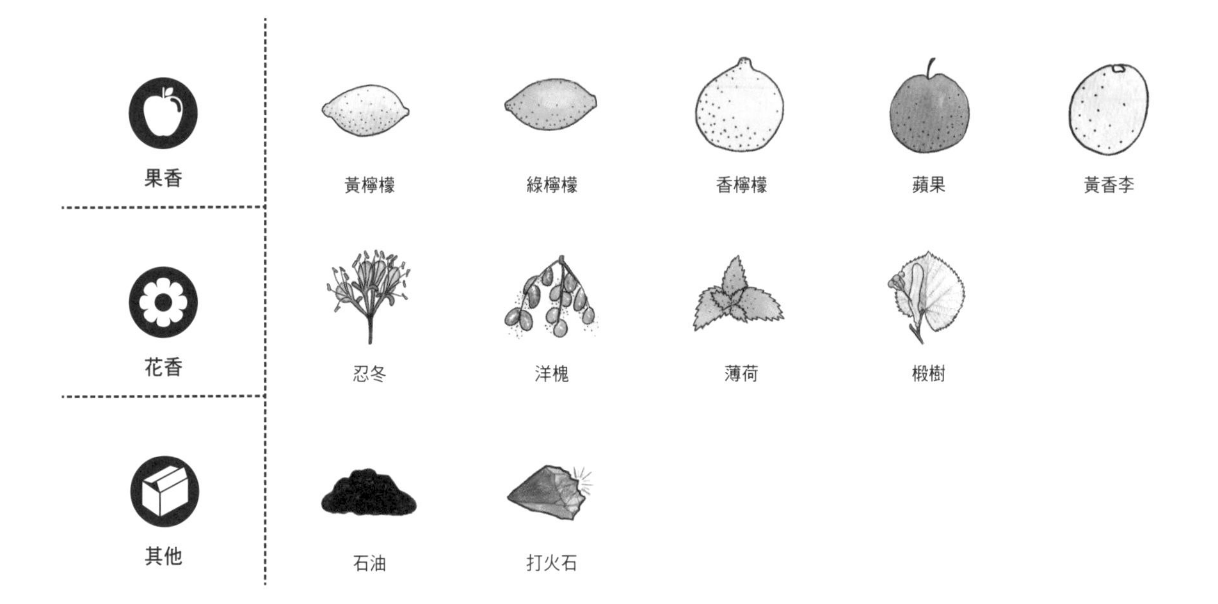

特色

麗絲玲是德國最重要的葡萄品種，常隨著產區土壤的影響而有不同的表現，但沒有任何一種葡萄可以像麗絲玲一樣，將風土表現得如此出色。除了豐富的果香與花香，它最大的武器就是礦石味；唯有偉大的麗絲玲白酒才能呈現如此風味。剛裝瓶的前幾年，優質的麗絲玲會釋放出石油味的特徵，伴隨著礦石的鹹味，包裹著柑橘類的果香與優雅花香。甜或不甜的白酒皆可釀造；甜酒使用的葡萄來自秋天的遲摘葡萄，或是冬天逐粒精選的葡萄，甚至是結冰的葡萄，採收後全部混合再進行榨汁。

知名度

明星品種，與夏多內並稱為全世界最重要的兩種白葡萄。二十世紀時曾一度被人低估了它的價值，幸好在酒農致力於技術改良後再次被發揚光大。

生長氣候

生長在寒涼地區的麗絲玲表現特別優秀，雖然它也可以適應較炎熱的氣候，但釀出來的酒便會失去它應有的高雅層次。

哪裡可以找到？

法國阿爾薩斯、盧森堡、德國、奧地利、紐西蘭、加拿大

MARSANNE
馬姍

果香

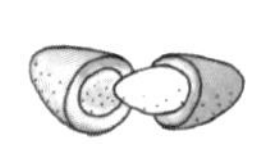
新鮮杏仁

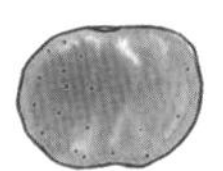
水蜜桃

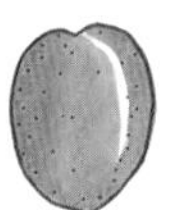
杏桃

蘋果

柳橙

水果乾

花香

茉莉

洋槐

其他

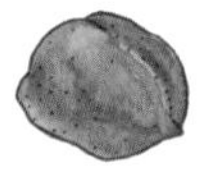
核桃

松露

杏仁糕

蜂蠟

特色

馬姍的口感圓潤卻讓人印象強烈，帶有杏仁、茉莉花香與蜂蠟的香氣。以百分之百馬姍釀成的白酒很少，非常適合與其他葡萄品種搭配，尤其是隆河谷地原生的胡姍（Roussane）葡萄。

知名度

不是非常有名的品種，但是與胡姍搭配混釀出來的酒，最能突顯出法國的風土。馬姍亦可與侯爾、白格那希（Grenache Blanc）、維歐涅混釀出好喝的白酒。

生長氣候

適合炎熱氣候、碎石土壤的風土條件。

哪裡可以找到？

法國：隆河谷地、隆格多克、西南產區
其他地區：澳洲、美國加州

ROLLE-VERMENTINO

侯爾 / 維門替諾

果香

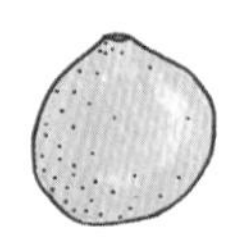

葡萄柚

西洋梨

黃蘋果

水蜜桃

鳳梨

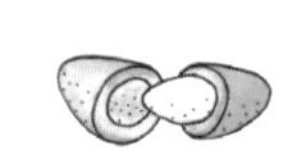

新鮮杏仁

花香

山楂

洋甘菊

蒔蘿

茴香

八角

特色

法國科西嘉島生產的白酒通常以百分之百的維門替諾釀造而成，在當地它的官方名稱叫做「侯爾」。在普羅旺斯地區則經常與其他品種混釀，例如白于尼（Ugni Blanc）、馬姍、白格那希、克萊雷特（Clairette）、夏多內和白蘇維濃，釀出來的白酒口感非常清爽、香氣十足，散發出梨子的香甜和茴香的特別氣味；若混釀時添加的比例不太多，餘味則會出現細細的甜美苦味。

知名度

非常適合搭配夏天的鮮魚料理，但卻難以搭配冬季的食物。簡單來說，它是最適合夏天度假時享用的酒款。

生長氣候

喜好炎熱的環境，非常能適應太陽日照量大、乾燥且貧瘠的土壤。

哪裡可以找到？

法國：隆格多克-胡西雍、西南產區、科西嘉島
其他地區：義大利托斯卡尼、薩丁尼亞島

MUSCAT
蜜思嘉

果香

葡萄

檸檬

蘋果

花香

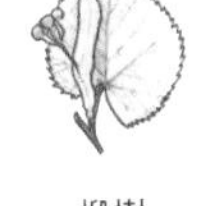

椴樹

玫瑰

甜酒香氣

蜂蠟

榲桲軟糖

果醬

橙皮

葡萄乾

特色

希臘的原生品種，早在古希臘時代就有人種植。在歐洲大陸很容易找到蜜思嘉家族旗下的 Muscat Blanc à Petit Grains 品種（又稱 Muscat de Frontignan），它可以釀造不甜但花香濃郁的葡萄酒，也是唯一能釋放出鮮脆葡萄味的品種。在義大利，蜜思嘉被用來釀造細緻的微氣泡酒，在法國南部與希臘則用來釀造天然甜葡萄酒。Muscat de Beaume de Venise 或 Muscat de Rivesaltes 釀的天然甜葡萄酒帶有果醬香味，非常適合搭配甜點，不過別和 Muscat d'Alexandrie、Muscat Ottonel，或是羅亞爾河的蜜思卡得（Muscadet）*干型白酒混淆了。

知名度

蜜思嘉釀的甜酒深受爺爺奶奶喜愛，在年輕人之間就比較沒那麼受歡迎。

生長氣候

適合氣候溫暖的地區。

哪裡可以找到？

法國：阿爾薩斯（不甜白酒）、南部（加烈甜酒）、科西嘉島
其他地區：義大利（不甜白酒或微氣泡甜酒）、希臘（薩摩斯島甜白酒）、西班牙、葡萄牙、奧地利、東歐、南非、澳洲**

＊蜜思卡得是羅亞爾河南部的法定產區，使用的葡萄品種為勃根地香瓜（Melon de Bourgogne）。
＊＊義大利人稱它為慕斯卡多（Moscato），在澳洲則稱路斯格蘭（Rutherglen）。

PINOT NOIR
黑皮諾

特色

身為勃根地的王者，黑皮諾向世人展現了葡萄酒精緻的一面，同時又帶有強勁的風格。它釀製的葡萄酒顏色明亮、帶有紅寶石的色澤，充滿紅色莓果的迷人香氣，口感精緻滑細如絲綢，鮮少有過多單寧造成乾澀的情形發生。年輕時飲用依然美味，陳年後則會出現秋天森林的味道，例如皮革和非常迷人的松露香氣。經常以單一品種釀造，也與其他品種混釀紅酒。

知名度

它是世界上最受酒迷喜愛（也最被廣泛種植）的品種之一。雖然勃根地的特級紅酒價值不菲，但很幸運地，我們還是可以找到一些價格合理又好喝的黑皮諾紅酒。

生長氣候

偏好涼爽的環境。黑皮諾的皮很薄，若種植於熱帶地方會出現過度早熟的情形，香氣也會被破壞。

哪裡可以找到？

不論是歐洲、北美或南非，世界上的每個角落都可以發現它的蹤影，但最適合它生長的風土條件，則是法國的勃根地和香檳區、美國的奧勒岡州，以及紐西蘭。

CABERNET-SAUVIGNON

卡本內蘇維濃

香氣

黑醋栗

桑葚

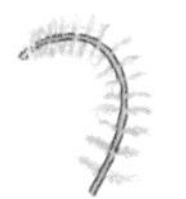

蕨類

甜椒

茉莉

檀木

松樹

裝桶後

橡木

香草

丁香

甘草

陳年後

皮革

菸草

野味

雪松

鉛筆芯

松露

特色

超高人氣的葡萄品種，在法國波爾多地區最常見；想像在當地舉行一場馬拉松賽，卡本內蘇維濃就是鼓舞參賽者完成比賽的理由。它內涵豐富的單寧，是使葡萄酒可以陳放十年以上的關鍵，而且將隨著時間釋放出更多層次複雜的黑醋栗、菸草、野味、雪松等特殊香氣。以其釀製的紅酒表現強勁、扎實、嚴謹，少了點熱情。年輕的蘇維濃會出現苦澀甚至粗糙的口感，這就是為什麼它需要與其他品種混釀，例如梅洛。

知名度

它的地位如同黑皮諾，是最受喜愛也是種植面積最廣的紅色葡萄，生產出來的葡萄酒也是價格最貴的。

生長氣候

因為它的葡萄果實小、皮厚，需要多一點陽光，適合較炎熱的氣候。

哪裡可以找到？

從法國到中國，世界各地都可以找到它，尤其在法國波爾多與南部一帶，或是義大利、智利、美國等地。

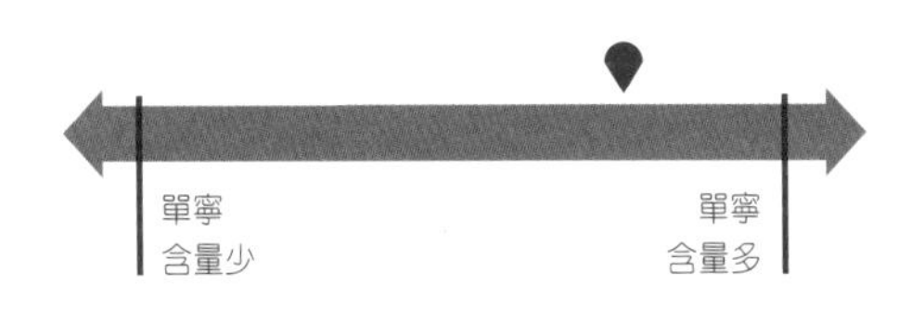

MERLOT
梅洛

香氣

黑李乾

桑葚

藍莓

黑櫻桃

紫羅蘭

薄荷

陳年後

皮革

野味

肉汁

特色

梅洛與卡本內蘇維濃是完美的好搭檔；就像勞萊與哈台，圓圓的哈台就代表梅洛。梅洛也適合獨自釀造裝瓶，可以感受到它豐滿甜美的親和力。波爾多出產的高級葡萄酒也經常使用梅洛與卡本內弗朗混合釀造，可延長陳年的時間。

知名度

以其單純的口感而廣受喜愛。單獨釀造的梅洛可在年輕時飲用，同時欣賞它的漂亮果味。它也深受波爾多右岸葡萄酒愛好者的喜愛。

生長氣候

適合溫和、稍微炎熱的環境。它的葡萄果實大、皮薄，很容易成熟，種植起來相對容易。

哪裡可以找到？

法國：波爾多、西南產區、隆格多克
其他地區：義大利、南非、智利、阿根廷、美國加州

GRENACHE
格那希

香氣

無花果

野草莓

藍莓

肉豆蔻

矮灌木（薄荷、月桂葉、迷迭香）

可可

肉桂

酒釀櫻桃

裝桶後

香草

咖啡

甘草

焦糖

陳年後

無花果乾

黑李乾

摩卡咖啡

皮革

特色

西班牙原生品種，帶有美味自然的黑李、巧克力和矮灌木香氣，在嘴巴裡可以很容易就感受到它的甜味，酒精濃度比一般紅酒高一些。釀造紅酒時可選用單一品種或是與其他品種混合；在法國隆河地區常與希哈混釀，以格那希的圓潤來柔化希哈的單寧。它也可以用來釀造天然甜粉紅酒。

知名度

全世界最被廣泛種植的黑色品種，尤其在法國南部教皇新堡（Châteauneuf-du-Pape）最常見到它的蹤影，在其他產區像班努斯（Banylus）與莫利（Maury）也很出名，大家都喜歡它的巧克力味。

生長氣候

它畏懼春天寒冷的雨水，但也不能太乾旱。喜愛炎熱氣候。

哪裡可以找到？

法國：隆河、胡西雍
其他地區：西班牙、澳洲、摩洛哥、美國

SYRAH
希哈

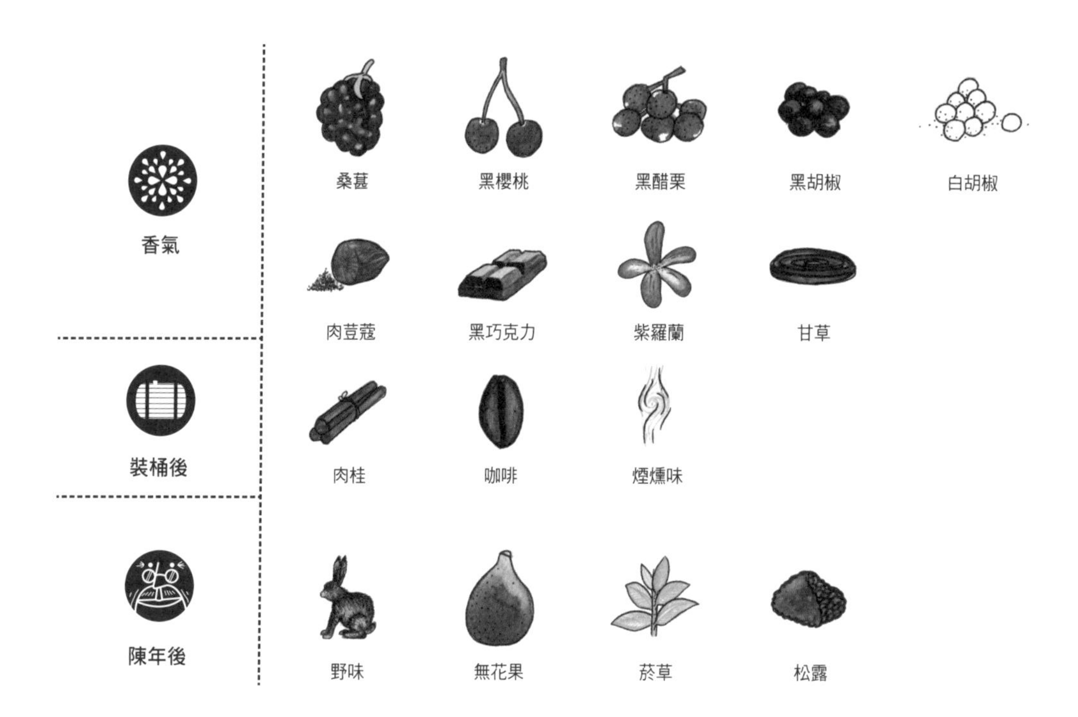

特色

以希哈釀成的葡萄酒顏色接近深紫色，散發出胡椒香料、肉豆蔻與甘草的香氣，結合紫羅蘭的甜美，令人神魂顛倒。單獨釀造的希哈紅酒香氣濃郁且強勁有力，可以放在酒窖長期陳年；當它與格那希混釀時，則搖身變成一款簡單易飲、充滿果味的葡萄酒。

知名度

希哈釀造的紅酒讓法國隆河谷的艾米達吉（Hermitage）、羅第丘（Côte Rotie）及聖喬瑟夫（Saint Joseph）享有盛名，經過數年陳放之後更是叫人愛不釋手。它目前是澳洲種植面積最廣的品種。

生長氣候

適合溫暖或偏炎熱的氣候。

單寧含量少
單寧含量多

哪裡可以找到？

法國：隆河、南法
其他地區：義大利、南非；
在澳洲、紐西蘭、智利、美國加州寫作 Shiraz

CABERNET FRANC

卡本內弗朗

香氣

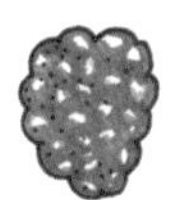

覆盆子

黑醋栗

青苔

尤加利

甜椒

陳年後

森林地被

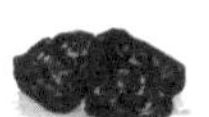

泥土

特色

卡本內弗朗是卡本內蘇維濃的祖先，味道比蘇維濃更柔軟、清淡。單獨釀造時，紅酒會呈現細緻的黑醋栗果實與葉子的味道；如果在葡萄還不夠成熟時就提早採收，則會出現甜椒的味道。在波爾多右岸，卡本內弗朗常被拿來與梅洛混合，進而釀造出一款同時兼具圓潤與清新口感的葡萄酒。

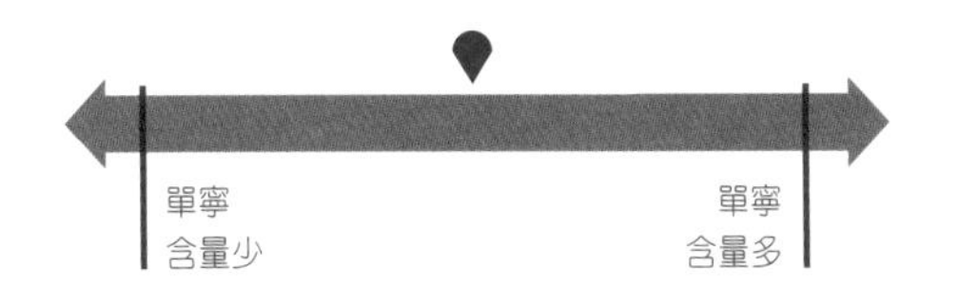

知名度

來自法國羅亞爾河地區的卡本內弗朗，在巴黎的酒吧非常受歡迎。當然，來自波爾多的卡本內弗朗也很受歡迎，即使是年輕的紅酒也很適合飲用。

生長氣候

它的成熟期比卡本內蘇維濃更快，適合溫和宜人的氣候。

哪裡可以找到？

法國：波爾多、羅亞爾河、西南產區
其他地區：義大利、智利、澳洲、美國

GAMAY
加美

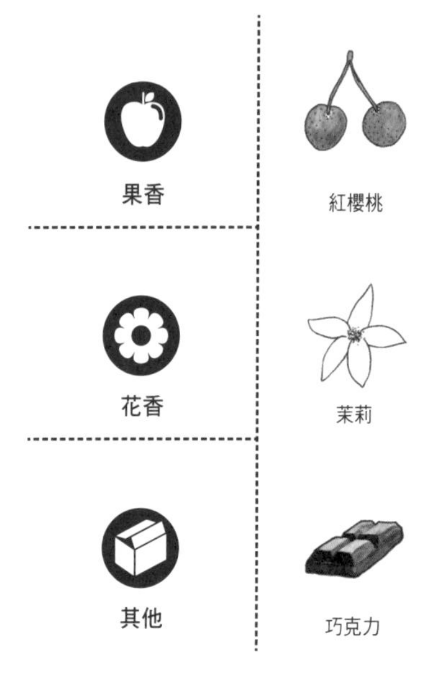

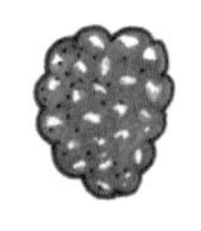

特色

加美幾乎可以和薄酒萊劃上等號；薄酒萊地區有九成九的面積都種植這種葡萄。加美具有迷人的果味，釀出來的紅酒集合了各種紅色果實的甜美香氣，單寧含量較少，口感清爽柔順，給人好喝易飲的印象。近年來因為薄酒萊新酒以二氧化碳浸泡方式，讓加美出現香蕉與水果糖的味道，形象受到重創。如果慎選釀造方法，它其實是具有陳年實力的葡萄品種。

知名度

曾因為過量生產而變得不受歡迎，幸虧現在有不少認真的葡萄農，選擇用加美釀出香味集中、品質良好的紅酒，讓它得以重新回到葡萄酒愛好者的候選名單之中。

生長氣候

適合涼爽溫和的氣候，是個早熟且多產的品種。

哪裡可以找到？

法國：薄酒萊、羅亞爾河、阿爾代什（Ardèche）、勃根地
其他地區：瑞士、智利、阿根廷

MOURVÈDRE
慕維得爾

香氣

桑葚

甘草

矮灌木

肉桂

黑胡椒

麝香

陳年後

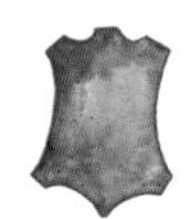
皮革

野味

松露

特色

以慕維得爾釀造的紅酒顏色幾乎呈現黑色，口感強而有力，酒精濃度通常偏高。年輕時常會表現出獨特的泥土味，給人冷硬的印象，但隨著陳年的時間越久，慢慢就會出現皮革與松露的氣味。在法國南部，常被拿來與其他品種混合釀製紅酒或粉紅酒，以加強葡萄酒的結構。

知名度

大家對慕維得爾不太熟悉，因為想品嚐它得要耐心等它成熟。在法國，以普羅旺斯的邦斗爾（Bandol）所生產的慕維得爾紅酒最令人稱讚。

生長氣候

適合炎熱的氣候。因為葡萄皮厚，需要很多陽光來讓它成熟。

哪裡可以找到？

法國：隆河、隆格多克-胡西雍、普羅旺斯的邦斗爾
其他地區：美國加州、澳洲、西班牙

MALBEC
馬爾貝克

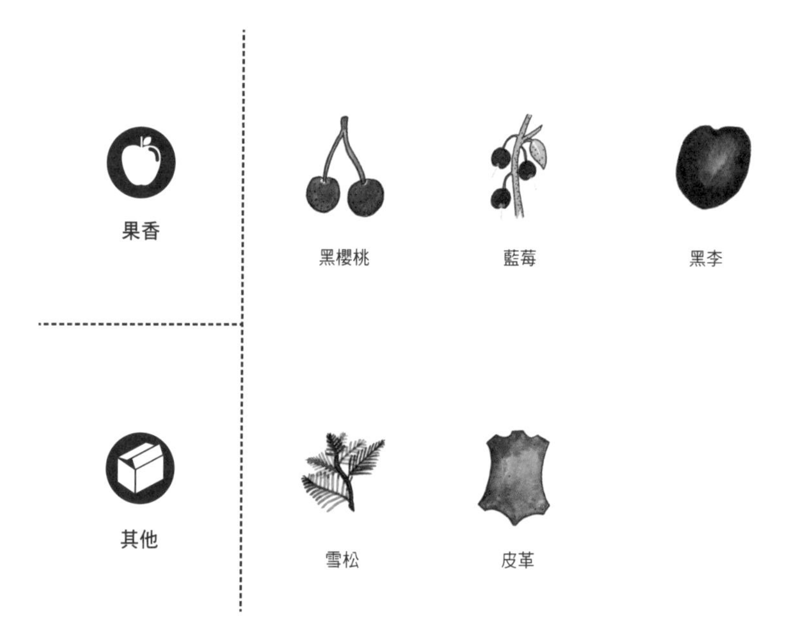

特色

馬爾貝克在阿根廷的表現無懈可擊，可以釀出顏色深邃、層次豐富醇厚的酒體，但在法國南部卻表現出質樸與高單寧的特性。可用來釀造紅酒或粉紅酒，單獨或混釀皆宜。

知名度

早期在法國非常盛行，現在已經漸漸退出法國主流品種的行列。相反地，在美洲地區卻變成非常普遍的葡萄品種。

生長氣候

偏好溫暖的環境，對冰霜特別敏感。

哪裡可以找到？

法國：波爾多、西南產區
其他地區：阿根廷、智利、義大利、美國加州、澳洲、南非

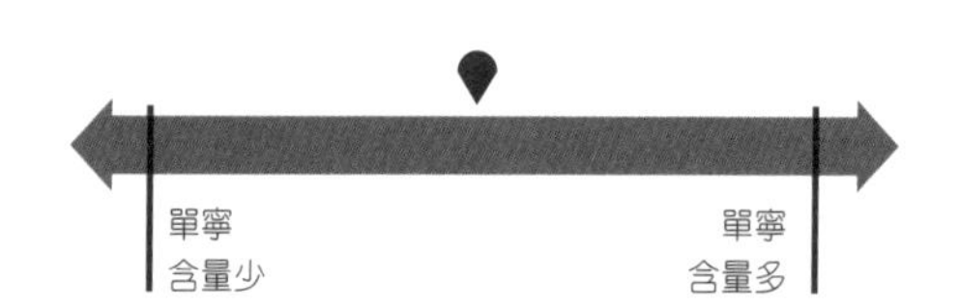

CARIGNAN
卡利濃

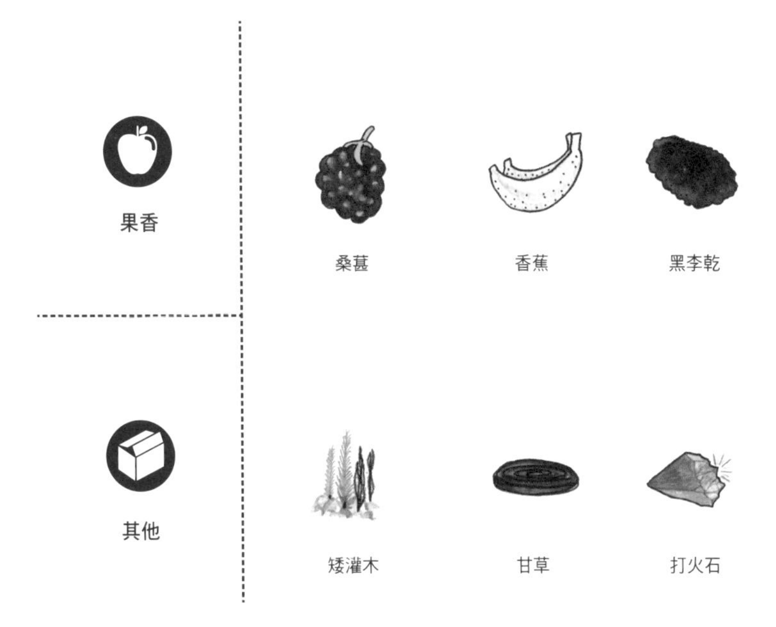

特色

早期卡利濃被用來大量生產葡萄酒，但是味道偏酸且香氣不足，不太引人注意。所以葡萄農開始減少生產量、限制使用化學物品、等待葡萄樹變成老藤，結果釀出來的紅酒變得酒體強勁、顏色濃郁、口感醇厚，很有自己的個性；某些成品表現得較樸素，卻帶有矮灌木與無法比擬的礦石香氣。現在被大量用來與別的品種混釀葡萄酒。

知名度

以卡利濃釀造的紅酒與粉紅酒在法國南部非常盛行，但普遍知名度仍然不高。因為不是容易照顧的品種，僅少數人堅持用它釀出好喝的酒，為葡萄酒的行家帶來最大的樂趣。

生長氣候

高溫、陽光充足、乾燥、通風良好的土地。

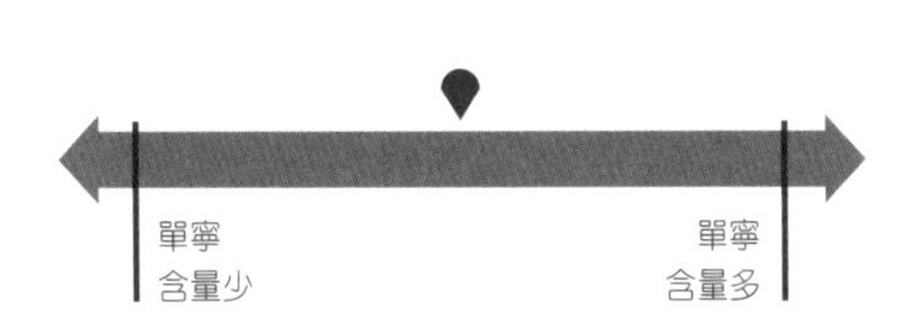

哪裡可以找到？

法國：隆河、隆格多克、普羅旺斯
其他地區：西班牙、馬格里布（Maghreb，西北非沿海一帶）、美國加州、阿根廷、智利

葡萄樹的生命週期

要生產好喝的葡萄酒，酒農得經過兩階段的辛勤工作：先是在葡萄園種葡萄，再來才是在酒窖裡釀酒。

葡萄樹的一年：
生長、剪枝、成熟……

{冬天}

冬眠：寒冷的天氣較有利於來年的葡萄採收（只要樹幹上的樹汁沒有結凍就好）。

剪枝：當樹汁不再流出，酒農就會開始修剪枝條。太多的樹枝會耗盡葡萄樹的養分，想要種出甜美多汁的葡萄，就要將樹枝修剪得更短。

{春天}

當大地回春，葡萄樹感受到氣溫上升，重新開始淌出汁液，我們稱為「流淚」。被修剪過的樹枝這時也開始冒出新芽。

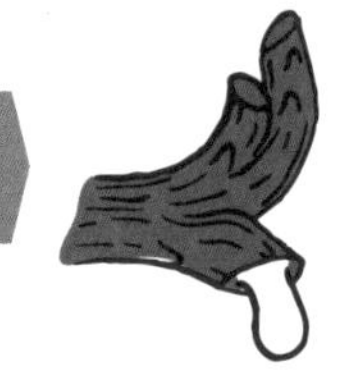

翻土：翻土可以讓土壤呼吸空氣，延長土壤的使用壽命，也能讓春天的雨水滲透到土裡，達到良好的排水功能。正如古老諺語所說：春天翻好土，會給你帶來更多雨水。

萌芽：芽胞開始膨脹、綻開且冒出新芽。這時要當心夜晚的寒霜，一下子就會凍死葡萄樹的嫩芽。

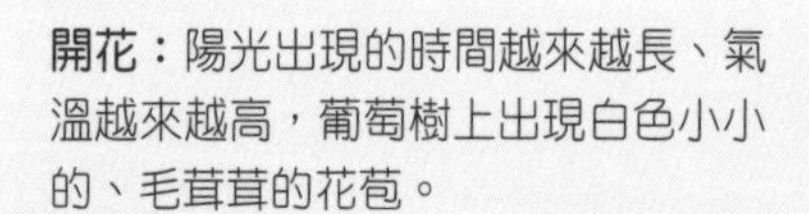

開花：陽光出現的時間越來越長、氣溫越來越高，葡萄樹上出現白色小小的、毛茸茸的花苞。

{春末初夏}

長出新葉：綠葉一片接一片，原本禿禿的枝頭逐漸變得茂盛起來。

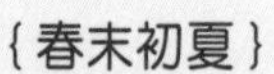

結果：當花苞受粉後，為了控制每棵樹的果實數量，酒農會進行第一次的芽胞去除。

疏枝：剪除樹枝末端的枝芽，讓葡萄樹不要生長太快，才能將養分集中在果實。

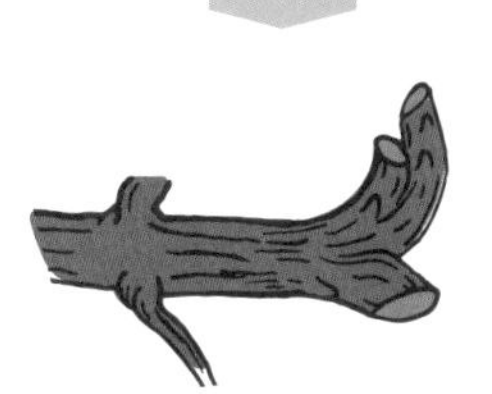

除葉：修剪多餘的葉子，以避免它遮住果實成長所需的陽光。有些產區的酒農也會留下足夠的樹葉，保護葡萄避免被陽光灼傷。

葡萄成長期間會遇到的風險

落花落果症：風太強、雨太多、天氣太熱，導致花粉無法順利受精，落花機率增加，果實在尚未成型前就掉落土中。果實部分僵化症：葡萄果粒特別小，結構和一般果實不同。冰雹：會摧毀正在成長的葡萄。

{夏天}

葡萄樹持續成長，如果一切順利，果實將會慢慢膨脹長大。

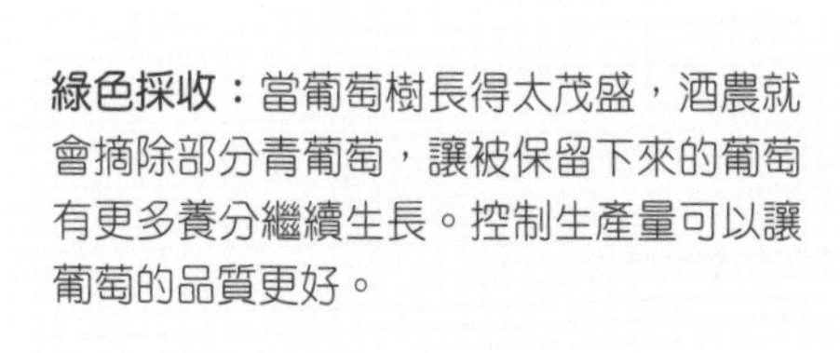

綠色採收：當葡萄樹長得太茂盛，酒農就會摘除部分青葡萄，讓被保留下來的葡萄有更多養分繼續生長。控制生產量可以讓葡萄的品質更好。

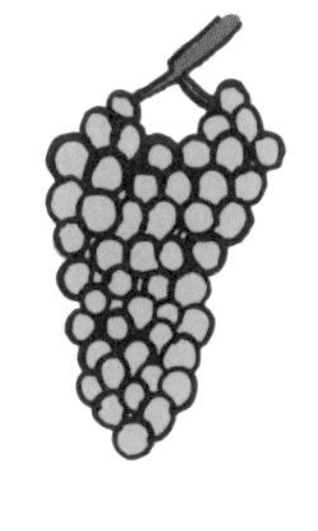

成熟變色：葡萄果粒開始變大，變得堅實、不透明，果皮顏色也出現變化：白色品種會變成淡黃色，紅色品種會變成深紫色。

成熟：這是葡萄最主要生長期，決定了葡萄酒的年份特徵與風格表現。當葡萄皮漸漸變薄，葡萄開始獲得糖分，但同時也會失去酸度。這段期間的天氣好壞，會直接影響葡萄酒的品質。

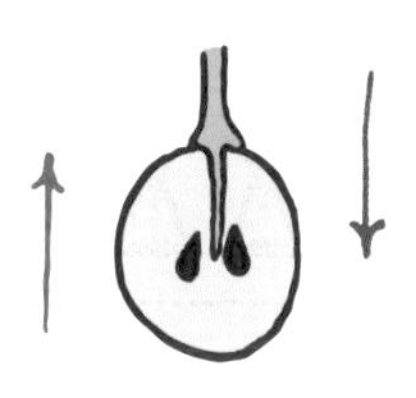

採收：葡萄樹開花後經過大約一百天，就可以準備採收了！酒農會等到葡萄達到理想的成熟狀態，再進行採收。

{秋天}

葡萄葉開始轉換顏色、掉落，葡萄樹又要準備進入冬眠了。

葡萄樹的各種「造型」

酒農會根據產區、氣候與品種，來選擇最適合自家葡萄樹的剪枝方式。別忘了葡萄是藤蔓植物，冬天若未好好修剪樹枝，可是會越長越茂密，反而不利於隔年果實的生長。

目前常用的引枝方法：

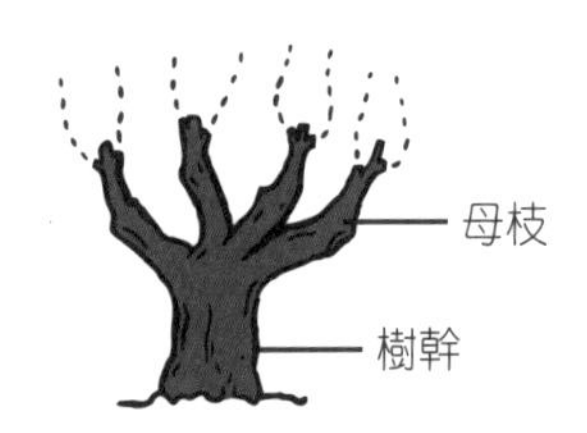

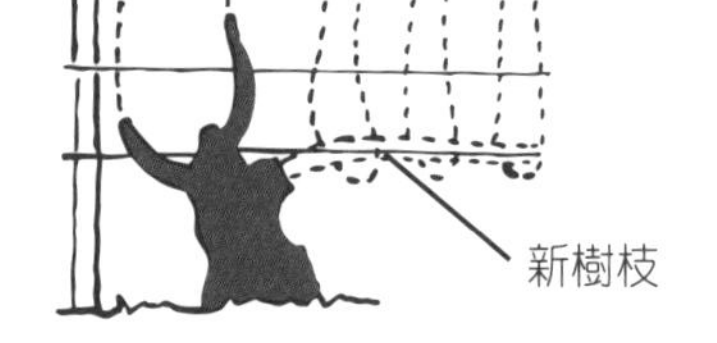

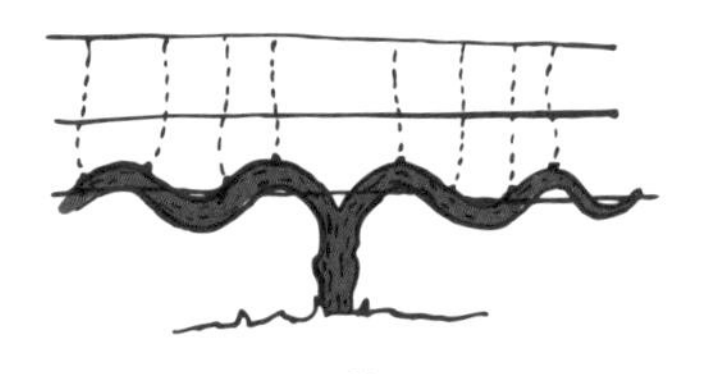

杯型式引枝法

靠近地中海沿岸的產區最常見，例如南法、西班牙、義大利與葡萄牙。葡萄樹的樹幹又矮又壯，扇形的母枝看起來就張開的手指，當葉子長出來後可以保護葡萄，避免陽光直射的傷害。這種引枝法完全不需要鐵絲綁枝，相對地收成時也不能用機器採收。

居由式引枝法（單枝或雙枝）

目前最盛行的剪枝方法。法國勃根地採用單居由為主（見圖示），波爾多地區則採用雙居由較多（左右兩側都會長出新的長樹枝）。這種引枝法讓種植在貧瘠土壤的品種也可以獲得很好的收成，翻土機進出也很方便，但容易使葡萄樹耗費過多精力，所以每年都要重新修剪，讓樹長出新樹枝。

高登式引枝法

此種引枝法可讓葡萄樹幹非常穩固，向上長出的新枝讓每串葡萄都有充裕的伸展空間，有利於機器剪枝或採收。不過這種方法也比較適合強韌的葡萄品種。

年輕樹與老年樹

一株葡萄樹的平均壽命是五十年，但有些葡萄樹可以存活超過一百年。一塊充滿老藤的葡萄園是需要用心照料的，年紀越大的葡萄樹產量就越少，但卻可以讓葡萄酒達到最完美的品質。新生葡萄樹的最初三年還在「發育」，長出來的葡萄品質還不能釀出好喝的葡萄酒。樹齡介於十到三十年的葡萄樹正值「壯年」，生產出來的葡萄果汁濃稠，可以釀出高品質的酒。葡萄樹隨著時間慢慢長大，經歷各種天氣考驗，才能孕育出內涵豐富的果實，其實跟我們的人生經歷不是也差不多嗎？

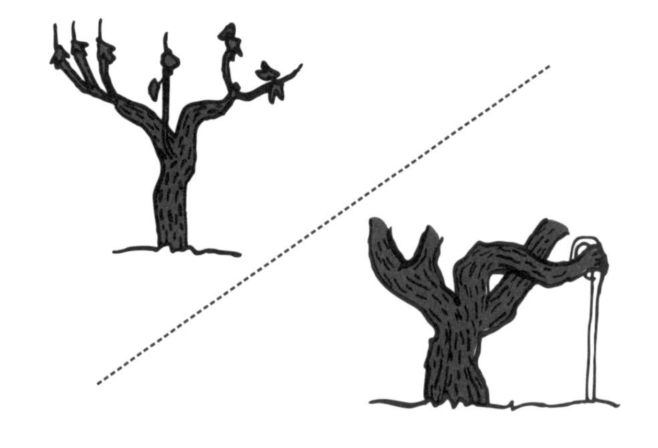

砧木的歷史

今日，法國有 99.9% 的葡萄樹都是嫁接生長，而不是直接從土裡生根冒出來的。幾乎全世界的葡萄園都使用這種方式，當葡萄酒農想要種一棵新的葡萄樹時，他買到的會是一株以蠟封接好的砧木。

想了解為什麼會有這種現象，就必須回到 1863 年，當時出現了一種葡萄根瘤蚜。在這之前，法國的葡萄都長得好好的。一開始，隆河谷南部加德區的葡萄樹突然生了怪病，並且迅速蔓延開來，摧毀了大部分的葡萄園。不到二十年內，法國的葡萄酒產業就面臨了前所未有的危機。

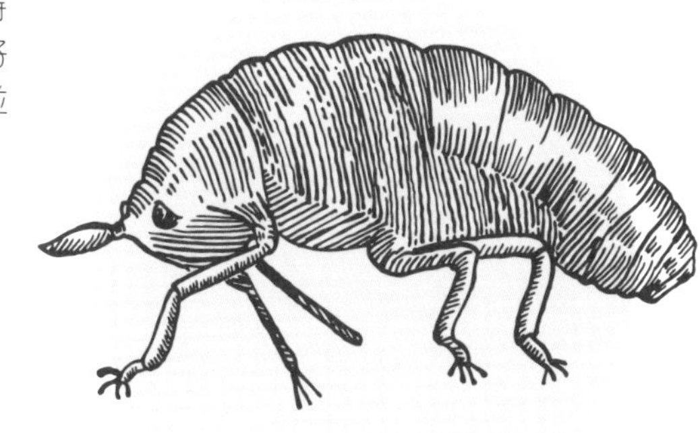

罪魁禍首？源自北美洲的根瘤蚜，它會攻擊葡萄樹的根部，短短數週內就會讓葡萄樹衰弱死亡。

根瘤蚜

最後好不容易發現，美國的原生種葡萄對這種蚜蟲病具有免疫力，自此開啟了現代葡萄種植技術的演化：將歐洲所有葡萄品種的新芽，嫁接在美洲種葡萄樹的砧木（根段）上。這種新技術在 1880 年代開始推廣，並且花了半世紀的時間，才讓歐洲的葡萄酒產業恢復以往的秩序。

現在，幾乎全世界的葡萄園都早已使用砧木嫁接，僅有幾個強韌的原生品種，或是生長在沙質土的葡萄樹被保留下來：因為那些蚜蟲對它們沒轍。

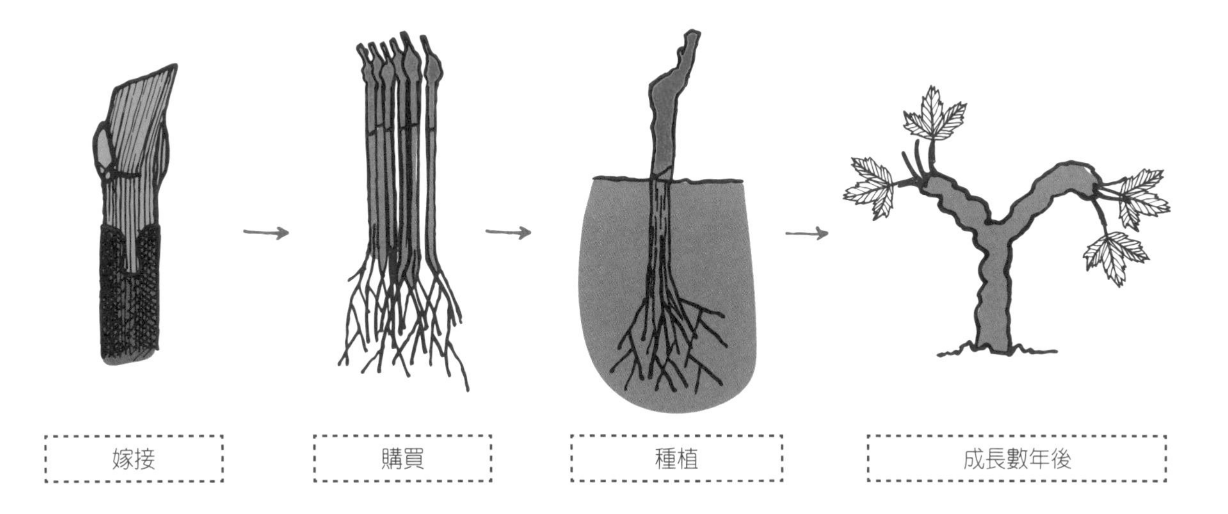

嫁接 → 購買 → 種植 → 成長數年後

氣象與年份的影響

氣候與氣象是兩個完全不同的影響因素。氣候包括一個地理區域的所有天候條件，例如橫越整個波爾多產區的大西洋海洋性氣候，而勃根地則屬於半大陸性氣候……它也為葡萄種植設下了諸多限制，例如葡萄品種的優先條件、引枝的方法、葡萄採收的日期等。與氣象相對應的則是年份：在葡萄採收前幾週的氣象尤其關鍵，如果某一年的收成期天氣炎熱又乾燥，隔年卻又濕又冷，那麼這兩個年份釀出來的葡萄酒風格就會截然不同。

氣象的影響

好年份是指在收成的那段時間裡，天氣溫和、陽光充足，葡萄很容易就達到成熟且飽滿的狀態，果肉含豐富糖分與酸度，既無損壞亦無發霉腐爛。

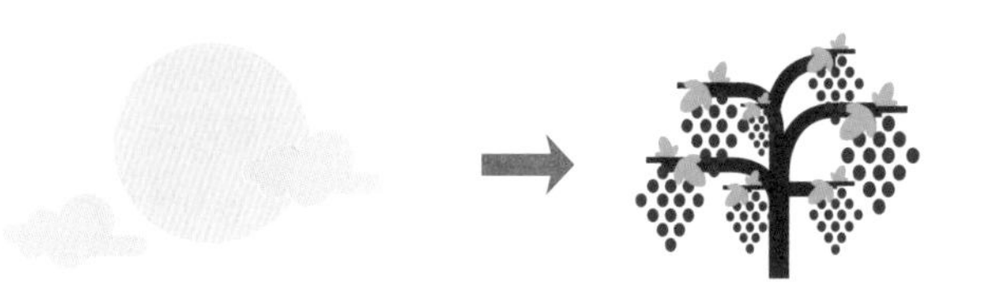

如果碰巧天氣不好，如遲來的霜寒、因天氣炎熱引發的對流雨導致發霉腐爛、太陽灼傷、冰雹等，不僅會影響收成、造成損失，採收下來的葡萄也會深刻地記錄下當時的環境條件，並表現在釀出來的酒上。

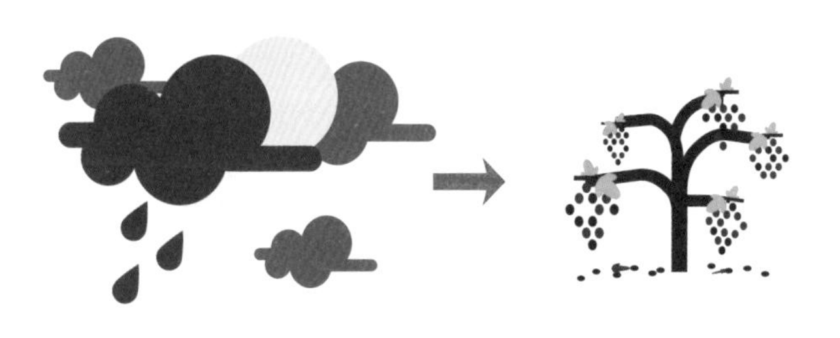

2003 年，法國遭逢乾旱，葡萄在炎熱的陽光連日照射下，造就出一個酸度不佳、酒精濃度飆高的年份。相反地，如果收成那年多雨，那麼葡萄果粒就會吸收過多水分，釀出來的葡萄酒就會顯得稀薄清瘦。

年份的影響

因為氣象不同，某個年份甲地生產的酒表現優異，乙地可能就表現平平。然而還是有幾個年份的酒，在法國各地的平均表現都很不錯，例如 1989、2005、2009 和 2010。想要好好認識年份對葡萄酒的影響，最理想的方法是垂直品酒：連續試飲同一款式（產自同一個酒莊）但不同年份的葡萄酒，通常都是從最年輕的開始喝到最老的年份。你將會發現，葡萄酒除了陳年之外，也會依據年份的不同而有所變化。

1989
2005

2009
2010

特殊情況：香檳酒與無年份氣泡酒（crémant）

你有沒有發現一件事？那就是大部分的香檳在酒標上都沒有標出年份。事實上，酒農會將當年新釀造的葡萄酒與其他年份較老的酒混合之後，再進行二次發酵。這麼做是為了生產出品質與風格一致的氣泡酒。

氣候暖化的影響

從三十年前開始，就有許多觀察顯示葡萄成熟的時間越來越短，在某些具有歷史代表性的產區，甚至出現葡萄過度早熟的情形，結果讓果實內含的糖分越來越多，酒精濃度也越來越高。然而這也使得英國葡萄酒釀造出現前所未有的發展。下半個世紀，世界葡萄酒的地圖將會變成什麼樣呢？

葡萄園的管理與照顧

葡萄園的工作從年初忙到年尾，幾乎沒得休息，酒農必須對抗蟲害、霉菌、病毒或腐爛等問題，還要根據不同的土質來進行施肥。

農耕照顧管理

每個酒農都有一套自己的農耕「裝備」，包括化學性或非化學性的產品，例如化學肥料或天然肥料、除草劑、除蟲劑、波爾多液（硫化銅與石灰的混合液）、硫、糞水……裝備的選擇則是根據他們的種植方式來決定，例如集約式耕作、合理減藥農法、有機農法或自然動力農法。

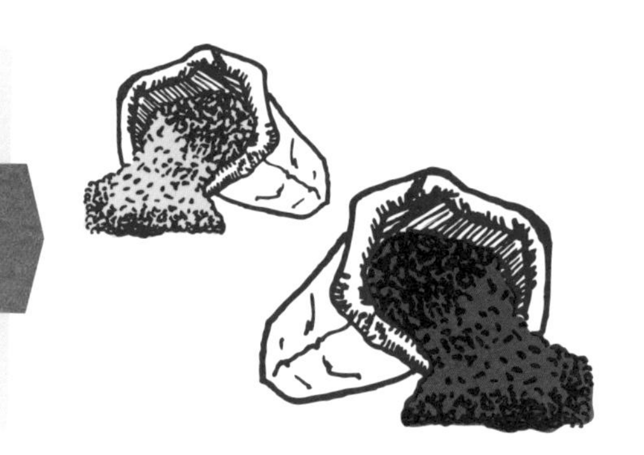

集約式耕作法

集約式耕作因為過度使用化學肥料，導致土壤枯竭，更不用說對農夫自己與消費者的健康會造成多大危害。目前這種農耕方式已日漸式微。

合理減藥農法（agriculture raisonnée）

現在大多數的酒農都採用合理減藥農法，這種耕作方式允許使用化學產品，但原則是將使用量降到最低。農夫並不會施灑預防性的藥劑，而是等危害到達一定的程度時，再使用相對應的農藥產品。

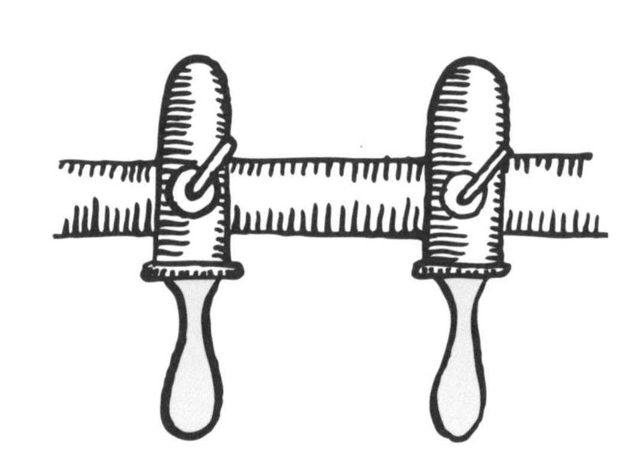

有機農法

與其說是有機葡萄酒，更確切地說是以有機農法栽種的葡萄所釀造的酒，畢竟先有葡萄才有葡萄酒啊！

栽種

為了獲得法國國家食品與農產品認證（Agriculture Biologique，縮寫為 AB），栽培者不能使用化學肥料、除草劑、農藥與除蟲劑，但可以選用天然肥料（例如堆肥），允許施撒波爾多液防治霜霉病（一種因潮濕或炎熱引起的黴菌感染），也可以施灑硫化物，但使用劑量要比合理減藥農法更少，同時禁止使用機器採收葡萄。

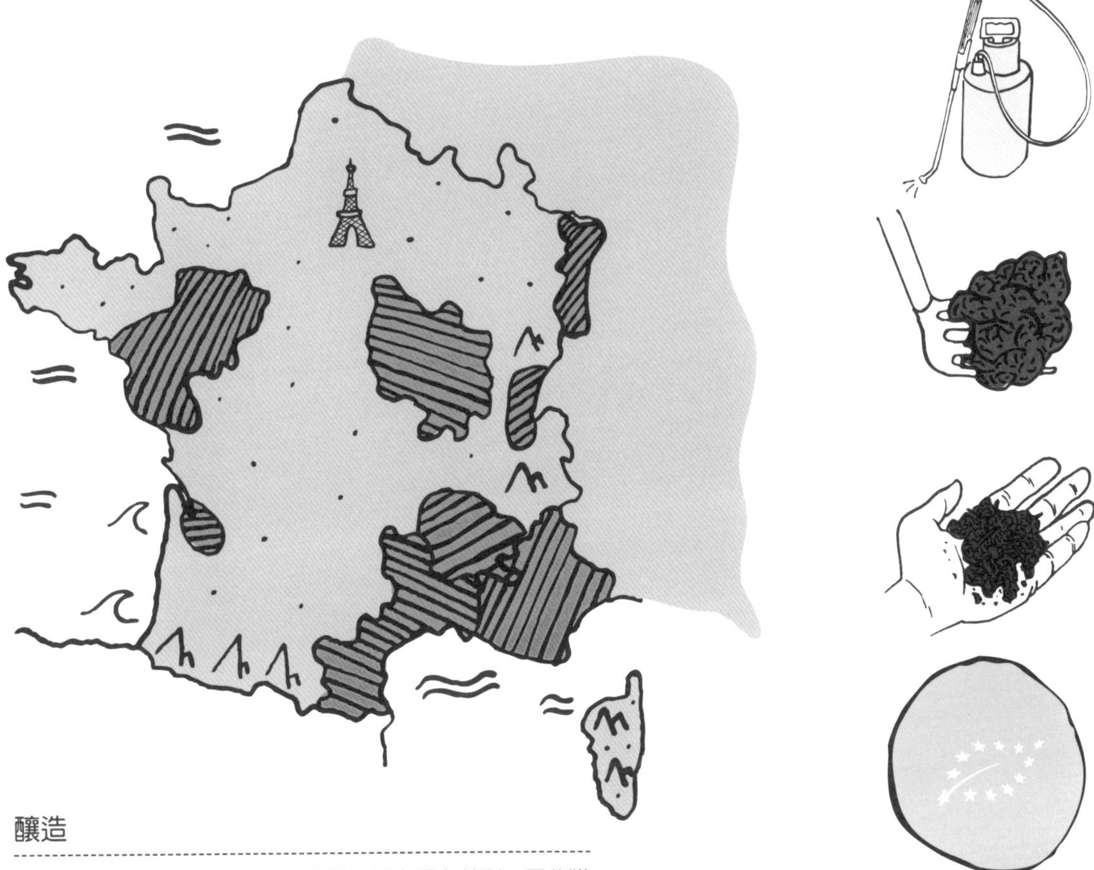

釀造

有機葡萄酒的釀造與一般葡萄酒其實沒有差別，因此獲得「AB」有機認證，只代表它的耕作方式對土壤和環境很好，對消費者的健康也很好，並不表示它是品質最好的葡萄酒。

比起一般的農耕法，施行有機農法必須花費更多精力、更長的工作時間、更多人力和金錢。要在不健康的土壤實現有機農法很困難，然而它可以確保土地的永續耕種，帶給土壤更豐富的營養與更多有益的微生物。

施行區域

法國施行有機農法的葡萄園已經非常普遍，普羅旺斯、勃根地和阿爾薩斯是響應最多的產區，其次是隆格多克、羅亞爾河、隆河及侏羅產區，波爾多則正緩慢地朝這個方向前進。

自然動力農法

自然動力農法比有機農法更徹底，栽培者會為了讓葡萄樹的長得更好，而去研究土壤的能量與各種大自然因素對葡萄的影響。目前這種種植法尚未普遍，但已引起越來越多的消費者注意。

起源

自然動力農法，常被稱為自然動力法，由奧地利哲學家魯道夫．史坦納（Rudolph Steiner）所創。1924 年，他向農民發表了一系列的演講課程，他相信天體運行影響了萬物生長，主張農業種植應像有生命的有機體，農夫必須了解自己所使用的農法並且尊重它。如此，在處理葡萄的病蟲害時，酒農該做的不是撲殺病蟲或治療病害，而是修正引發這個病害的失衡生態。

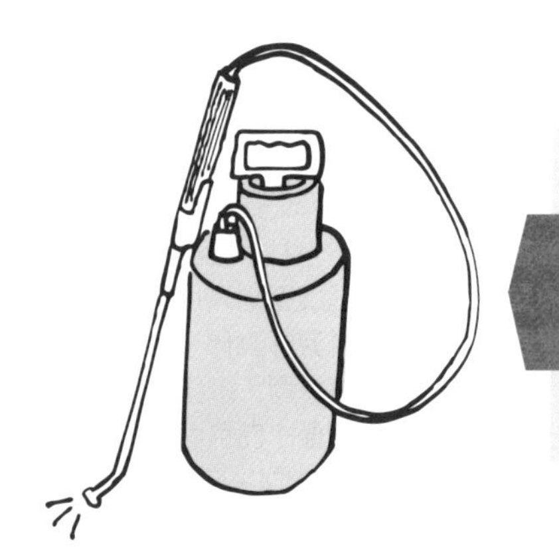

栽種

這種生產法採用有機農法的某些原理，同時參考月球運行的節奏，配合使用純天然的祕傳製劑，為葡萄樹補充活力，或是降低病蟲孳生的機會。和有機農法一樣，施行自然動力法的酒農也用波爾多液來對抗霜霉病，不過他們的葡萄園是使用馬匹來耕作的。

「Demeter」自然動力法認證

Demeter 標章是國際間公認的自然動力農法認證標章。此農法也屬於有機農法，只是必須更精確地依照一份特殊的自然動力曆法，來進行葡萄園的農事及照顧工作。

「Biodyvin」自然動力葡萄酒認證

自 1996 年開始，由「自然動力農法酒農國際工會」所創立的 Biodyvin 認證，與 Ecocert 認證一樣，都是用來認證自然動力農法生產的葡萄酒。許多法國名聲最響亮的幾家酒莊，都有得到此認證。

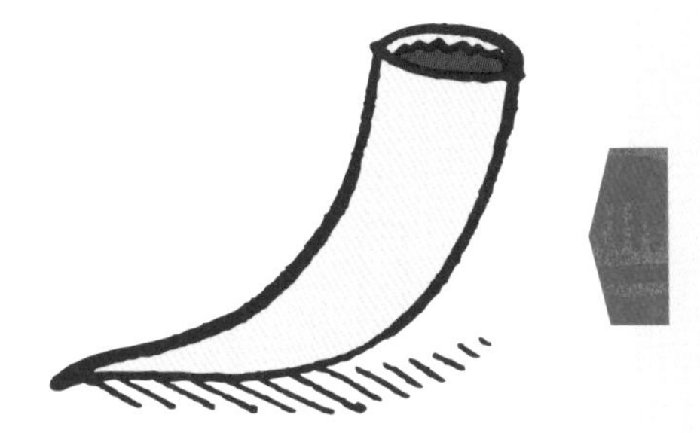

製劑與曆法

裝在牛角裡的牛糞

這種製劑雖然很滑稽，卻是自然動力農法的知名配方之一，主要功能著重在活化土壤與葡萄樹根。如何調配？首先將牛糞裝入牛角，然後埋到土裡進行發酵，必須經過一整個冬天的時間，才能獲得理想的成熟製劑。使用此製劑前必須用水稀釋，攪拌數小時後才能施用於葡萄園。

月升與月落

月亮對於水和植物的影響，是施行自然動力法的基本依據。人們認為大自然中存在某些時刻，對樹根、樹葉、花和果實來說最好。根據月亮的運行，有些人會在月亮落下時進行犁土與施肥，在月亮上升時進行葡萄採收。要注意別混淆了新月與滿月，它們也有各自不同的節奏。

配合曆法

自然動力農法會依據月球在黃道位置推演出來的曆法，來進行每日的農作，例如剪枝或採收，最後也會依據曆法來選擇葡萄酒最佳品嚐時刻。

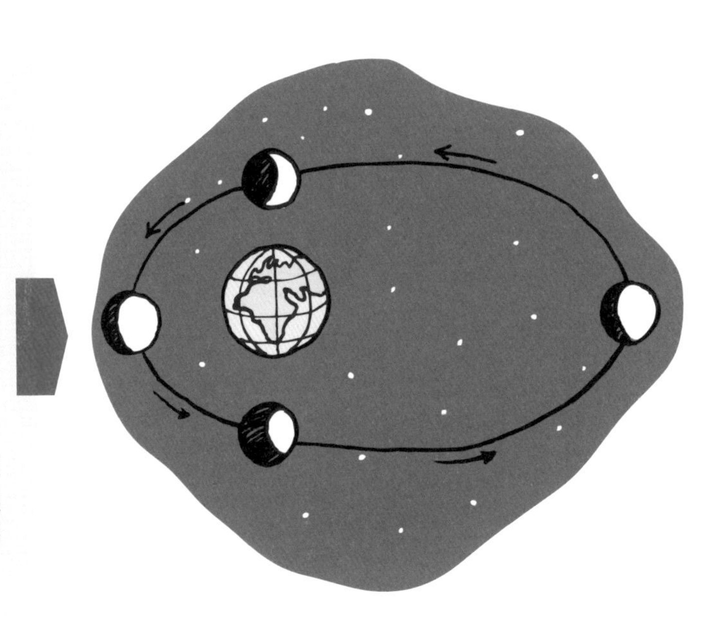

98 %

2 %

自然動力法　其他

實際效用

自然動力法在葡萄酒產業掀起了一個很大的問號，許多人對它的實際效益保持懷疑態度。然而，仍有少數酒農採用此種植法並且獲得成功，進而成為國際知名的酒莊，生產出令人讚嘆的葡萄酒，例如尼可拉斯．裘利（Nicolas Joly）和他位於羅亞爾河的 Coulée de Serrant 酒莊，與勃根地知名酒莊 Domaine de la Romanée Conti 一樣，兩者皆為自然動力農法的典範。

實際情況

雖然自然動力農法獲得越來越多厭惡化學農藥的消費者的肯定，但目前施行此農法的葡萄園仍舊非常稀少，占全法國葡萄園總面積不到 2%。

葡萄採收的時機

什麼時候採葡萄？

日子選擇是關鍵：

太早採收的話，葡萄缺少足夠的糖分、酸度太高，這樣釀出來的酒就會顯得清瘦；太晚採收，葡萄就會過熟，含糖過多、酸度嚴重不足，釀出來的酒將會顯得厚重、缺乏活力。近年來氣象變化多端，使得葡萄農的工作變得更複雜，例如下太多雨會造成葡萄發霉腐爛，天氣炎熱乾旱又會讓葡萄乾枯。

葡萄成熟速度不一樣：

一個產區不會只種一種葡萄，每種葡萄成熟的速度也會依品種、土質、地塊、海拔等地理環境而有所差異。為了讓葡萄在最理想的成熟狀態下被採收，葡萄農必須學習使用各種測量器。例如在隆格多克地區，種植了格那希、希哈、慕維得爾或仙梭（Cinsault）等品種，採收期可以從十五天拉長到三週的時間，通常從最早熟的品種開始一路採收到最晚熟的葡萄。

採收期間會發生的狀況：

突如其來的一場暴雨會使葡萄受損，或讓果實吸收過多的水分，所以葡萄農在採收季節總是會特別留意天空的變化。

單位面積產量

依照季節、土壤、年份、品種與種植方法，葡萄的收成量通常與種植面積成正比。一座酒莊的產量一直是人們關心的焦點，因為這代表他們的目標是大量生產，或是濃縮「精華」。以每公頃生產一千公升為基準，餐酒或氣泡酒等類型的酒，通常可以達到每公頃八千至九千公升；傳統的法定產區生產量約在每公頃四千五百公升，法定特級葡萄酒則很少會超過每公頃三千五百公升。

遲摘葡萄的採收

我們稱之為「晚摘」或「遲摘」，這麼做是為了釀造甜葡萄酒。最好的甜葡萄酒都來自受到貴腐菌（Pourriture Noble）沾染的葡萄，這種黴菌又稱為灰黴菌（Botrytis cinerea），它用奇妙的感染方式讓果肉脫水並濃縮糖分與香氣，外表看起來就像葡萄乾。由於貴腐菌的生長速度不一致，所以必須多次採收，為了確保每一次都只挑選完美感染的果粒，採收期甚至長達數個月（歐洲採收時間通常從九月到十一月）。

冰凍葡萄的採收

為了釀造冰酒，酒農會等氣溫降至 0 ℃以下，通常要低於 -7℃，直到葡萄表面結冰。冰葡萄的甜度比遲摘的葡萄更濃縮，幾乎不含水分。採收工作不僅極度累人，在採收時葡萄容易受損，收成量非常少（每公頃約一千公升），所以冰酒的價格才會這麼貴。這種採收方式僅限於擁有此種氣候條件的德國與加拿大，然而全球氣候暖化也讓冰葡萄的採收變得越來越困難。

手工採收葡萄

如何進行？

葡萄農會依園地的大小，號召家人朋友或雇用短期工人（例如像艾多這樣的人）來幫忙。採收工人會將整串葡萄剪下，輕輕放入採收籃，再裝進由負責運送的人揹負的大簍子裡，並小心不讓葡萄擠壓破裂。

優點

採收者會小心翼翼地剪下整串葡萄而不傷到葡萄樹，同時進行挑選。人工採收可以在任何環境條件下進行，並且只挑選出完美成熟的葡萄。某些葡萄必須經過多次採收及挑選，得歷時數週才能完成，這麼做全都是為了接下來能製造出高品質的葡萄酒。

缺點

需要非常多的人力同時進行，否則時間一拉長，葡萄就會因為曬太多太陽而受損。必須絕對避免葡萄果粒在放入酒窖榨汁機前破裂，否則葡萄汁液會氧化與變質。雖然成本高，但換來的品質對葡萄農來說是值得的。

機器採收葡萄

如何進行？

採收機開進葡萄園的小徑上，搖動葡萄樹，將成熟的果粒與葡萄梗分開，並且用輸送帶自動拾取果粒。若是在正確的使用方式下，採下來的葡萄不僅可以保持顆粒完整，還可以將梗去除乾淨；但這種裝置其實有點粗魯，採收的葡萄多少都會有損傷。想改善這個情況，你需要一台設計精良的機器。

優點

需要的人力非常少，比較經濟，而且採收速度快，不論是白天或晚上都可以在理想的時間進行採收。

缺點

過度搖晃葡萄樹，會造成葡萄樹提早死亡。若採收的葡萄尚未全部成熟，採收之前或之後必須進行挑選的動作，以確保品質一致。此外，有些機型老舊，根本無法進入斜坡上的葡萄園。有些法定產區如香檳區或薄酒萊，是禁止使用機器採收的。

如何釀造紅葡萄酒？

採收後的葡萄會立刻被送到酒窖，開始進行釀酒的工作。品質較差或受損的葡萄大多已經在採收時被剔除，或是在酒窖的挑選臺上被挑掉了。

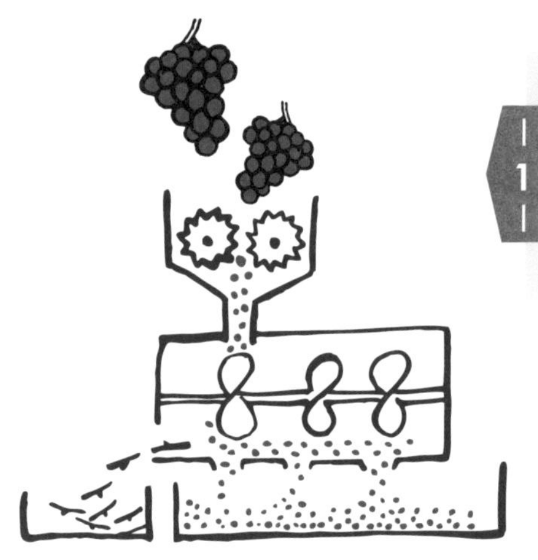

— 1 —

去梗與破皮

酒農會將果實上頭的梗去掉（但保留與果實連接的蒂），因為梗含有不討喜的草本味道（除了勃根地產區，某些酒農會為了保留單寧而選擇不去梗）。接著便開始擠壓葡萄，讓它破裂流出汁液。

— 2 —

浸皮

將果實與果汁一起浸泡在酒槽中約二到三週的時間，裡頭的葡萄皮會將葡萄汁染色。

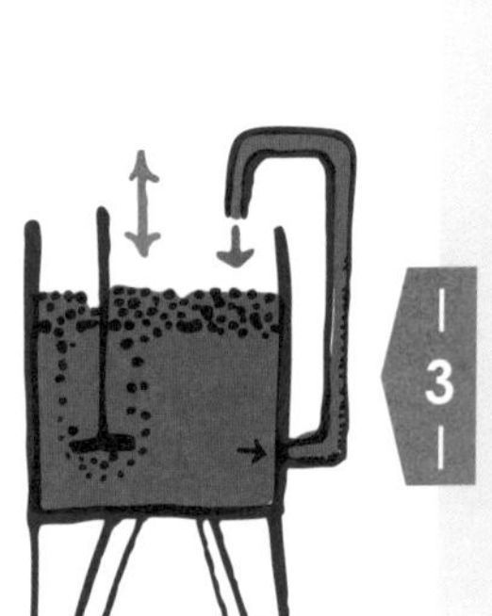

— 3 —

踩皮或淋汁

浸泡期間，這些葡萄的皮、果肉與種子懸浮在葡萄汁的表面，形成一層硬皮，稱為酒帽。為了產生香氣、顏色，同時釋放單寧，酒農會將酒帽分散壓入葡萄汁中，讓兩者充分接觸，稱為踩皮；或是使用幫浦將葡萄汁從酒槽底部抽出，淋在酒帽上面，稱為淋汁。

換槽

將葡萄酒與皮渣分開。第一次從酒槽直接流出來的酒，稱為「自流酒」。接著將瀝出的葡萄皮渣進行壓榨，得到的酒稱為「壓榨酒」。壓榨酒的單寧和色素含量都比自流酒高很多。

— 5 —

酒精發酵

酵母（自然生成或人工添加）趁著葡萄浸皮的這段時間開始活動（發酵期約十天），將葡萄糖與果糖轉化成酒精，葡萄汁就變成葡萄酒了！

— 4 —

混合

酒農通常會將自流酒與壓榨酒混合。

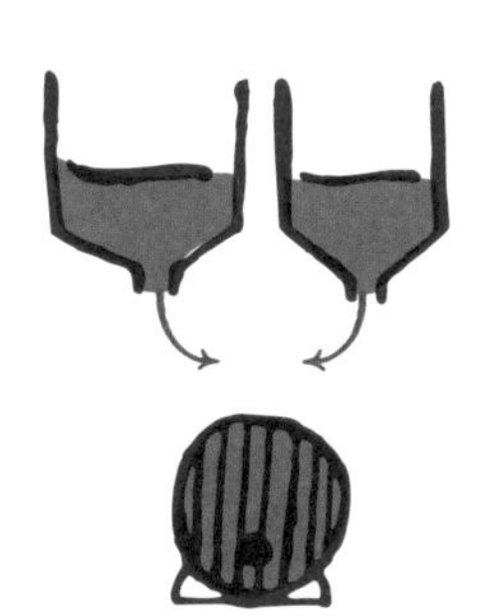

乳酸發酵與培養熟成

混合的酒會被裝入酒槽或橡木桶，存放數週至三年（可以陳放的葡萄酒）。在這段休息時間裡，酒的香氣與結構會慢慢發展演化，要釀出一瓶好喝的酒可是需要耐心的。

同時，葡萄酒裝進桶子三到四週後會開始產生第二次的發酵，稱為乳酸發酵。這時酒的酸度會降低，品質也會變得更穩定。

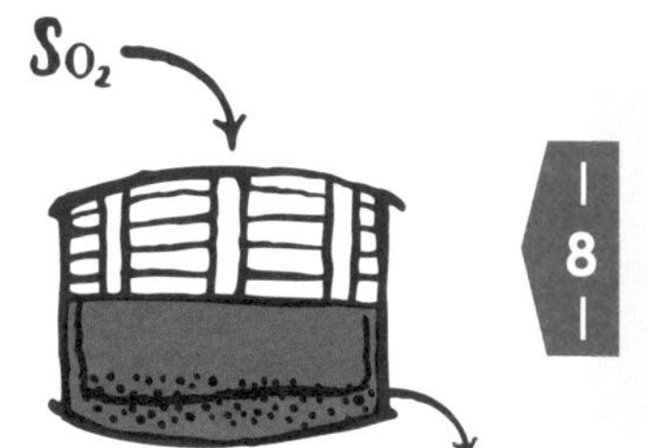

換桶與二氧化硫的使用

瀝除掉沉澱的死酵母與懸浮物之後，酒農會加入少量的硫，好保護葡萄酒、防止氧化。

調配

各地作法不同，通常會將不同品種或來自不同地塊的葡萄分開釀造，最後再混合調配。

澄清與過濾

為了去除懸浮物質，酒農可以使用含蛋白質的凝結劑（類似蛋白）。為了讓葡萄酒的顏色更透亮，也可以使用過濾的方法。這些步驟並非必要，因為這麼做會影響葡萄酒的香氣與結構。

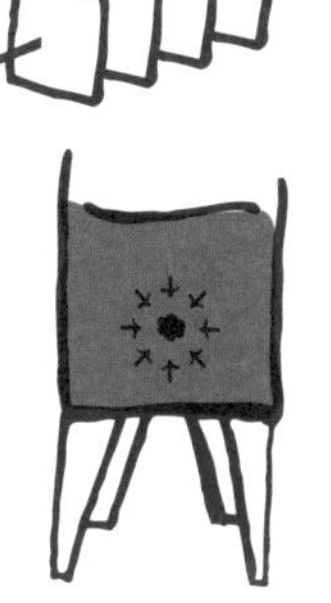

裝瓶

裝瓶後還需要軟木塞或金屬瓶蓋將酒瓶密封。適合年輕飲用的酒會盡快整批賣出，適合陳年的酒則可以繼續培養熟成。

11

如何釀造白葡萄酒？

與紅酒的釀造過程相反，白酒不需浸泡，葡萄被送到酒窖後立即進行榨汁，再根據想要釀造的白酒類型，將葡萄汁注入一般酒槽（不甜與活潑的白酒）或橡木桶（口感強勁與可以陳年的白酒）內發酵。

榨汁
去梗後即刻榨汁，去除葡萄皮，只留下葡萄汁。

澄清
將葡萄汁倒入酒槽後，榨汁殘留的懸浮物質會慢慢沉澱，這樣才能獲得較細緻的白葡萄酒。

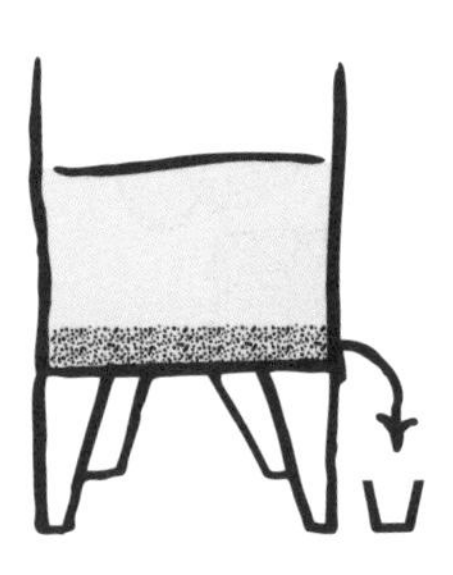

酒精發酵
酵母（自然生成或人工添加）將葡萄糖轉化成酒精。發酵時間約十天。

第一種技術

釀造活潑、年輕即飲的白酒

酒槽熟成
酒裝入酒槽後會停留數週，讓酒的品質更穩定。這段期間，葡萄酒會在桶子裡與酵母殘渣一起培養，也就是所謂的「渣釀」(sur lie)。裝瓶前再將殘渣與沉澱物一起瀝除。

第二種技術

釀造口感強勁且可以陳年的白酒

A

橡木桶熟成與乳酸發酵

葡萄酒裝入橡木桶進行第二次發酵，也就是乳酸發酵。這個步驟可以給葡萄酒增添圓潤口感。

B

攪桶

熟成的時間可能會持續數個月，在這段期間，酒農會用棒子攪拌葡萄酒，與沉澱在桶底的酒槽充分混合，讓葡萄酒增添滑潤口感。

二種技術都要再經過：

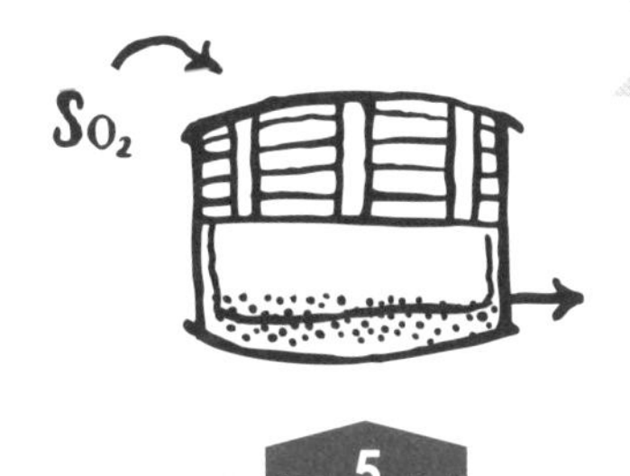

— 5 —

添加二氧化硫、
調配、澄清與過濾

酒農會加入少量的硫化物來保護葡萄酒、防止氧化。

各地作法不同，通常會將不同品種或來自不同地塊的葡萄分開釀造，最後再混合調配。

酒農也會使用含蛋白質的凝結劑（類似蛋白）來去除懸浮物質，或是用過濾的方式讓葡萄酒的顏色更透亮；兩者皆非必要步驟，因為這麼做會影響葡萄酒的香氣與結構。

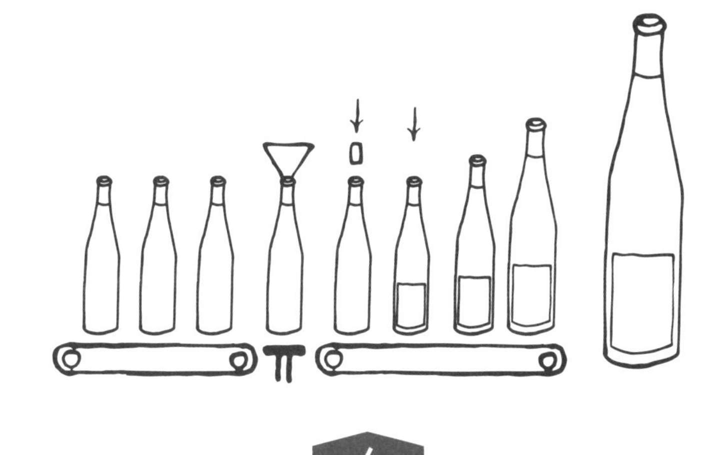

— 6 —

裝瓶

裝瓶後還需要軟木塞或金屬瓶蓋將酒瓶密封。適合年輕飲用的酒會盡快整批賣出，適合陳年的酒則可以繼續培養。

如何釀造粉紅葡萄酒？

粉紅酒一定是由紅色葡萄釀造而成，目前有二種方法，一種類似紅酒釀造，另外一種則接近白酒釀造。

使用放血法釀造的粉紅酒

這是最常使用的方法，如同釀造紅酒一樣，將紅葡萄短暫浸皮（也就是將葡萄皮與汁一起浸泡）來獲得顏色。這樣釀造出來的粉紅酒色澤較深且高雅，口感也較厚實。

整串葡萄直接榨汁的粉紅酒

淡粉紅酒（vin gris）及某些新潮的粉紅葡萄酒作法，與釀造白酒的作法雷同：將整串葡萄果實直接榨汁；但不同的是榨汁的時間較白酒緩慢許多。以此方式釀造出來的粉紅酒色澤清澈、顏色較淡。

— 1 —

去梗與破皮

酒農將葡萄果實與果梗分開，將梗丟棄。接著將整串葡萄的果皮弄破，使其釋放汁液。採用整串直接搾汁釀造的粉紅酒可以略過這個步驟。

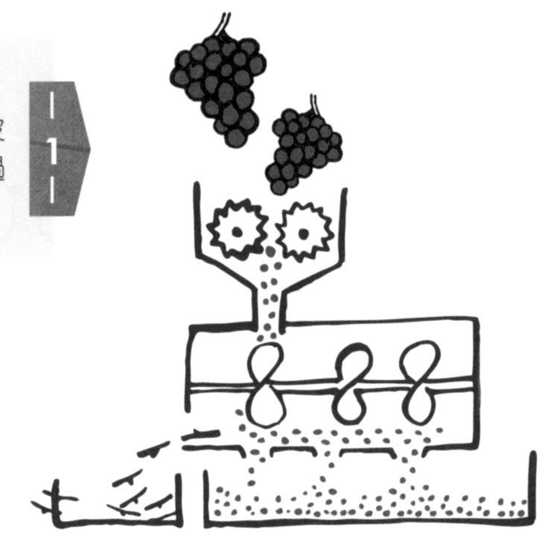

二種技術

直接榨汁法

— 2 —

榨汁

將葡萄倒入氣壓式榨汁機，根據想要的顏色慢慢調整、慢慢增加壓力，再收集流出來的葡萄汁液。

— A —

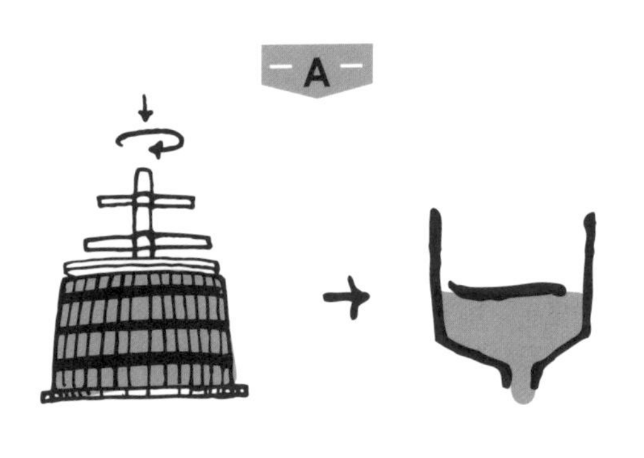

放血法（短暫浸皮）

— 2 —

— A —

浸皮

將葡萄皮與果汁浸泡在酒槽中，讓果皮中的色素慢慢滲入果汁，使其染色。根據想要的顏色，浸泡八至四十八小時，隨後立即瀝出果汁。

二種技術都要再經過：

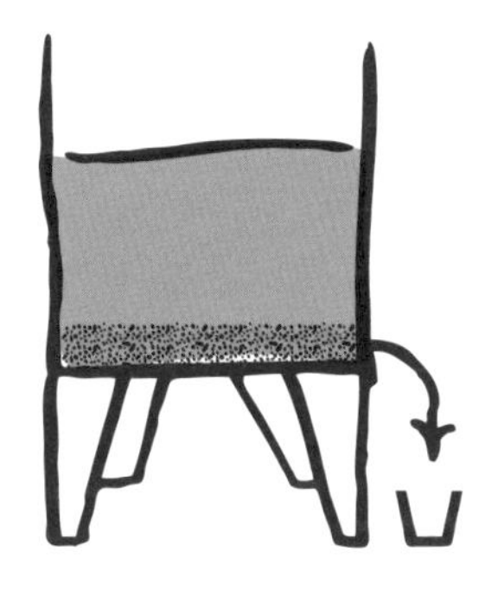

澄清

讓懸浮物質慢慢沉澱後再瀝除，這個步驟是為了得到更香、更純淨的粉紅酒。

酒精發酵

當酵母（自然生成或人工添加）將葡萄糖轉化成酒精，粉紅葡萄酒正式誕生。發酵的過程約持續十天。

培養熟成

發酵完成後，葡萄酒被換至另一個酒槽停留約數週，好讓它的品質變得穩定。粉紅酒很少會經過橡木桶熟成與乳酸發酵，但一樣會加入二氧化硫，經過混合調配、澄清過濾等步驟。

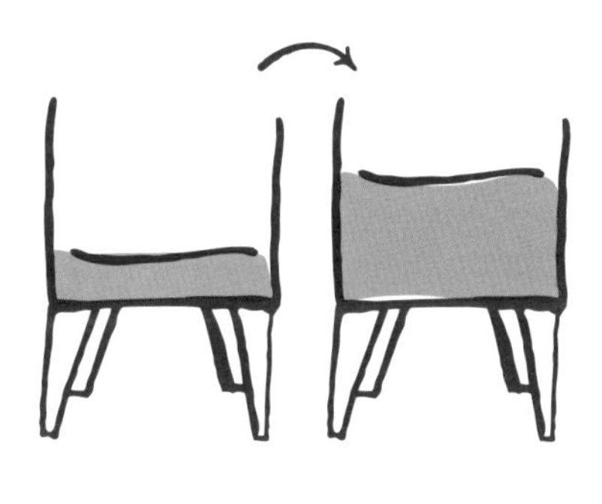

裝瓶

裝瓶後還需要軟木塞或金屬瓶蓋將酒瓶密封。通常粉紅酒都會在春天裝瓶上市。

如何釀造香檳葡萄酒？

傳統的香檳均由白葡萄（夏多內）與紅葡萄（黑皮諾、皮諾莫尼耶）混合調配而成，而且都被釀製成白葡萄酒。香檳採用白酒釀製技巧，但在過程中多加了一道獲得氣泡的手續，創造出全世界最昂貴的泡沫。香檳釀造法又稱為傳統氣泡酒釀造法，也被用來釀造法定產區氣泡酒（crémant）*。

＊編註：Crémant 是使用紅、白葡萄釀造，且以香檳釀造法釀製而成，接受原產地管制命名（AOC）的氣泡酒，其中產量最多、最有名的是阿爾薩斯氣泡酒（crémant d'Alsace）。

1

榨汁

紅葡萄與白葡萄去梗後直接榨汁，去除葡萄皮，只留下無色的葡萄汁。

酒精發酵

將葡萄汁裝入酒槽或橡木桶中，進行沉澱、去除雜質，然後等待酵母將葡萄糖轉化成酒精。在一般酒槽進行發酵的話，葡萄酒就會比較清瘦；在橡木桶發酵的話，葡萄酒嚐起來會比較肥美。

3

調配

葡萄酒在酒槽或橡木桶進行乳酸發酵後，酒農接著會將三種葡萄分別釀好的酒混合調配，生產出一般最常見的無年份香檳。混合方式是將老年份的葡萄酒調入新生產的葡萄酒中，以確保每一個品牌的獨特風格與品質。

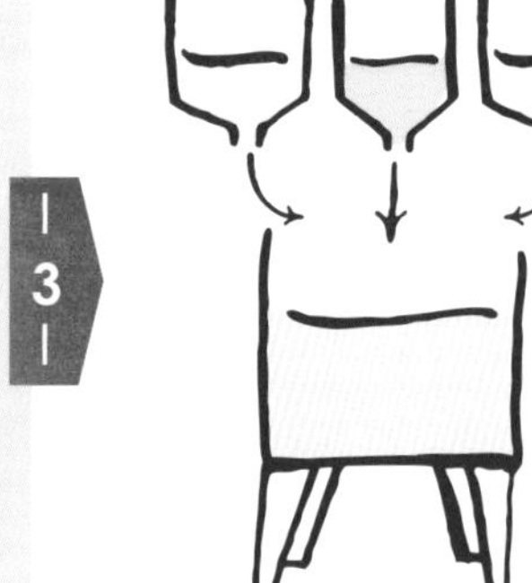

釀造粉紅香檳

將部分紅葡萄釀造成紅酒，在進行混合調配時加入約 10% 的量，使酒色變成粉紅色。混合紅酒與白酒來釀造粉紅酒的做法是被禁止的，但唯有香檳區例外。

裝瓶

裝瓶前，酒農會在葡萄酒中添加糖與酵母的混合液（liqueur de tirage），再用金屬瓶蓋緊緊拴緊酒瓶。

獲得氣泡

酵母會吃掉葡萄酒裡的糖分，產生二氧化碳和酒精，展開瓶中二次發酵。而這些二氧化碳就會一直停留在被封閉的瓶子裡，這就是香檳氣泡的由來。

培養熟成與搖瓶

各家廠牌會根據自家風格，將酒在酒窖裡存放二至五年的時間。熟成之後，還要經過搖瓶的程序：緩緩輕輕地將酒瓶頭下腳上擺放，讓發酵後沉澱於瓶底的死酵母與雜質集中到瓶口。早期多以人工搖瓶，現在有些酒廠則用機器來代替人工。

— 6 —

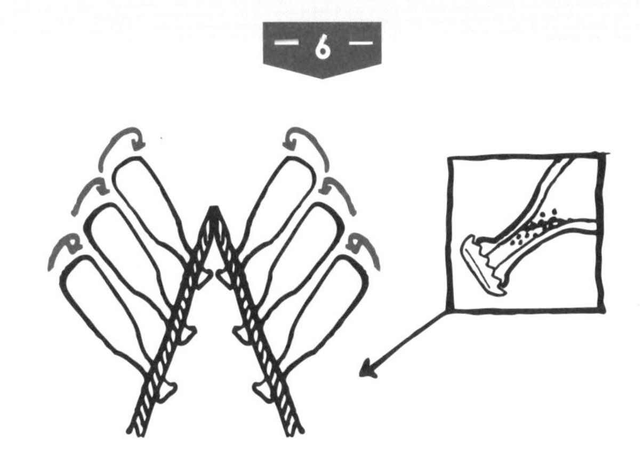

除渣

將瓶頸事先凍結，讓死酵母與酒渣結成冰塊，然後打開金屬瓶蓋，利用瓶內氣體壓力將冰塊推出酒瓶。

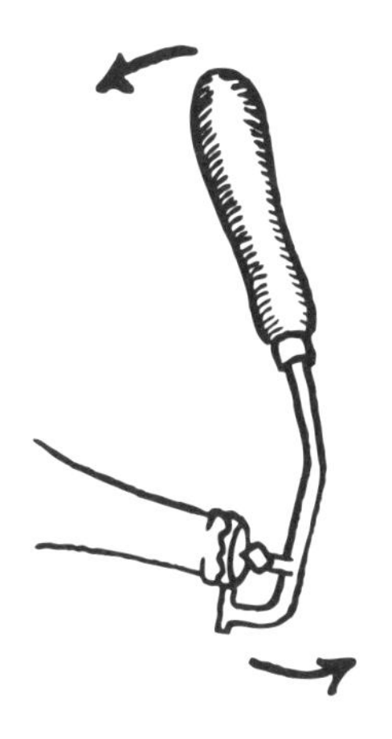

調配甜度

最後，在正式封瓶前，還會進行一道補糖的手續。酒農會依照不同的甜度等級，在香檳中加入不同分量的糖。

8

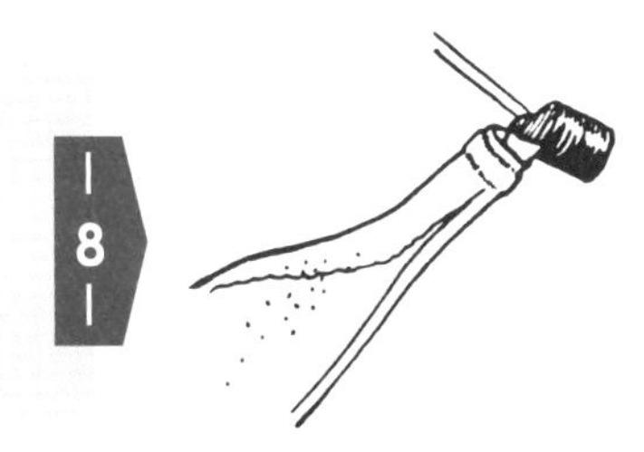

小字彙：

香檳根據含糖量可分為六種類型：完全無添加糖（non dosé）、超級不甜（extra-brut）、不甜（brut）、微甜（sec）*、半甜（demi-sec）、濃甜（doux）。

＊編註：動態氣泡酒的「sec」嚐起來有微甜口感；一般靜態白酒的「sec」則完全不甜，又稱「干型」白酒。

葡萄酒的培養熟成

在發酵後與裝瓶前，還有一個非常重要的步驟：在酒桶中培養熟成。

熟成的目的：

讓香味慢慢發展

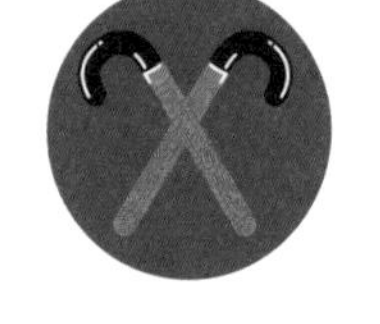

讓葡萄酒陳年

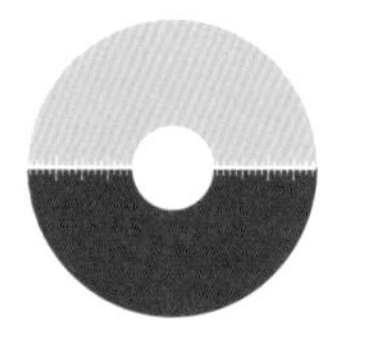

固定酒的顏色

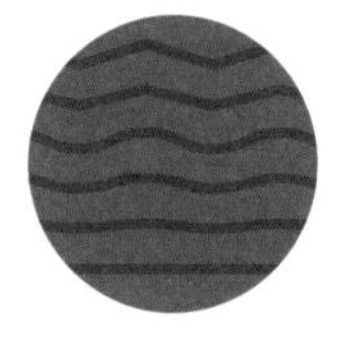

柔化紅酒的單寧

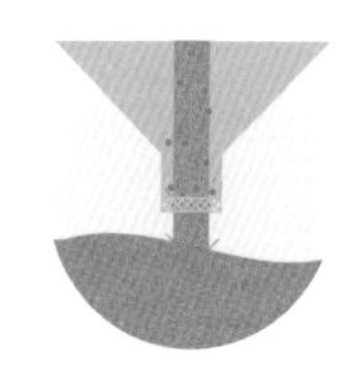

讓懸浮物質沉澱（例如酒渣或死掉的酵母）

酒槽培養

酒槽可能是以不鏽鋼、混凝土或樹脂製成，這些材質都屬於中性，不會影響也不會給葡萄酒添加香氣，通常用來釀造口感清新活潑、要保留更多果實香味的白酒、粉紅酒或紅酒。這種葡萄酒在酒槽熟成的時間都相當短，清淡型的酒存放一到兩個月；會熟成超過十二個月的，通常是那些有陳年潛力的葡萄酒。紅酒在裝瓶前，通常需要在酒槽熟成一年。

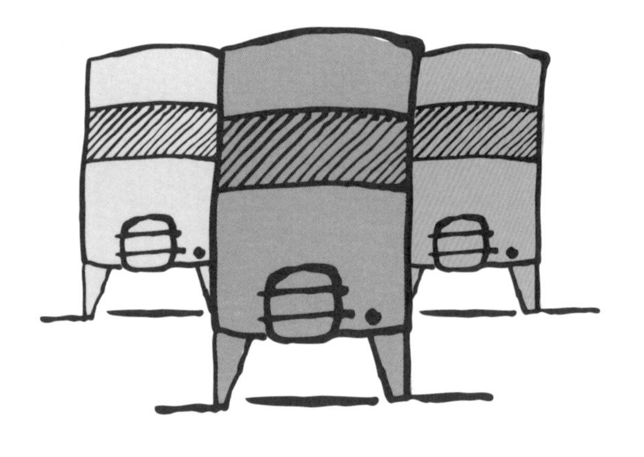

橡木桶熟成

橡木桶對葡萄酒影響很大，尤其是全新的橡木桶；根據木材與其烘烤的程度，木桶將會賦予葡萄酒獨特的香氣（煙燻、香草、奶油麵包等）。只有極少量的空氣會透進橡木桶與軟木塞，讓部分的葡萄酒蒸發，人們稱之為「獻給天使的禮物」。這種氣體的交換讓葡萄酒產生變化，軟化了單寧，踏上陳年之旅，而且裝瓶後還會繼續陳年下去。這種培養方式僅適合強勁有力的酒款。為了控制木桶對酒的影響，酒農會使用新舊程度不同的木桶（從全新橡木桶到四年舊桶），培養時間約十二到三十六個月。

乳酸發酵

需要熟成的紅酒、部分粉紅酒以及強勁的白酒，在培養期間會再經過乳酸發酵的程序，將葡萄酒中的蘋果酸（與青蘋果的酸味很相似）轉化成乳酸（就是牛奶裡那種），這種酸比較溫和、滑細，少了一些刺鼻的味道。他們會在特定的溫度下啟動（約 17℃），但要是溫度太低，發酵就會停止。乳酸發酵較少用於粉紅酒或白酒，以保持它們應有的清爽口感。

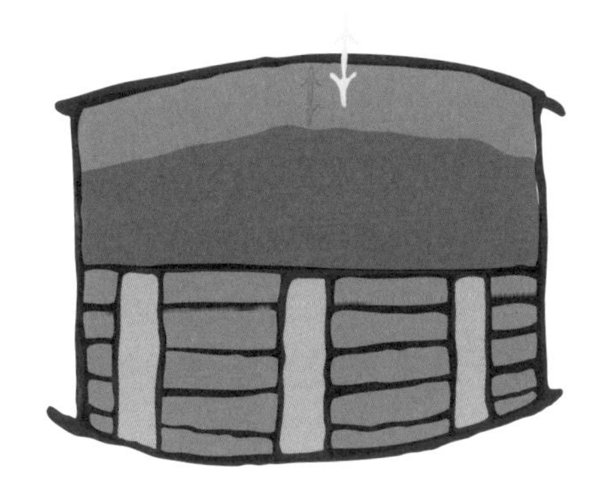

氧化培養

通常葡萄酒都是在裝滿酒的木桶中進行熟成。酒農會定期在木桶裡添加一些酒（這個動作稱為添桶），以填補蒸發的葡萄酒，避免酒長期直接與空氣接觸，造成過度氧化的情形發生。

然而有些葡萄酒在木桶熟成期間，酒農會故意不把蒸發掉的酒補足，讓木桶裡空出了一個位置給空氣，促進氧化作用，讓這些葡萄酒產生非常特殊的核桃、咖哩、乾果或苦橙的香氣。

有時死掉的酵母菌會在葡萄酒表面形成一層保護薄膜，我們稱這種酒為陳釀氧化干白酒（vin de voile），其中最有名的來自法國侏羅區。此外，侏羅黃酒、西班牙雪莉酒、葡萄牙波特酒與馬德拉酒、法國班努斯甜酒，這些酒也都經過氧化培養而成。

微氧化（微氣泡）

就是以人工方式在葡萄酒裡加入少量的氧氣（通常用在酒槽培養，少見於木桶培養）。這項技術是為了達到與木桶培養相同甚至更好的效果，讓單寧軟化並且加速葡萄酒的陳年。目前這種做法還是具有相當的爭議性，因為人們認為這樣做會磨去葡萄酒的風格特徵。

甜型與超甜型葡萄酒

甜型葡萄酒（moelleux）與超甜型葡萄酒（liquoreux）有什麼差別？甜型葡萄酒在發酵完畢後，所含的餘糖量在每公升 20 至 45 克之間；超甜型葡萄酒的餘糖含量則是每公升 45 至 200 克。

釀造甜酒的門檻其實不高，要增加甜度，最簡單的方法就是在酒精發酵的過程中加糖。當葡萄持續發酵直到酒精濃度達到 12.5%，再加入二氧化硫來終止發酵。

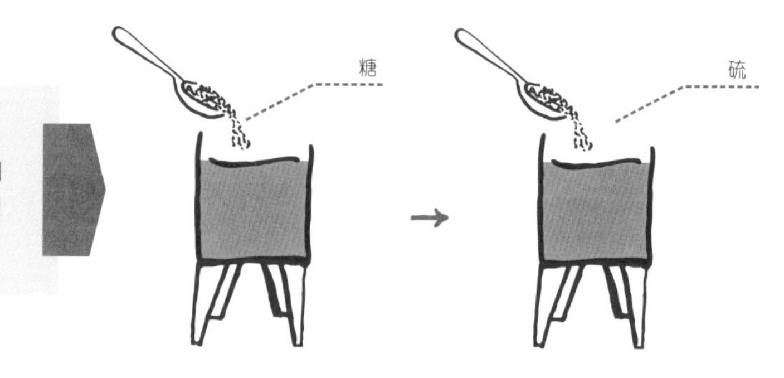

製造甜酒的方法

想要釀造口感佳的甜型或超甜型葡萄酒，就要想辦法獲得含糖量更多、味道更甜的葡萄。酒農通常會利用一些特殊的採收方法，例如：

遲摘型葡萄酒（vendange tardive）：採收的時間較一般釀酒葡萄更遲也更長，幸運的話，這些葡萄會沾染上貴腐菌；這種黴菌會濃縮葡萄的糖分並增添一種燒烤的香氣，我們稱受感染的葡萄為貴腐葡萄。

麥稈甜酒（vin de paille）：這些葡萄被採收的時間較早，然後便置放在麥稈推或草蓆上數個月，讓水分蒸發、糖分升高。在義大利、希臘、西班牙或法國侏羅區可以找到這類甜酒。

風乾葡萄酒（passerillage）：將葡萄直接留在樹上，讓秋天的陽光和風將它曬乾或風乾。這種方式需要炎熱、乾燥、多風的氣候，較常見於法國西南產區或瑞士瓦瑞州（Valais）。

選粒貴腐型葡萄酒（selection de grains nobles/ beernauslese）：比遲摘葡萄含有更多的糖分，採收的時間更遲，沾染貴腐菌的比例也更多。

冰酒：在寒冷的種植地區，酒農會等到冬天再來採收結冰的葡萄。德國、奧地利，特別是加拿大出產的酒都可以發現冰酒的標誌。

為了盡可能萃取出所有的汁液，這些葡萄的榨汁過程非常緩慢，酒精發酵的過程更慢。酒農在榨汁時會將果皮與果汁過濾，這麼做是為了剔除葡萄皮上的酵母，而要終止發酵時則會加入二氧化硫或降低溫度。

中途抑制發酵的天然甜葡萄酒

天然甜葡萄酒（vin doux naturel，簡稱 VDN），或稱加烈甜葡萄酒（來自英國的說法），其釀製方法和一般紅酒或白酒一樣，只是在發酵的過程中會加入烈酒。這類型的葡萄酒都帶有甜味（有時不甜），裝瓶時的酒精濃度都會超過 15%。

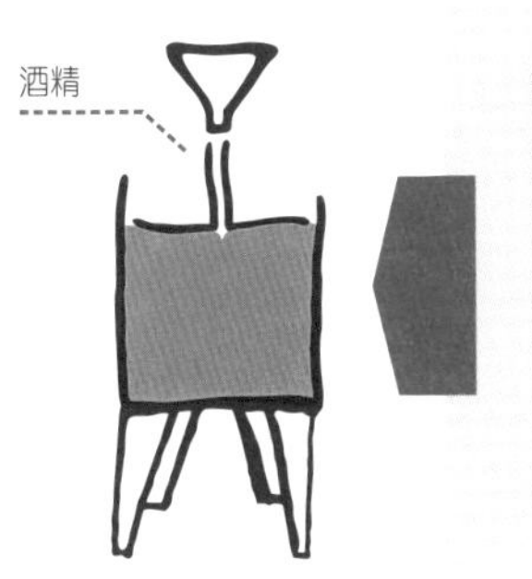

製造方法

天然甜葡萄酒在進行酒精發酵時，會加入中性烈酒（酒精濃度 96%）來終止酵母的活動。這中性烈酒沒有任何味道和香氣，但是它可以殺死酵母，保留葡萄的糖分。

全世界最著名的甜紅酒，肯定是葡萄牙生產的波特酒（Port）。

法國出產的天然甜白酒：Muscat-de-Beaumes-de-venise、muscat-de-rivesaltes、muscat-de-fontignan、muscat-de-cap-corse。

法國天然甜紅酒：以格那希品種釀製的哈斯多（Rasteau）甜酒，還有班努斯（Banyuls）和莫利（Maury）產區的天然甜酒。

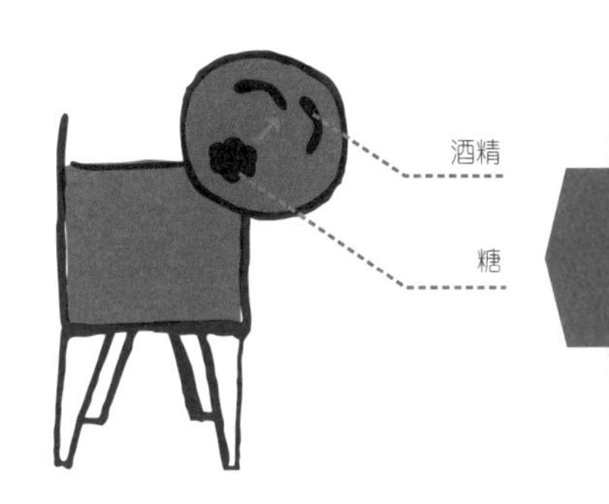

雪莉酒（赫雷斯酒）

來自西班牙赫雷斯（Jerez）產區的加烈甜酒，經過發酵、熟成的程序，最後在裝瓶前才加入白蘭地來提高酒精濃度。由於葡萄中的糖分在發酵時都已被轉化成酒精，所以剛完成的雪莉酒是不甜的。有些雪莉酒在裝瓶前會加糖，有些則會再經過氧化培養增加香氣。

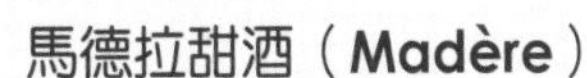

馬德拉甜酒（Madère）

馬德拉酒會在酒精發酵的過程中加入烈酒（白蘭地）抑制發酵，然後在酒槽中以 45℃的高溫持續加熱數個月。上好的馬德拉酒會在培養的過程中繼續加熱，稱為馬德拉式氧化。

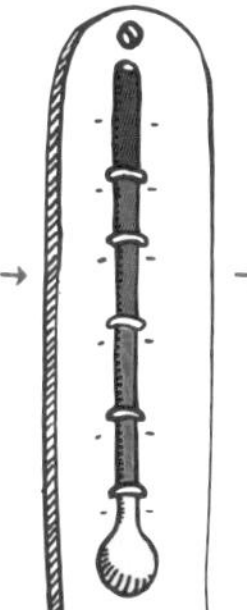

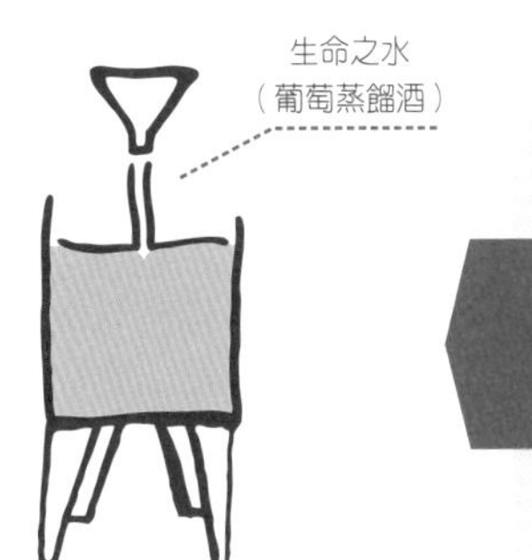

利口酒（Liqueur）

釀造方式與天然甜葡萄酒類似，不過它是加入「生命之水」來抑制酒精發酵，而不是使用中性烈酒。最有名的加烈甜酒應屬加入干邑白蘭地（Cognac）的 Pineau-des-Charentes 甜酒，此外，加入雅馬邑白蘭地（Armagnac）的 Floc-de-gascogne 甜酒、侏羅區的 Macvin du Jura 與法國西南產區的 Marc du Franche-Comté 等，也小有名氣。

各式各樣的葡萄酒瓶

依容量來分：

1/4瓶裝
（Quart）
187.5或200 ml

半瓶裝
（Demie）
375 ml

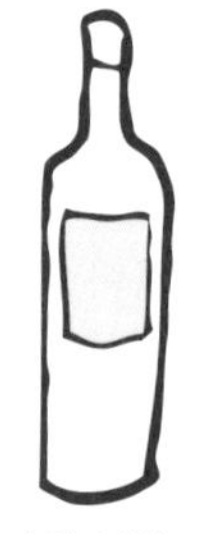

克拉夫蘭瓶
（Clavelin）
620 ml

標準瓶
（Bouteille）
750 ml

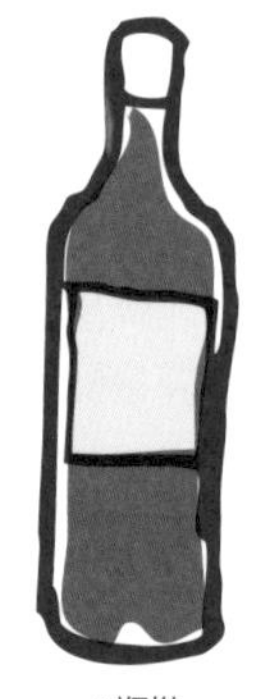

2瓶裝
（Magnum）
1500 ml

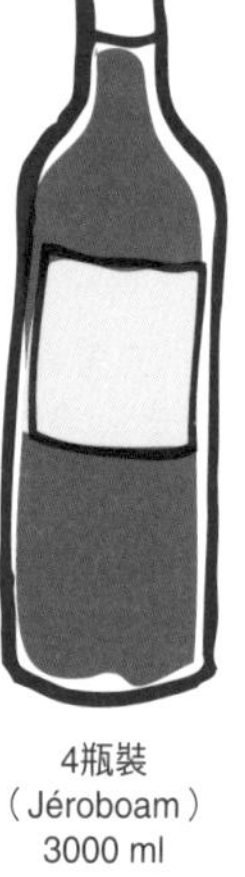

4瓶裝
（Jéroboam）
3000 ml

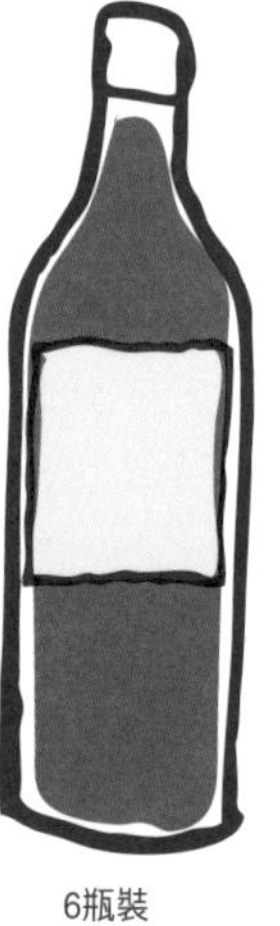

6瓶裝
（Réhoboam）
4500 ml

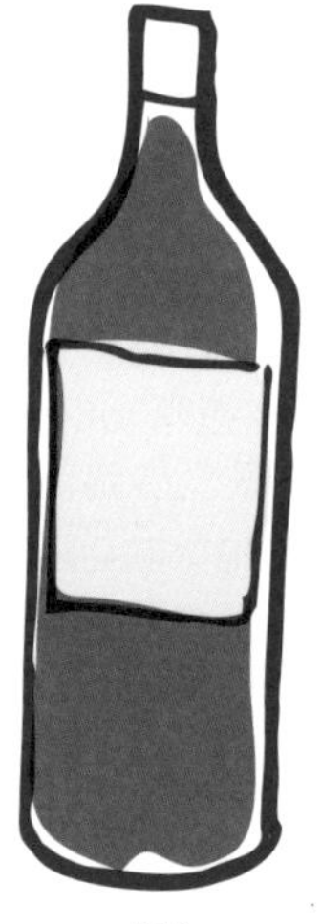

8瓶裝
（Mathusalem）
6000 ml

12瓶裝
（Salmanazar）
9000 ml

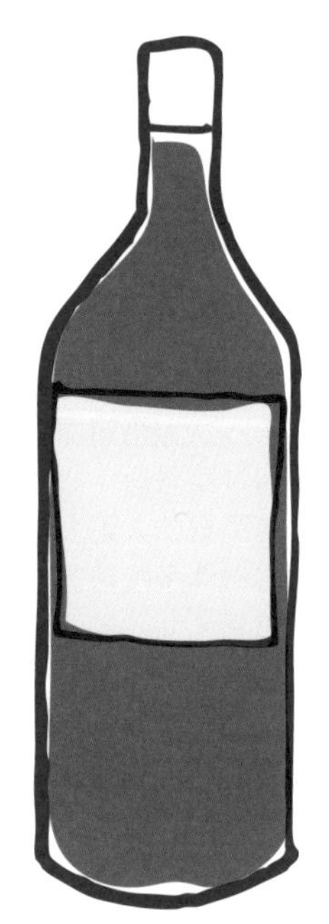

16瓶裝
（Balthazar）
12000 ml

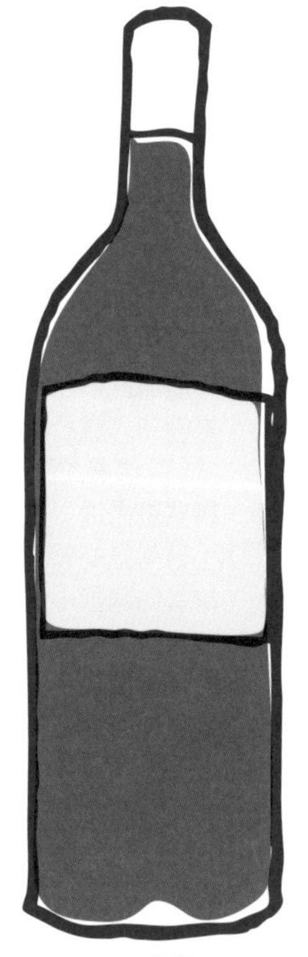

20瓶裝
（Nabuchodonosor）
15000 ml

* ml = 毫升

依產區與酒款來分：

波爾多瓶
蜜思嘉甜白酒瓶（Muscat de Frontignan）
香檳瓶（2瓶裝）
雪莉酒瓶
香檳瓶
波特瓶
阿爾薩斯瓶
克拉夫蘭瓶（Clavelin）
蜜思嘉甜白酒瓶（Muscat de Beaumes-de-Venise）
馬德拉甜酒瓶
勃根地瓶
隆河瓶
克拉夫蘭瓶（620 ml，侏羅區黃酒專用）
班努斯甜酒瓶（Banyuls）
普羅旺斯白酒瓶
蜜思嘉甜白酒瓶（Muscat de Rivesaltes）
普羅旺斯粉紅酒瓶

軟木塞的祕密

軟木塞的使用可以回溯到古典時代的歐洲，那時人們就已經開始用它來塞住雙耳尖底甕了。後來軟木塞就失去蹤影，直到十七世紀隨著玻璃瓶的發明，軟木塞才再次出現。

製造

主要用來製作軟木塞的橡樹，多種植在葡萄牙、西班牙、摩洛哥與阿爾及利亞一帶。一棵橡樹長大到它的樹皮可供做為軟木塞，大約需要二十五年的時間。工人約每九年做一次剝皮技術，這樣橡樹平均可以活到一百二十五歲。剝下來的樹皮則要經過風乾、清洗再切開。

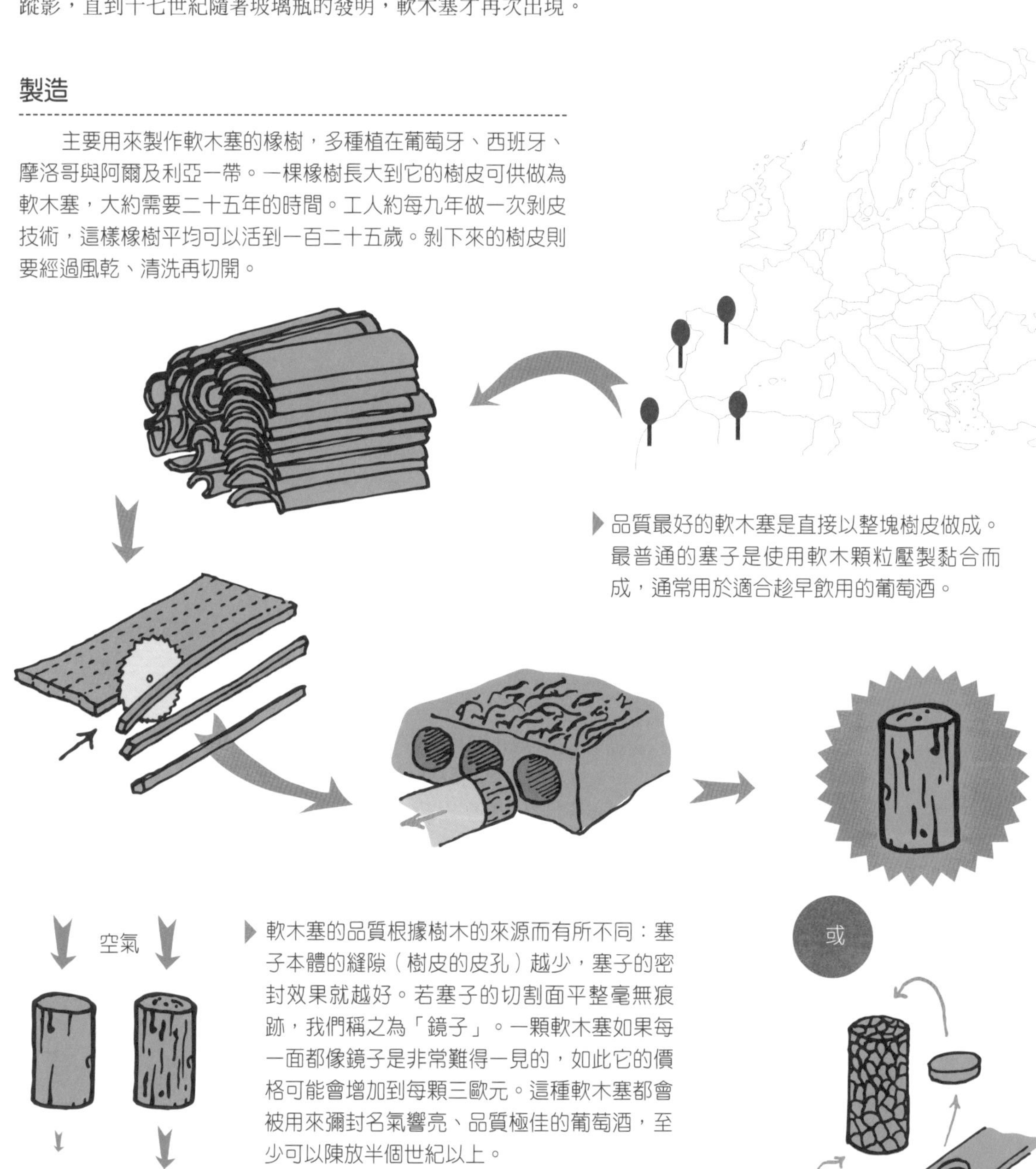

▶ 品質最好的軟木塞是直接以整塊樹皮做成。最普通的塞子是使用軟木顆粒壓製黏合而成，通常用於適合趁早飲用的葡萄酒。

▶ 軟木塞的品質根據樹木的來源而有所不同：塞子本體的縫隙（樹皮的皮孔）越少，塞子的密封效果就越好。若塞子的切割面平整毫無痕跡，我們稱之為「鏡子」。一顆軟木塞如果每一面都像鏡子是非常難得一見的，如此它的價格可能會增加到每顆三歐元。這種軟木塞都會被用來彌封名氣響亮、品質極佳的葡萄酒，至少可以陳放半個世紀以上。

品質

▶ 打開酒瓶時可以聽見令人期待的清脆響聲。

▶ **品質第一：**
好的軟木塞要能完全密封，並且阻止氧氣進入酒瓶。

▶ **全民投票：**
大部分的消費者還是喜歡天然、有歷史感的軟木瓶塞，彷彿有了它就是葡萄酒的品質保證。

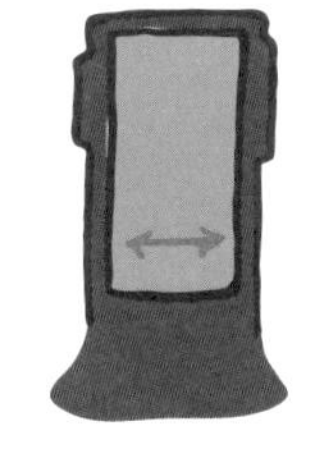

▶ 軟木塞本身具有彈性，讓它得以與酒瓶的頸口完美結合。它還能適應輕微的溫度變化，隨著季節過去，保護葡萄酒數十年也沒問題。

缺點

▶ 軟木塞最大的缺點就是汙染問題，也就是惡名昭彰的「軟木塞味」。軟木塞中含有一種化學分子（三氯苯甲醚，簡稱 TCA），會使酒散發出陳腐或發霉的味道，只要一點點就能讓整瓶酒難以入喉。軟木塞的製造者需要嚴格地控管衛生條件，小心翼翼地剔除受到汙染的樹皮，才能大大減少 TCA 的問題。統計顯示，每一百瓶酒裡面就有三或四瓶因軟木塞而變質，我們在採購的時候應該要把這部分的風險考慮進去。

酒瓶平躺

注意，軟木塞是會乾掉脆化的。這就是為什麼要讓酒瓶躺平，讓瓶內的葡萄酒與軟木塞接觸，否則塞子會因乾燥而失去彈性，且無法過濾氧氣。

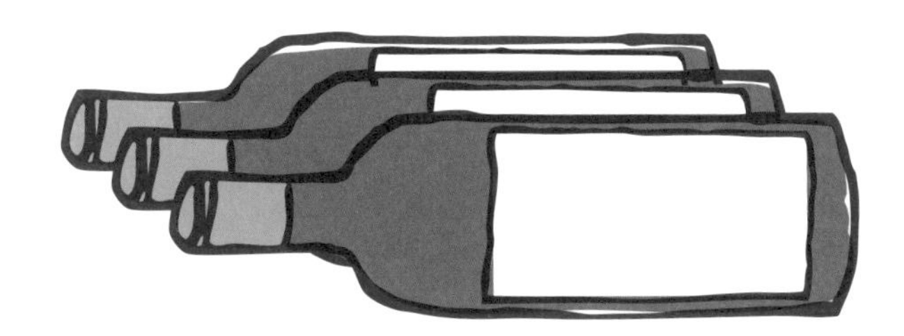

其他種類的瓶塞

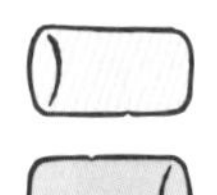

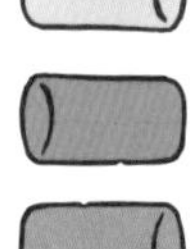

合成軟木塞

生產成本比天然的軟木塞便宜。這些矽膠合成的瓶塞同樣具有保護的功能……至少在短期之內沒問題。

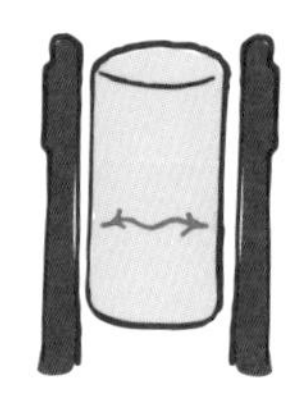

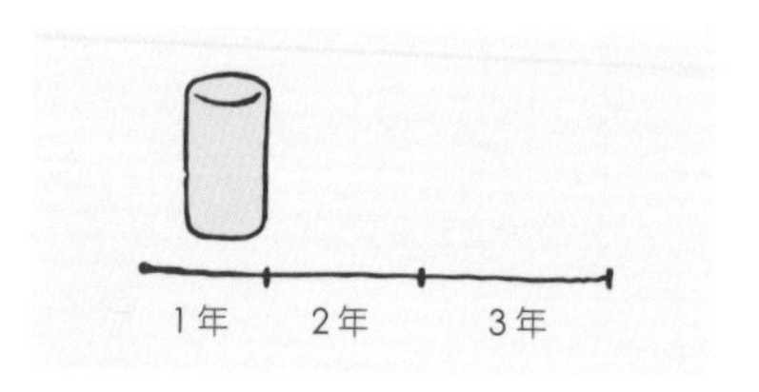

事實上，矽膠瓶塞會隨著時間而失去彈性，不出兩、三年，它就會慢慢硬化，失去密封功能。然而大部分會使用這種塞子的葡萄酒，早一點把它喝掉也比較好。

金屬旋轉瓶蓋

這種瓶蓋其實不太受到傳統愛酒人士的歡迎（非天然木材、開瓶時沒有聽慣了的木塞聲、慣用的開瓶器變得無用武之地），但是它讓開酒變得非常輕鬆，尤其在野餐時更是方便。瑞士和紐西蘭從 1970 年代就開始使用金屬旋轉瓶蓋，並且成功帶起一波熱潮。

優點：

- 可以完全密封酒瓶。
- 品質不會隨著溫度的變化而改變
- 最重要的是，它不會有「軟木塞味」汙染的問題。

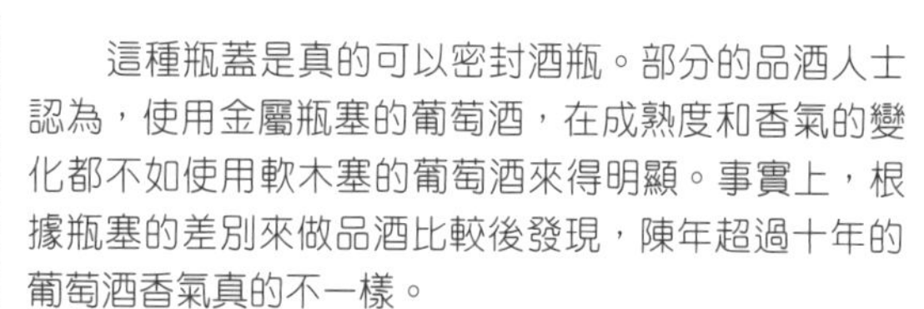

這種瓶蓋是真的可以密封酒瓶。部分的品酒人士認為，使用金屬瓶塞的葡萄酒，在成熟度和香氣的變化都不如使用軟木塞的葡萄酒來得明顯。事實上，根據瓶塞的差別來做品酒比較後發現，陳年超過十年的葡萄酒香氣真的不一樣。

現在金屬瓶蓋的製造商考慮在蓋子上加入少量的毛細孔，如此一來就可以更靠近天然軟木塞的效果。

金屬瓶蓋的成功：每年全世界生產約一百七十億瓶的葡萄酒，其中四十億瓶酒使用金屬旋轉瓶蓋，而且這些數字還在逐年增加中。

為什麼要在葡萄酒裡加硫？

硫的優點：

- 在發酵期間做為保鮮劑，保護葡萄汁，避免氧化破壞了味道。
- 硫化物可以終止發酵，保留葡萄酒中殘留的糖分，好釀造甜酒。
- 可使裝瓶後的葡萄酒品質保持穩定，不讓葡萄酒提早老化。

硫的缺點：

- 會產生不好的味道（硫的味道類似臭雞蛋）。
- 硫是一種抗氧化劑，會促進還原作用，開瓶時會冒出令人不愉快的味道（花椰菜的味道）。
- 硫化物喝多了會讓人頭痛或不舒服（它會和身體裡的細胞搶氧氣）。
- 使葡萄酒變得僵硬，模糊了酒的個性。

綜合上述原因，大部分的酒農都會盡量少用硫化物。同樣地，酒農們在採收和運送時，會盡可能小心，避免讓葡萄發生破裂的狀況，盡可能維持酒窖的乾淨，想辦法減少葡萄氧化的機會。

每一款酒的平均含硫量：量最少的是紅酒，最多的是甜酒。

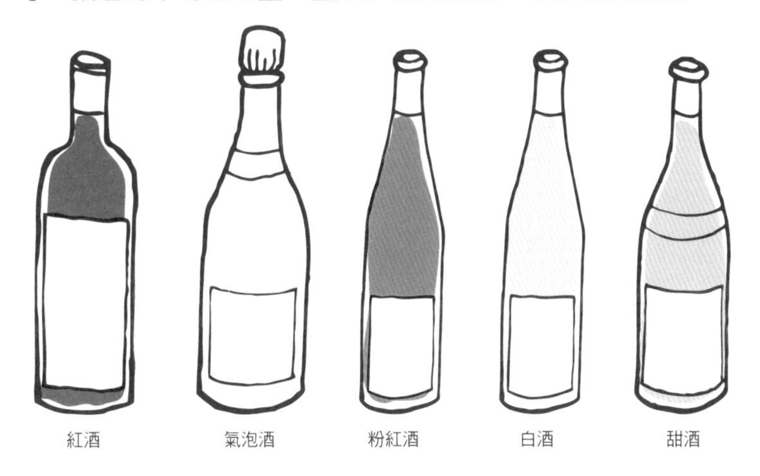

硫的使用量：
依據不同的葡萄酒種類，硫化物的添加量從每公升三毫克到三百毫克不等，差異非常大。

不含硫的葡萄酒

有些非常「勇敢」的酒農選擇在釀酒時不添加硫化物，這麼做不僅在發酵期間的出錯機率會變大、氧化速度加快，釀出來的葡萄酒穩定性也較低、保存條件非常嚴格（溫度必須低於16℃）。然而這些不含硫的酒充滿新鮮活力（或是過熟蘋果的氣味），讓品酒的人感到驚豔。

這天，柯哈莉背起了背包，開著車出發了。每年休假的時候，她都渴望看見外面世界的風景，逃離城市、尋找好喝葡萄酒的念頭總是塞滿了她的腦袋。雖然車上有衛星導航，她卻很少使用，寧願順著沒有柏油的小徑自在地迷路，隨興地停下來參觀中意的酒莊或葡萄園。她任由阡陌縱橫的「酒鄉之路」看板指引自己，登上山丘，翻越河谷。她一邊仔細觀察陽光下的葡萄，踩過滿是岩石、黏土或鵝卵石的土地，在葡萄園中賣力前進。

她想起艾多曾經對她說：「妳看，不同地區的風土條件種出來的葡萄是那麼不一樣。」柯哈莉親眼見到了山丘上的葡萄園、欣欣向榮的枝芽，還有因歲月而蜿蜒的葡萄老藤。她品嚐了強而有力的阿爾薩斯白酒、醇厚的隆格多克白酒、來自葡萄牙綠酒區的白酒、柔順如絲的西班牙里奧哈紅酒，與肌肉結實的義大利托斯卡尼紅酒。在柯哈莉的背包裡跟著她回家的，除了幾張照片，還有這些葡萄酒的美麗滋味。她了解到，葡萄生長的地區、氣候、海拔、濕度、歷史，還有葡萄農耕作的方式，都會賦予每種葡萄酒獨一無二的個性。而「風土」這個字眼也深深印在她的腦海中，與葡萄酒的滋味融合在一起。

這個章節獻給所有像柯哈莉一樣愛好旅行、探險、發掘與親近土地的人。

CORALIE

柯哈莉參觀酒莊

風土條件 / 法國葡萄酒
歐洲葡萄酒 / 世界葡萄酒

風土條件

風土（terroir）是個不容易理解的概念，這個詞在其他的語言中很難找到相同的詞來翻譯，即使在英文中也沒有對應的詞彙。總歸來說，「風土條件」就是每個產區獨有的栽培環境，包含了成就葡萄酒個性的所有因素。

地理情況

氣候

相對於氣象，氣候意謂著一個特定範圍的天候條件。
我們可以試著用下列標準來界定葡萄酒產區：

- 最低與最高的平均氣溫
- 平均降雨量
- 風的特性：風可以讓葡萄串保持乾燥、涼爽或溫暖，甚至防止結冰
- 特殊氣候的威脅，例如結冰、下冰雹或是暴風雨

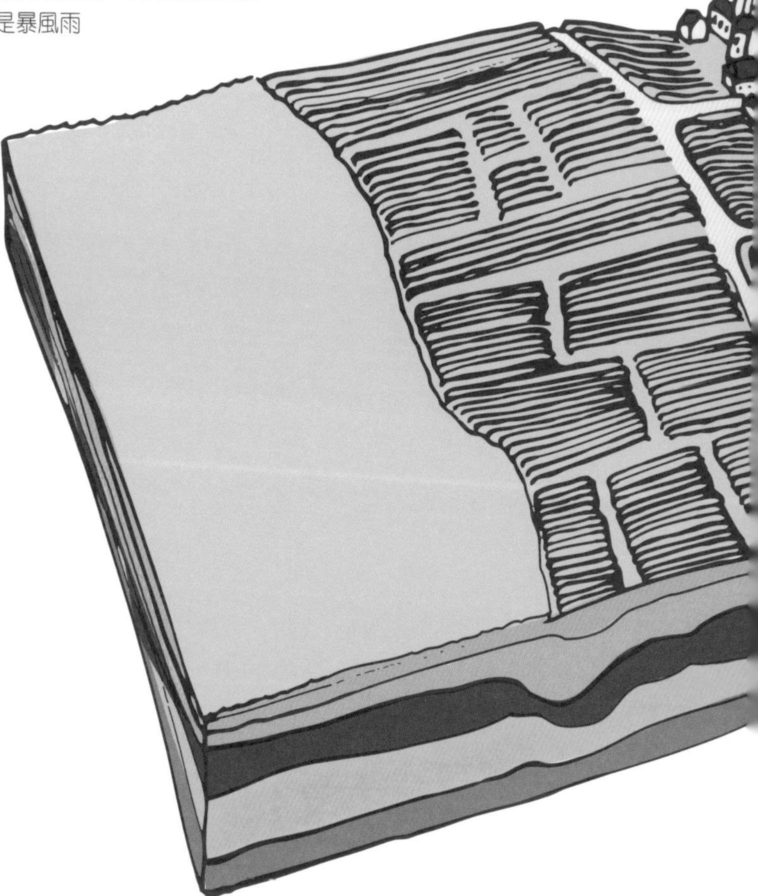

氣候可分成大陸性氣候、海洋性氣候、高山氣候與地中海型氣候。在這些大氣候區內又包含了小氣候區，主要是受到地形的影響，像是盆地、山丘、湖泊或森林等等。

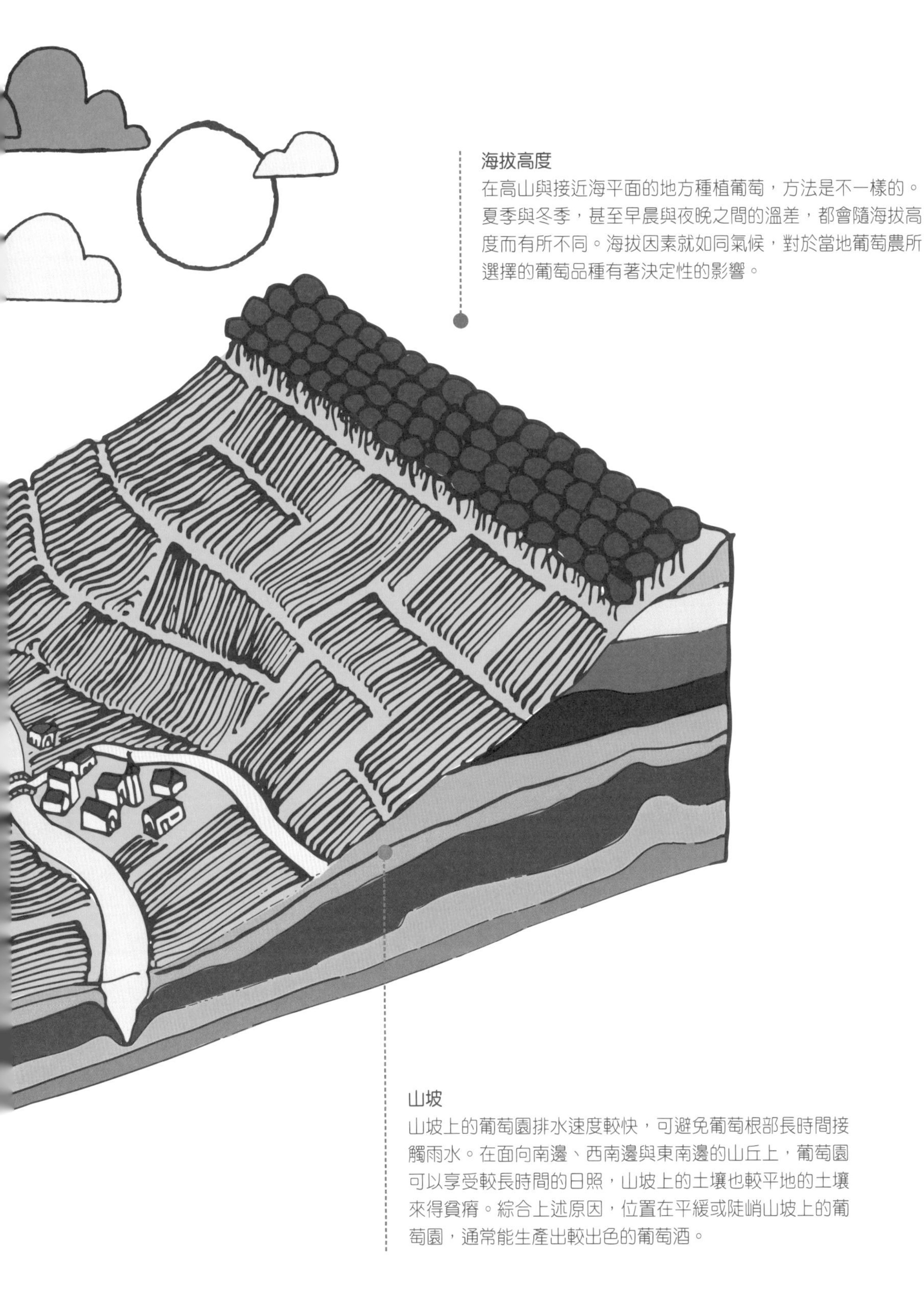

海拔高度

在高山與接近海平面的地方種植葡萄，方法是不一樣的。夏季與冬季，甚至早晨與夜晚之間的溫差，都會隨海拔高度而有所不同。海拔因素就如同氣候，對於當地葡萄農所選擇的葡萄品種有著決定性的影響。

山坡

山坡上的葡萄園排水速度較快，可避免葡萄根部長時間接觸雨水。在面向南邊、西南邊與東南邊的山丘上，葡萄園可以享受較長時間的日照，山坡上的土壤也較平地的土壤來得貧瘠。綜合上述原因，位置在平緩或陡峭山坡上的葡萄園，通常能生產出較出色的葡萄酒。

不同的地質

比起一般土壤的組成成分，更重要的是土壤底層的底土，也就是植物根部所在的母岩層。

底土的種類：

- 黏土、石灰岩、石灰質的土壤
- 海洋消失後留下來的泥灰岩
- 來自山區的片岩、花崗岩與片麻岩
- 來自海洋、河流與三角洲的沙質土、砂礫土與礫石土
- 鵝卵石、白堊土、玄武岩、火山岩……

在同一個地區，經常會有不同種類的地質相連或交互層疊，使得風土條件更加複雜。

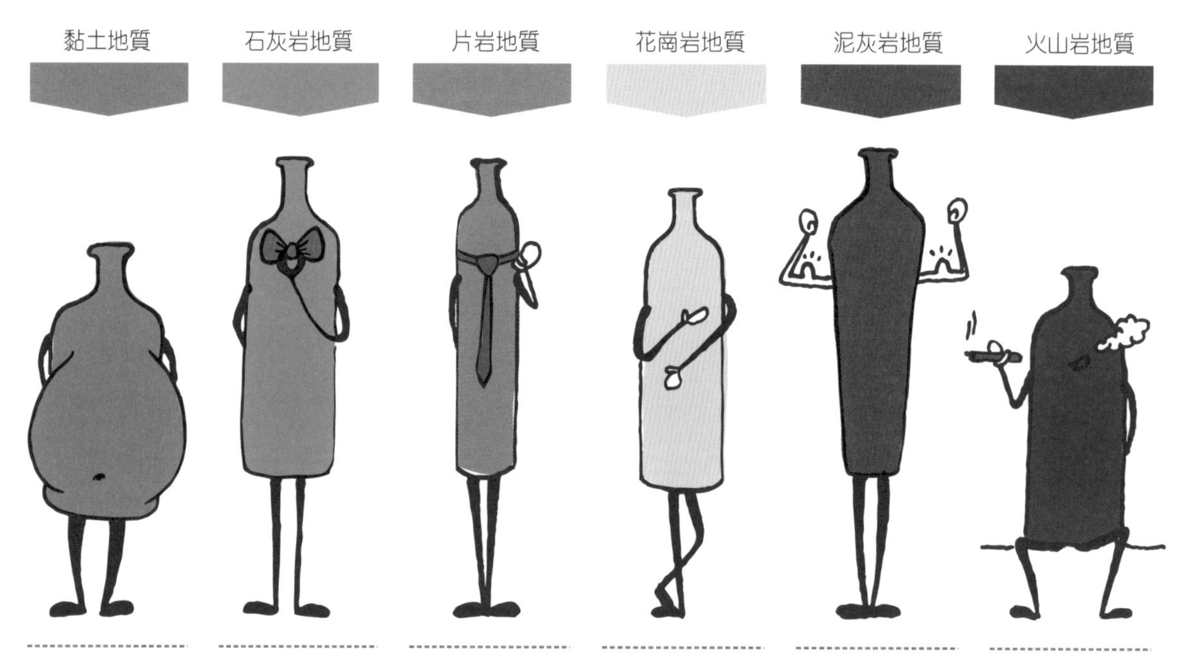

黏土地質	石灰岩地質	片岩地質	花崗岩地質	泥灰岩地質	火山岩地質
讓葡萄酒嚐起來更濃厚肥美、更多單寧。	賦予葡萄酒優雅的酸度與細緻口感。	喝起來感覺較嚴肅、纖瘦，帶有礦石風味。	喝起來更柔順和諧、更多香氣。	賦予葡萄酒更強勁的口感。	讓葡萄酒更有深度，尾韻拉得更長，還帶點煙燻氣息。

土壤的養分

大致上來說，葡萄樹比較喜歡貧瘠的土壤。品質好的葡萄酒通常來自較貧瘠、水分與養分恰到好處的土地。葡萄樹的根部會盡可能地向下扎根，在表土下數公尺深的地方汲取養分。根扎得越深，葡萄酒的風味越好。不能讓葡萄樹壓力太大（土壤太貧瘠），也不能過度保護（土壤太肥沃）。過於肥沃的土質會讓葡萄樹長得像藤蔓一樣茂盛，反而無法濃縮葡萄果實裡的汁液。

葡萄農的工作

沒有農夫，再好的風土條件也只是一個理想的空殼。

葡萄農的工作，便是將風土條件的價值發揮到極致，並且好好管理他的葡萄園。

根據土壤、氣候、葡萄品種來綁枝、剪枝，細心地照顧葡萄樹，並且選在最佳的時刻採收。

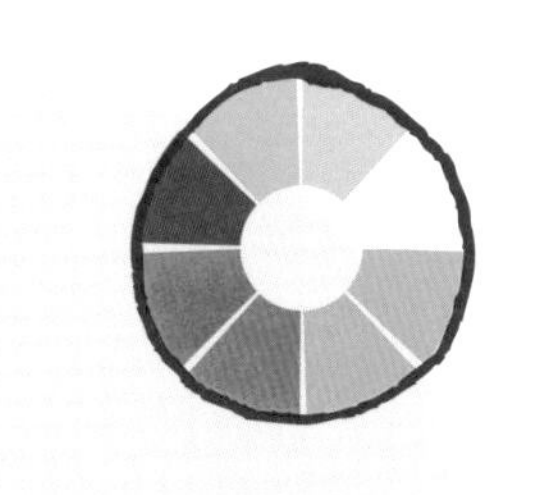

挑選地塊：在六世紀時，勃根地的僧侶會試吃泥土，來決定土地的使用方式；現今則以測試酸鹼值或地質分析等更科學的方法，來幫助我們更有效利用土地。

在酒窖中，葡萄農會選擇最佳的釀造與培養方式，避免過多的技術干預或放任，才不會抹煞了原有的風土滋味。

耕土、排水，適時施肥並且灌溉土壤。

尊重當地的自然環境，選用適合的技術來詮釋在地獨有的風土條件，如此釀造出來的才是真正的「風土葡萄酒」，而不只是簡單的「品種葡萄酒」。

什麼是風土葡萄酒？

- 葡萄酒的個性反映了當地的土壤與地理條件。
- 讓人聯想起當地歷史與傳統生產技術的葡萄酒（類似當地名產）。
- 不依照流行口味而生產的葡萄酒。

什麼是品種葡萄酒？

- 僅僅表現出葡萄品種的香氣。
- 不依照地理區塊劃分、不受產地限制的葡萄酒。
- 技術本位的葡萄酒，而該釀造技術並不會反映當地特色。
- 不管產地的風土條件如何，嚐起來都與現今流行口味相似。

阿爾薩斯 / Alsace

白酒：90%
紅酒與粉紅酒：10%

你該知道的事

品種

不同於法國其他產區，在阿爾薩斯，酒標上總會清楚標示葡萄品種；人們選酒會先選擇品種，而非選擇地塊。從富有礦石風味的麗絲玲，到充滿辛香料的格烏茲塔明那，以及帶點煙燻風味的灰皮諾（pinot gris），每種葡萄都有自己的個性。此區以出產白酒聞名，從不甜到很甜的都有。甜白酒會根據葡萄中的含糖量分成遲摘（vendange tardive）和精選貴腐葡萄（sélection de grains nobles）兩種等級，並且使用四種被稱為「貴族」的葡萄來釀造：蜜思嘉、灰皮諾、格烏茲塔明那、麗絲玲*。阿爾薩斯氣泡酒（crémant d'Alsace）也小有名氣，通常選用白皮諾（pinot blanc）葡萄釀造。此外當地還出產蒸餾白酒。

特級葡萄園

當品種選定之後，阿爾薩斯的葡萄酒愛好者便會看此款酒是否屬於「特級園」（Grand Cru）。五十一座特級園代表了阿爾薩斯五十一個特殊地塊（例如 Osterberg、Rangen、Schlossberg、Zinnkœpflé……），其生產的酒只能使用上述四種貴族品種釀造。阿爾薩斯擁有法國最複雜的地質結構（共有十三種，從火山沉積岩到富含砂質的片麻岩都有），也因為如此，我們可以在此找到物美價廉的好酒。

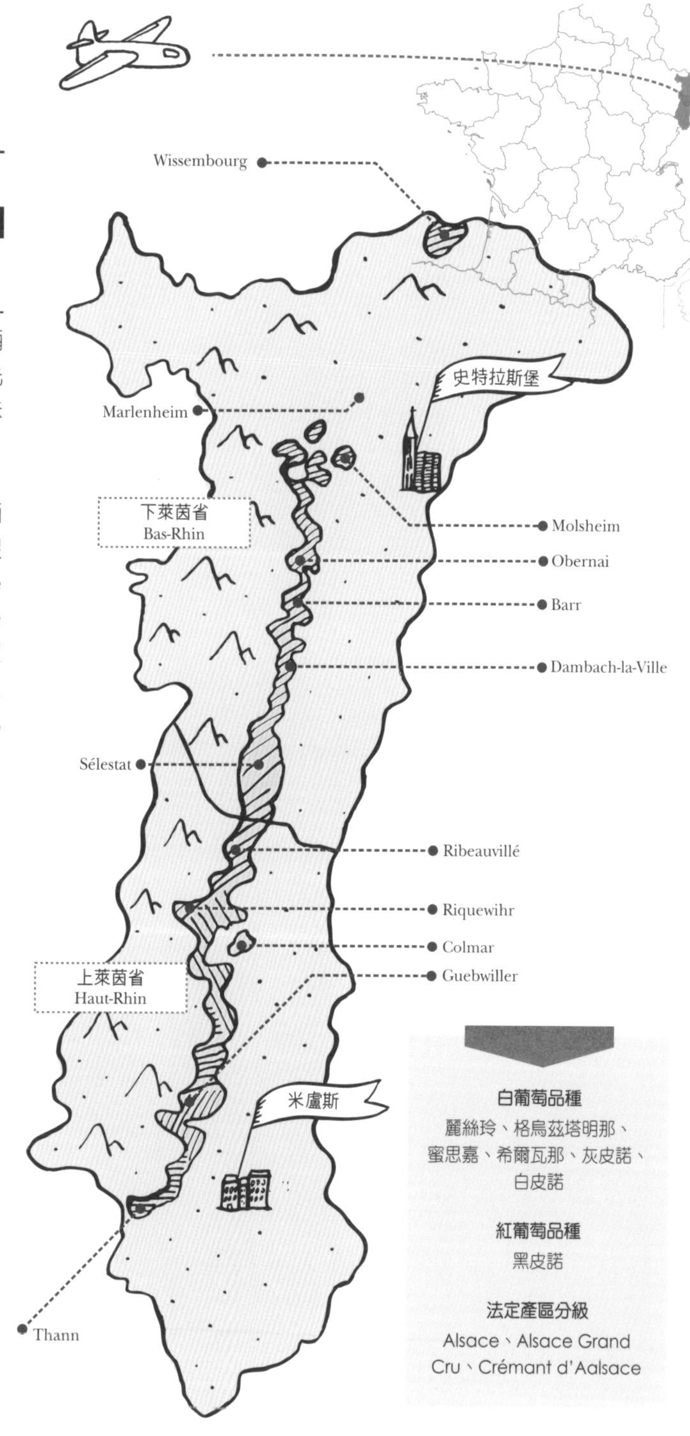

白葡萄品種
麗絲玲、格烏茲塔明那、蜜思嘉、希爾瓦那、灰皮諾、白皮諾

紅葡萄品種
黑皮諾

法定產區分級
Alsace、Alsace Grand Cru、Crémant d'Aalsace

*譯註：從 2006 年開始，希爾瓦那（sylvaner）也獲准使用。

薄酒萊 / Beaujolais

紅酒：98%
白酒與氣泡酒：2%

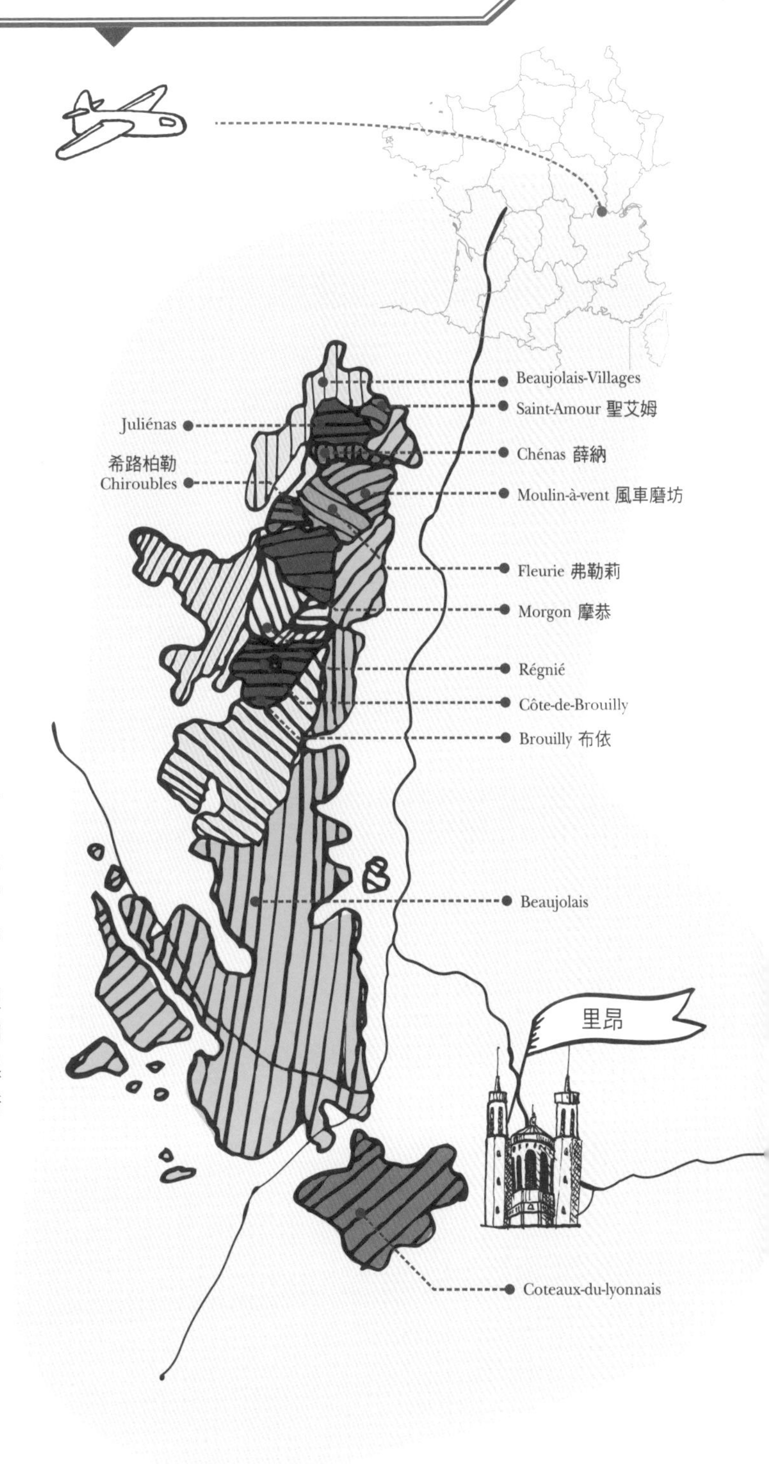

薄酒萊與薄酒萊新酒

在一般人的心目中，薄酒萊葡萄酒總是讓人聯想到薄酒萊的小弟：薄酒萊新酒。每年十一月的第三個星期四，全球酒商會同步慶祝新酒上市，品嚐剛剛發酵完成即裝瓶的第一批新酒。薄酒萊新酒沒有時間發展複雜的香氣，使得人們常嫌棄它太過簡單，還有一股著名的「香蕉味」。事實上，薄酒萊不只有新酒而已。單寧低、果香重的加美葡萄，為薄酒萊釀出了順口易飲的葡萄酒，而特級村莊（Beaujolais Cru）生產的酒不僅風味更複雜，還能陳放十年以上。

該選什麼酒？

如果你在尋找清淡順口的葡萄酒，薄酒萊村莊級（Beaujolais Villages）將會是有趣的選擇。在薄酒萊特級村莊出產的酒當中，可以發現更多品質令人驚艷、價格平易近人的品項，例如摩恭、薛納、風車磨坊，這些特級村莊出產的葡萄酒架構結實，有更多的單寧，而且更經得起陳年；希路柏勒和聖艾姆正好相反，他們是特級村莊酒細緻與輕盈的代表；另外，在弗勒莉可以找到花香與紅色莓果香氣濃烈的葡萄酒。

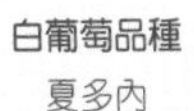

白葡萄品種
夏多內

紅葡萄品種
加美

法定產區分級
Beaujolais、Beaujolais Villages、Beaujolais Cru

勃根地 / Bourgogne

白酒與氣泡酒：70%
紅酒：30%

你該知道的事

勃根地沒有城堡，但是有酒莊或被百年石牆圍繞的葡萄園（clos）。勃根地的葡萄園像一條數公里寬的緞帶，除了北邊的夏布利，從中部的第戎（Dijon）一直向南延伸到里昂（Lyon）還有四個主要產區：夜丘、伯恩丘、夏隆內丘與馬貢內。

白酒或紅酒？

來自夏布利法定產區的葡萄酒一定是白酒，夜丘則以紅酒聞名（Gevrey-Chambertin、Chambolle-Musigny……）；伯恩丘也有生產著名的白酒（梅索、Chassage-Montrachet……），不過波瑪與沃內兩村莊只有生產紅酒。

勃根地到處都可以找到紅白酒，也有生產不錯的氣泡酒（crémant de Bourgogne）。除了大家都認識的明星葡萄品種：釀造紅酒的黑皮諾與釀造白酒的夏多內，此地獨有的阿里哥蝶（aligoté）和聖彼茲的白蘇維濃（sauvignon blanc）也值得關注。

分級制度

勃根地擁有一百多個法定產區，分成四個等級。寫在法定產區之後的地塊（lieu-dit）與區塊（parcelle）數量更多，超過兩千五百個，我們稱之為克理瑪（climat）*。

法定產區分級與舉例

地區級法定產區：勃根地
地區級副產區：夜丘
村莊級法定產區：Gevrey-Chambertin、Saint-Véran
一級園法定產區（Appellation 1er cru）：
Gevrey-Chambertin 1er Cru Aux Combottes、Gevrey-Chambertin 1er Cru Bel-Air
特級園法定產區（Appellation Grand Cru）：
Chablis Grand Cru Vaudésir（夏布利）、Corton Grand Cru Les Renardes（伯恩丘）、Les Grands-Échezeaux（夜丘）

購買

除了某些可與香檳一較高下的高品質勃根地氣泡酒，一般購買中間價位的酒款即可，因為勃根地的葡萄酒實在太貴了。

法定產區

根據分級制度來看：稍欠名氣的村莊級產區葡萄酒優於一般地區級產區，因為地區級使用的葡萄較普通、沒特色。另外一個訣竅是：挑選知名村莊級產區旁的隱祕地塊，例如紅酒可以挑蒙黛利來取代沃內，白酒可以選聖歐班來代替梅索。盡量多嘗試來自馬貢內的白酒，通常物美又價廉。

生產者

在勃根地，法定產區以及地塊的名字，與葡萄酒生產者或酒商的名字同等重要。此地有為數眾多的酒商，他們通常會直接收購葡萄或是葡萄酒，再用自己的名義販售。酒商販售的葡萄酒來源遍及各大法定產區，相反地，獨立葡萄酒莊生產的酒較能保有自己獨特的風格。

風味

種植在勃根地北邊的黑皮諾，表現較為細緻優雅，越往南邊則越來越渾厚。類似的情況同樣發生在夏多內上，北邊夏布利釀造的酒擁有乾淨的礦石風味，伯恩丘的酒體顯得強勁濃縮，最南邊的馬貢內則肥美滑膩。

*譯註：Climat 一般在法文中泛指氣候，但在勃根地則是指一塊能釀造出特殊風味的地塊。

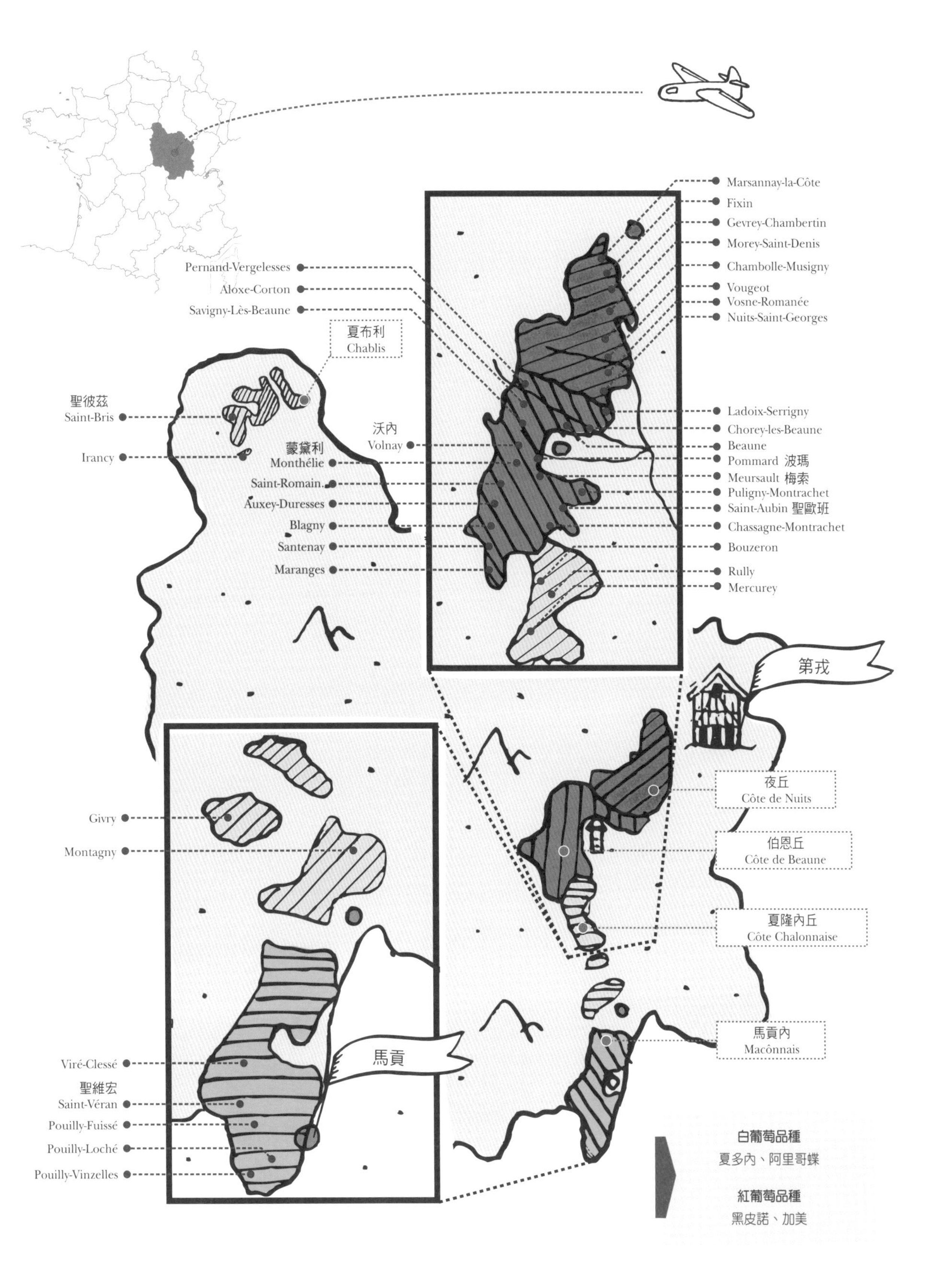

Marsannay-la-Côte
Fixin
Gevrey-Chambertin
Morey-Saint-Denis
Chambolle-Musigny
Vougeot
Vosne-Romanée
Nuits-Saint-Georges
Pernand-Vergelesses
Aloxe-Corton
Savigny-Lès-Beaune
夏布利
Chablis
聖彼茲
Saint-Bris
Irancy
沃內
Volnay
蒙黛利
Monthélie
Saint-Romain
Auxey-Duresses
Blagny
Santenay
Maranges
Ladoix-Serrigny
Chorey-les-Beaune
Beaune
Pommard 波瑪
Meursault 梅索
Puligny-Montrachet
Saint-Aubin 聖歐班
Chassagne-Montrachet
Bouzeron
Rully
Mercurey
第戎
夜丘
Côte de Nuits
伯恩丘
Côte de Beaune
夏隆內丘
Côte Chalonnaise
馬貢內
Mâconnais
Givry
Montagny
馬貢
Viré-Clessé
聖維宏
Saint-Véran
Pouilly-Fuissé
Pouilly-Loché
Pouilly-Vinzelles
白葡萄品種
夏多內、阿里哥蝶
紅葡萄品種
黑皮諾、加美

波爾多 / Bordeaux

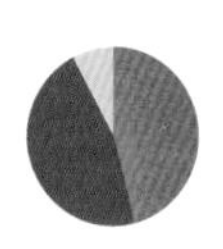

紅酒與粉紅酒：90%
白酒：10%

左岸（上梅多克與梅多克）：
葡萄以卡本內蘇維濃為主（混合梅洛）

右岸（波美侯、聖愛美濃等地）：
葡萄以梅洛為主（混合卡本內弗朗）

你該知道的事

波爾多出產全世界名氣最大也最昂貴的紅酒，當然，我們還是可以找到一些名氣不大、價格合理的葡萄酒。雖然酒標上會清楚標示產區、生產者與採收年份，不過在波爾多挑酒實在不是件容易的事。

法定產區

通常產區越小，葡萄酒的品質越好。除了一般常喝到的波爾多區域級以及優質波爾多等級（bordeaux supérieur）的葡萄酒外，還有更在地的產區像是梅多克，或是稍有名氣的村莊像是聖艾斯臺夫、波雅克、瑪歌和聖朱里安。

城堡

說到波爾多葡萄酒，我們總是會先想到城堡（château）而不是酒莊（domaine）。然而這些所謂的城堡，其實也就是經營它周圍的葡萄園罷了。名氣響亮的城堡出產的酒，價格相對高昂；有些城堡比較低調，價格較合理，但更值得消費者注意。然而，有些城堡只存在於紙上，透過大量的行銷包裝來販售自己的酒，品質大多讓人不敢恭維。

年份

年份對波爾多葡萄酒來說非常重要，因為年份的好壞將會決定該年份的價格曲線。依據該年份的氣候條件與評價也會影響城堡價格的高低。例如 2010 年份的波爾多廣受好評，所以價格高於 2011 年或 2007 年。只要年份好，不出名的小城堡也有機會釀出好酒，而知名城堡釀的酒則更適合拿來陳年。

波爾多的分級制度

梅多克、格拉夫、聖愛美濃及索甸這幾個法定產區都有各自的分級制度，不過也時常有爭議。例如梅多克紅酒的分級制度始於 1855 年，級別從一級到五級，另外還有中級酒莊（crus bourgeois）及精品酒莊（crus artisans）。

一級分級制度

梅多克一級（1ers grands crus classés de Médoc）：
Château Latour（波雅克）
Château Lafite-Rothschild（波雅克）
Château Mouton-Rothschild（波雅克）
Château Haut-Brion（格拉夫）
Château Margaux（瑪歌）

索甸特等一級（1er grand cru supérieur Sauternes）：
Château Yquem

聖愛美濃特等一級 A（1ers grands crus classés A de Saint-Émilion）：
Château Ausone
Château Cheval Blanc
Château Pavie（從 2012 年開始）
Château Angélus（從 2012 年開始）

近來評價較高的年份：

2010　　2009　　2005

參觀波爾多的葡萄園

想探索波爾多的葡萄酒，有體力的人可以參加梅多克一年一度的馬拉松路跑，或是按著地圖優雅地開車參觀城堡。你可以選擇知名的波爾多列級酒莊（包含品酒活動通常必須付費），但也別忽略了不知名的小酒莊，你將會從中獲得許多驚喜。

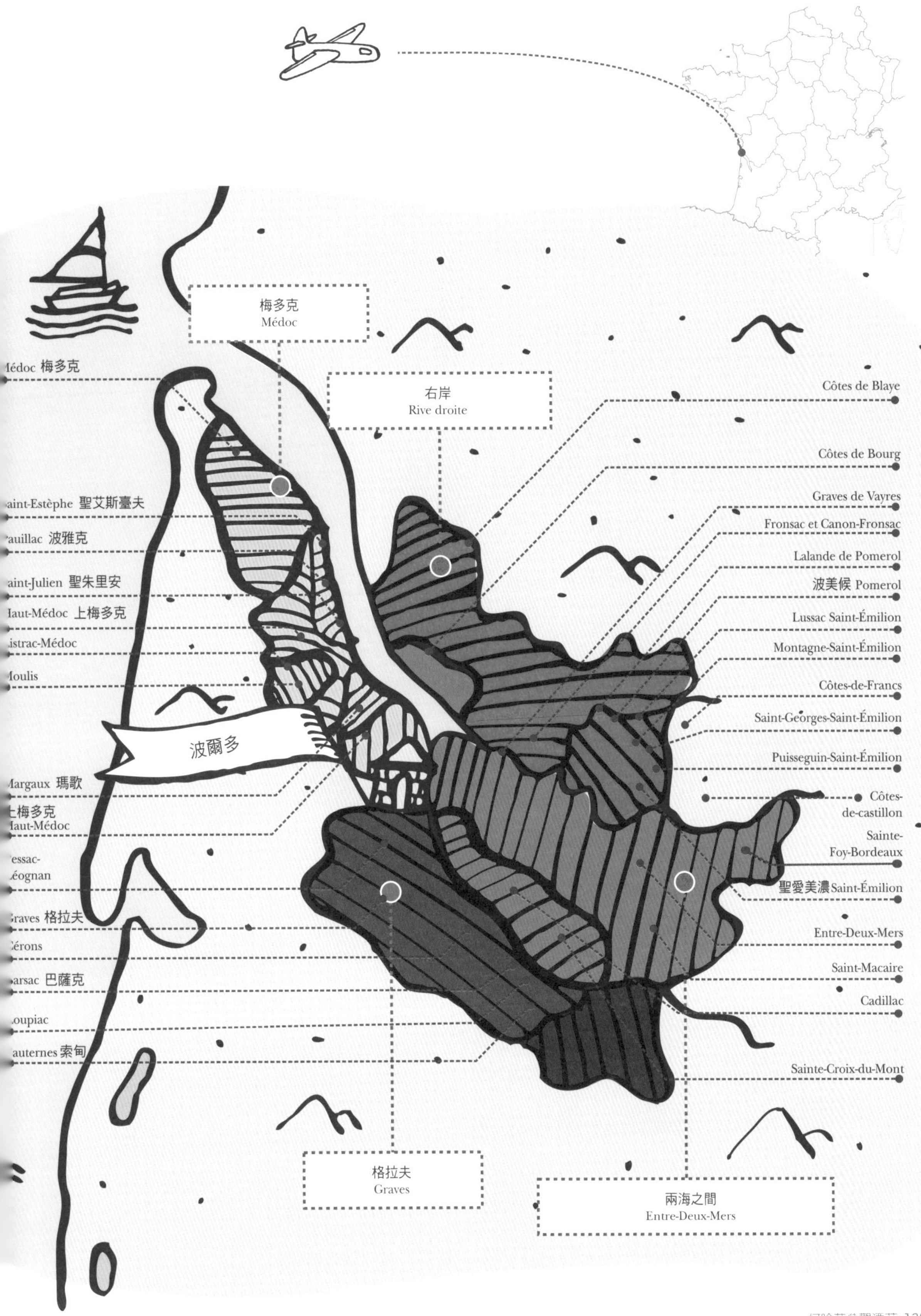
梅多克
Médoc
右岸
Rive droite
Médoc 梅多克
Saint-Estèphe 聖艾斯臺夫
Pauillac 波雅克
Saint-Julien 聖朱里安
Haut-Médoc 上梅多克
Listrac-Médoc
Moulis
波爾多
Margaux 瑪歌
上梅多克
Haut-Médoc
Pessac-Léognan
Graves 格拉夫
Cérons
Barsac 巴薩克
Loupiac
Sauternes 索甸
Côtes de Blaye
Côtes de Bourg
Graves de Vayres
Fronsac et Canon-Fronsac
Lalande de Pomerol
波美侯 Pomerol
Lussac Saint-Émilion
Montagne-Saint-Émilion
Côtes-de-Francs
Saint-Georges-Saint-Émilion
Puisseguin-Saint-Émilion
Côtes-de-castillon
Sainte-Foy-Bordeaux
聖愛美濃 Saint-Émilion
Entre-Deux-Mers
Saint-Macaire
Cadillac
Sainte-Croix-du-Mont
格拉夫
Graves
兩海之間
Entre-Deux-Mers

香檳區 / Champagne

香檳區是法國最北邊的葡萄園，出產全世界最知名的節慶用酒。釀造香檳的法定葡萄品種有三：夏多內、黑皮諾、皮諾莫尼耶（pinot meunier）。只用夏多內釀造的香檳（只用白葡萄釀的白香檳）稱為「白中白」（blanc de blancs）；相反地，只用另外兩種紅葡萄釀造，則稱為「黑中白」（blanc de noirs）。粉紅香檳的色澤來自浸皮或是直接加入少量紅葡萄酒，後述的方法在香檳區較常使用。

你該知道的事

香檳代表的是眾多的品牌以及其葡萄所生長的地區，法定產區在香檳區其實沒有什麼意義*。不過還是有人認為 Côte des Blancs 區域較適合種植夏多內，Montagne de Reims 區域的黑皮諾表現較優秀，皮諾莫尼耶則多生長在 Vallée de la Marne 和 Côte des Bar 兩地。即使鮮少標明，香檳區的法定產區仍有明確的分級：地區級（Champagne）、一級園（Champagne 1er Cru）和特級園（Champagne Grand Cru）；後兩者是依照特定地塊（葡萄園）所採收的葡萄品質而定。

風味

香檳本身擁有多重細微的風味，但每款香檳之間並沒有明顯的差異。以夏多內釀成的白香檳通常最細緻、酸度也最高，適合當成開胃酒或搭配清淡的菜餚。紅香檳與粉紅香檳通常較為濃郁，也更有葡萄酒味（指類似一般葡萄酒的香氣與圓潤口感），能搭配整套餐點。土壤成分也會影響口感：在漢斯（Reims）與埃佩爾奈（Épernay）周圍因為有大量的白堊土，讓這裡的香檳有更多礦石風味與細緻度；黏土質則會讓酒變得圓潤肥厚。

*譯註：由於香檳的名氣太大，多數香檳酒廠已經懶得在酒標寫上法定產區的字樣。

單一年份或混合年份？

一般來說，香檳不會是單一年份。香檳在釀造時通常會混合不同年份的基酒，如此一來才能確保每家廠商每年生產的香檳品質，以及代表其品牌的獨特風格。若某年的採收狀況特別好，生產者便會單獨用該年採收的葡萄來釀造年份香檳。年份香檳個性較鮮明，並且擁有數十年的優秀陳年潛力，價格也較一般香檳高上許多。

甜或不甜？

大部分香檳會在裝瓶前進行補糖的動作，糖分甜度從每公升 0 公克一直到每公升超過 50 公克都有，這麼做可以讓香檳產生完全不同的口感。根據添加的糖分多寡可分為完全無添加糖（nature 或 non dosé）、超級不甜（extra-brut）、不甜（brut）、微甜（sec）、半甜（demi-sec）、濃甜（doux）。前三個等級的香檳喝起來相當爽口、充滿自己的個性，適合做為開胃酒；後三個等級因為甜味明顯，可以代替甜白酒來搭配甜點。

品牌或生產者？

香檳區是一個以品牌主導的地區，有許多名聲響亮的大品牌將香檳行銷到世界各地，隨時隨地提供品質穩定良好的香檳給消費者。為了應付龐大的需求，香檳酒廠大多得向不同的葡萄農大量購買葡萄。

但是某些香檳品牌實在缺少個性，如果想要喝一些讓人印象深刻或物美價廉的香檳，得從規模較小的香檳酒廠開始尋找。市面上較難找到小酒廠的香檳，理想的狀況是直接預約參觀這些小香檳廠。如果能和一位值得信賴的香檳區酒農交上朋友，肯定會讓你的朋友非常忌妒，因為他們能買的都是既昂貴而且超市就能找到的香檳。

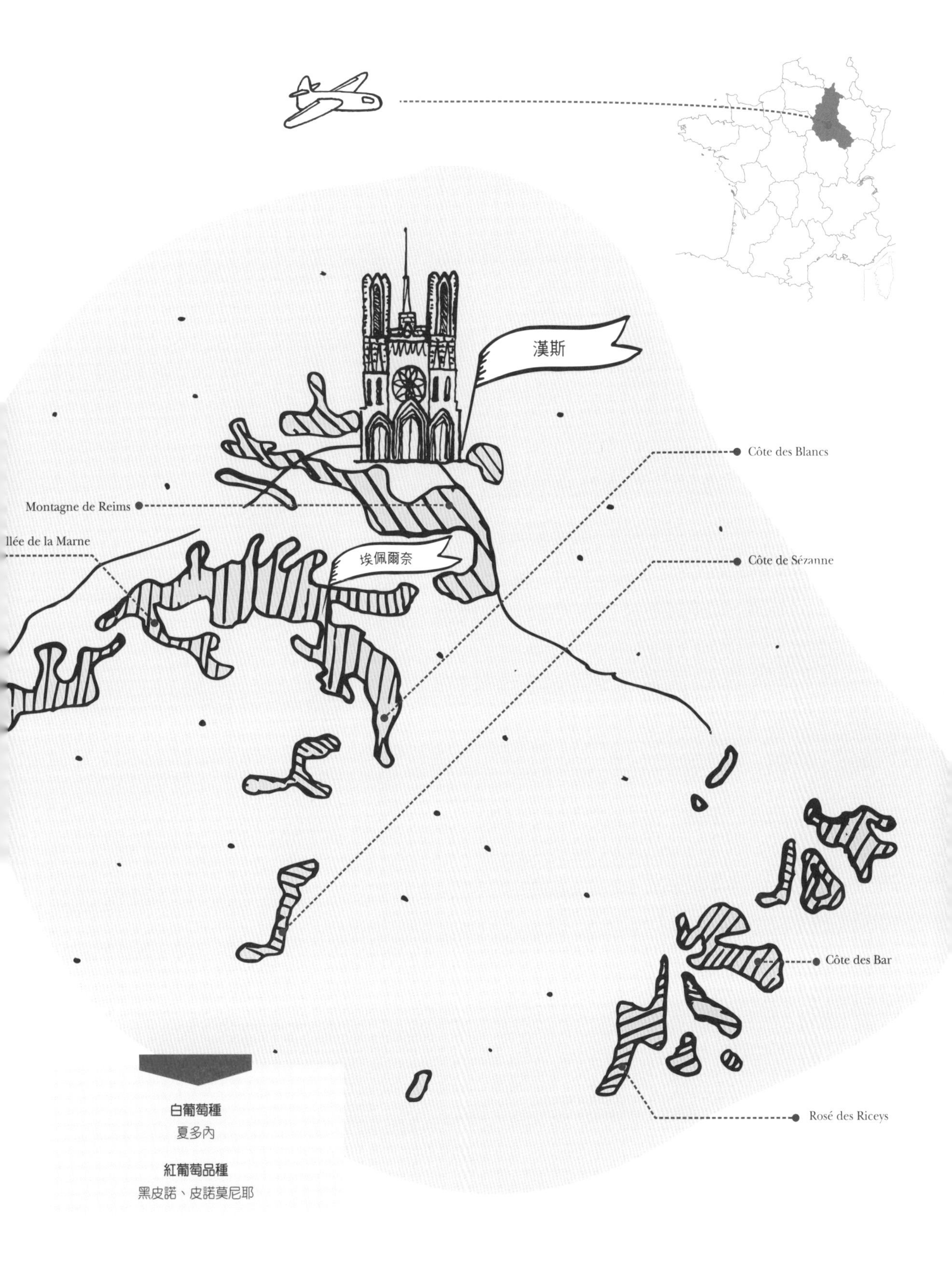

漢斯
Côte des Blancs
Montagne de Reims
llée de la Marne
埃佩爾奈
Côte de Sézanne
Côte des Bar
Rosé des Riceys
白葡萄種
夏多內
紅葡萄品種
黑皮諾、皮諾莫尼耶

隆格多克 - 胡西雍 / Languedoc-Roussillon

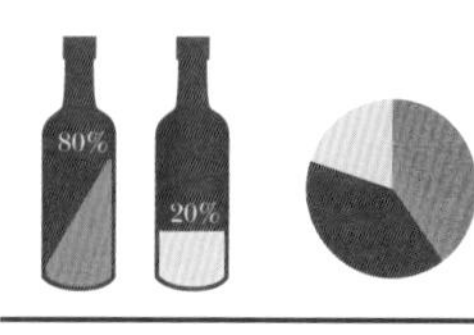

紅酒與粉紅酒：80%
白酒：20%

無論在葡萄酒產量或葡萄種植面積，隆格多克 - 胡西雍在法國都是排名第一（約佔全國總產量的40%），它的範圍從隆河丘的尼姆（Nîmes）一直延伸幾乎到了西班牙邊境。不論是白酒、紅酒、粉紅酒，各種甜度的葡萄酒在這裡都找得到。

你該知道的事

此區的產量一直以來都凌駕於品質之上，所以當地酒農努力的目標，就是提供消費者充滿魅力與個性的葡萄酒。目前已經有不少表現優異、品質高但價格相對合理的產品，像是利慕產區的白酒，高比耶與 Pic Saint-Loup 產區的紅酒，或是廣受消費者信賴與讚賞的天然甜葡萄酒（VDN）。

風味

當你發現此區種植的葡萄品種，與南邊的隆河谷地幾乎相同時，不必太驚訝。你要知道，只有粗獷的卡利濃（carignan）葡萄才能代表隆格多克 - 胡西雍的特色。珍貴的卡利濃「老藤」能夠釀出質樸飽滿、帶礦石風味，讓人驚艷的紅酒。在白酒方面，除了越來越受注目的夏多內，各種白葡萄也能共同調配成口感濃郁飽滿，同時帶有熱帶水果、榛果與白色花卉等香氣的精彩白酒。

法定產區

受土質與海拔影響，來自聖西紐、佛傑爾及密內瓦這三個法定產區的葡萄酒，通常比高比耶、隆格多克及胡西雍丘產區的酒更圓順柔軟，同時也更清爽細緻。其餘產區皆能釀出此地招牌的堅硬酒體，以及令人難忘的香料氣息，例如圍繞在葡萄園周圍的迷迭香、月桂葉和矮灌木。在隆格多克的十七個法定產區，例如 La Clape 或 Pic-Saint-Loup，都可以發現驚喜酒款。然而真正決定葡萄酒品質的還是葡萄酒農。你只需要花一點時間，就會發現這個地區有不少好東西。

天然甜葡萄酒

隆格多克 - 胡西雍生產世界知名的天然甜葡萄酒。以蜜思嘉（muscat）葡萄為主的天然甜白酒（產區包括 muscat de Lunel、muscat de Mireval、muscat de Frontignan、muscat de Rivesaltes）展現了濃郁的香氣與優雅口感；天然甜紅酒（產區包括莫利和班努斯）則有可可、咖啡、甘草、無花果、蜜餞、杏仁與榛果等風味，帶著滑膩飽滿的口感，其複雜度可與優秀的葡萄牙波特酒（Porto）匹敵。

白葡萄品種

夏多內、克萊雷特（clairette）、白格那希（grenache blanc）、布爾朗克（bourboulenc）、皮朴爾（picpoul）、馬姍、胡姍、馬卡貝歐（macabeu）、莫札克（mauzac）、蜜思嘉

紅葡萄品種

卡利濃、希哈、格那希、仙梭（cinsault）、慕維得爾、梅洛

ères 佛傑爾
-Chinian 聖西紐
ervois 密內瓦
bières 高比耶
ardès
s de
père
oux
y 莫利
altes
雍丘
s du Roussillon
Coteaux du Languedoc
Clairette du Languedoc
尼姆
Costières de Nîmes
Muscat de Frontignan
Fitou
佩皮尼昂
Côtes du Roussillon Villages
Collioure
Banyuls 班努斯

普羅旺斯 / Provence、科西嘉島 / Corse

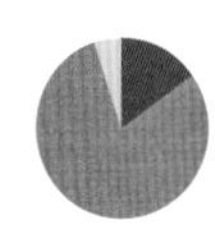

粉紅酒：80%
紅酒：15%
白酒：5%

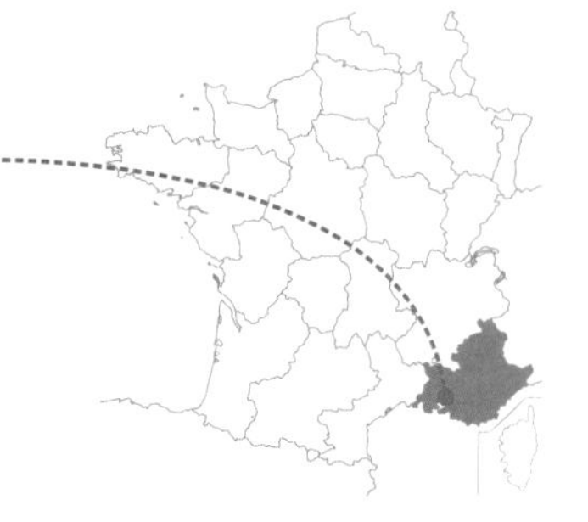

粉紅酒為主

「適合假期品飲的葡萄酒」，是這裡一直努力營造的形象，與蔚藍的海水、嘹亮的蟬鳴、紫色薰衣草、橄欖與粉紅酒，共同打造出普羅旺斯的鮮明特色。普羅旺斯生產的粉紅酒除了佔全法國產量的一半，同時也是全世界粉紅酒的主要供應來源。然而逐年成長的粉紅酒已經壓縮到此區其他葡萄酒的生產量，雖然品質毋庸置疑，可惜的是，此區清脆爽口的白酒與複雜且具有陳年潛力的紅酒，都將被粉紅酒的光芒掩蓋。

來自巴雷特與伯雷兩個法定產區的白酒表現突出，口感優雅細緻，帶有此區獨特的侯爾（rolle）葡萄的招牌香氣（茴香、八角、椴樹花）。波 - 普羅旺斯當地的酒濃使用有機農法和自然動力農法來種植葡萄，釀出來的紅酒口感強勁厚實，帶著辛香料風味，需要數年的時間熟成軟化。來自邦多、以慕維得爾（mouvèdre）釀造的紅酒，是此區最優秀的紅葡萄酒，經過十來年的陳放將會散發出黑松露、森林地被、桑葚及甘草等風味。

選酒

粉紅酒簡單易飲，充滿草莓、覆盆子、水果糖等濃郁香氣，適合在暑假飲用。就算夏天結束後，仍然可以找到結構更複雜，漫著花香、野生草本香草、薄荷、蒔蘿等香氣的粉紅酒，也更容易與精緻料理相互匹配。

白葡萄品種

侯爾（或稱維門替諾）、白格那希、克萊雷特、布爾朗克（bourboulenc）、白于尼（ugni blanc）

紅葡萄品種

卡利濃、希哈、格那希、仙梭、慕維得爾、卡本內蘇維濃

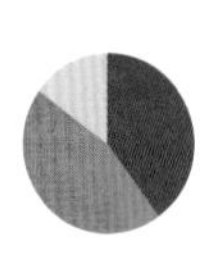

粉紅酒：45%
紅酒：40%
白酒：15%

科西嘉島生產的白酒具有細緻的香氣，揉合了新鮮的野生草本香草、灌木與花卉等風味，其輕巧與純粹值得受到注意。來自巴帝歐尼摩法定產區的紅酒知名度不輸白酒，科西嘉角以蜜思嘉釀造的天然甜葡萄酒也正迅速竄紅。

白葡萄品種

維門替諾、蜜思嘉

紅葡萄品種

尼陸修（nielluccio）、西亞卡列羅（siaccarello）、格那希

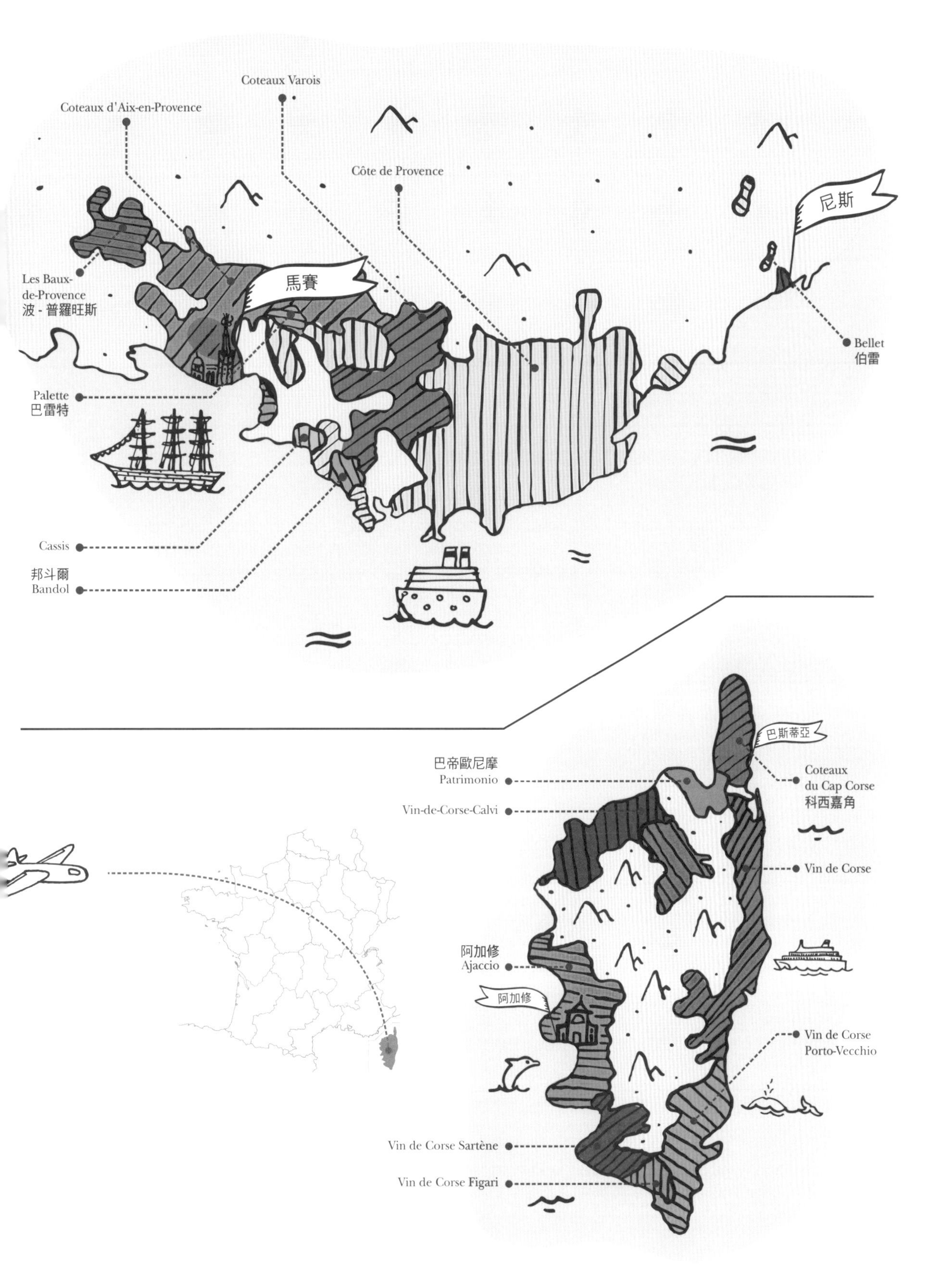
Coteaux Varois
Coteaux d'Aix-en-Provence
Côte de Provence
尼斯
Les Baux-
de-Provence
波 - 普羅旺斯
馬賽
Bellet
伯雷
Palette
巴雷特
Cassis
邦斗爾
Bandol
巴斯蒂亞
巴帝歐尼摩
Patrimonio
Coteaux
du Cap Corse
科西嘉角
Vin-de-Corse-Calvi
Vin de Corse
阿加修
Ajaccio
阿加修
Vin de Corse
Porto-Vecchio
Vin de Corse Sartène
Vin de Corse Figari

法國西南產區

紅酒與粉紅酒：80%
白酒：20%

你該知道的事

法國西南部的葡萄酒產區分布得相當零散偏遠，從波爾多開始一直延伸到巴斯克地區（Pays Basque）。濃郁、熱情、質樸、討喜，是此區葡萄酒的共通特性，讓人眼花繚亂的葡萄品種也反映出當地複雜的土質結構。

物美價廉

本區葡萄酒品質爬升的速度比價格快得多，所以這裡有很多物美價廉的酒款等著消費者來挖寶。例如特別誘人的甜白酒，價格仍比波爾多便宜許多：蒙巴季亞克的甜酒經過一個世紀的過於甜膩後，終於恢復了該有的酸度；居宏頌法定產區的名聲持續攀升；Pacherenc-du-Vic-Bilh 生產的酒儘管價格十分便宜，複雜度與美味卻不容忽視。此區的不甜白酒價格也十分親民。紅酒方面，不論是口感柔順或適合陳年的好酒，價格都很實在。馬第宏產區除了某些明星城堡的酒價貴得離譜，其他具有陳年潛力的酒莊紅酒價格就合理多了。

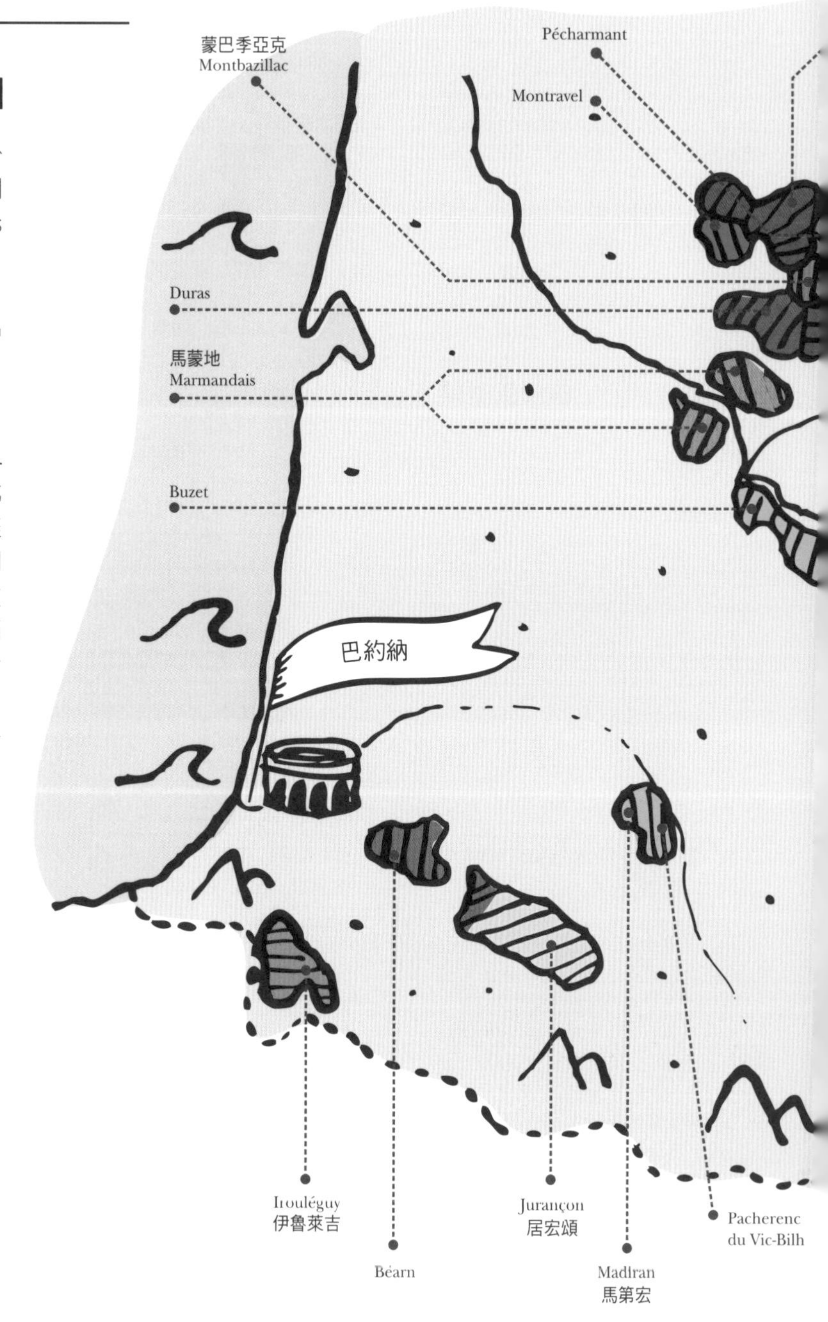

卡歐
Cahors
Marcillac
弗隆東丘
Côtes du Frontonais
加雅克
Gaillac
土魯斯

葡萄品種

在紅酒方面，貝傑哈克與馬蒙地兩個法定產區因為臨近波爾多，所以和波爾多同樣使用卡本內蘇維濃與梅洛兩種葡萄。在卡歐，馬爾貝克是此區的王者。弗隆東（Fronton）產區使用當地特有的內格瑞特（négrette）葡萄，而馬第宏則使用濃郁的塔那（tannat）葡萄。

釀造白酒所使用的葡萄品種也同樣讓人眼花繚亂，從北邊經典波爾多風格的白蘇維濃與榭密雍，一直到南邊有點奇特的小蒙仙（petit manseng）與大蒙仙（gros manseng）都有。

風味

土壤的組成成分會直接反映在葡萄酒上。因臨近波爾多，葡萄酒的風味也相似，或許還多了些敦厚。當樹藤越深入土壤，葡萄酒的風味就越結實豐厚，帶著更多辛香料氣息與複雜的口感。卡歐的葡萄酒有豐富的巧克力、可可與杏仁糖氣味；伊魯萊吉的酒則有野花與森林的香氣；弗隆東的內格瑞特葡萄則則帶著經典的紫羅蘭香味。

陳年

弗隆東與加雅克的葡萄酒較適合在年輕時飲用；馬第宏及卡歐的紅酒則需要多一點時間，讓特別堅硬與強烈的單寧變得柔軟，經過十到二十年的成熟之後，它們的表現總是令人讚嘆。

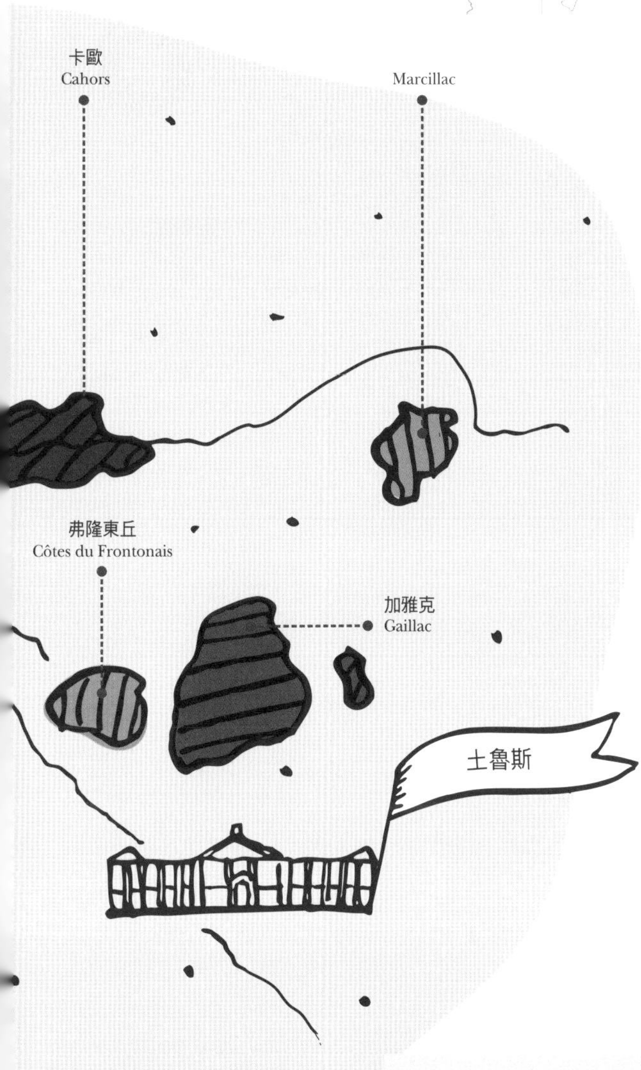

白葡萄品種

白蘇維濃、榭密雍、蜜思卡岱勒（muscadelle）、莫札克、古爾布（courbu）、小蒙仙、大蒙仙

紅葡萄品種

卡本內蘇維濃、卡本內弗朗、梅洛、馬爾貝克、塔那、內格瑞特、費爾塞瓦都（fer servadou）

羅亞爾河谷地 / Vallée de la Loire

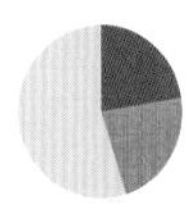

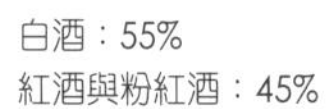

你該知道的事

羅亞爾河谷是法國占地範圍最廣的葡萄酒產區，從靠近大西洋岸邊的南特市（Nantes），一直延伸到東邊的奧爾良（Orléans）與布爾吉（Bourges）。

此產區生產各種類型的葡萄酒：白酒、紅酒、粉紅酒、甜酒與氣泡酒。許多年輕酒農來此發展，讓我們可以在此區品嚐到各種類型、各種價位的精緻葡萄酒。羅亞爾河可劃分為四大產區：南特地方、安茹、都漢與羅亞爾中央區，每區皆各有特色。

四大產區

這裡有大大小小的葡萄園，法定產區數量非常多，只是沒有分等級。每個法定產區釀出來的葡萄酒風味截然不同，每區也都有各自適合的葡萄品種。

南特地方

這裡是蜜思卡得（muscadet）的天堂，此款酒以其葡萄品種得名，又稱為勃根地香瓜（melon de Bourgogne）。從前人們嫌它口感平淡，現在釀造技術改進之後，為此地注入全新的活力。指定法定產區生產的蜜思卡得非常不甜、酸度很高，優良的品質經得起數年時間考驗，算是最物超所值的開胃酒。此外，在 Coteaux d'Ancenis 產區可以找到使用加美葡萄釀造、輕巧活潑的紅酒。

安茹、梭密爾、都漢

此區的葡萄酒架構結實飽滿。以白梢楠為主釀成的白酒，無論甜還是不甜，香氣都濃郁得驚人。不甜的白酒總是價格親民不傷荷包，雖然品質優良，卻沒有太多人認識，讓人為它抱屈。至於甜白酒經過數十年的陳放，將展現無與倫比的白色花香、蜂蜜、榲桲等複雜香氣。當然，此區的白梢楠也能釀造細緻的氣泡酒。

以卡本內弗朗釀造的紅酒可以陳放二至十年，經常帶著覆盆子與草莓香氣，口感新鮮、圓順易飲，不難在巴黎小酒館的餐桌上見到它。來到此區也可以找一些以加美釀造、更簡單順口的紅酒來喝喝。但是標上「rosés d'Anjou」的粉紅酒則乏善可陳。

羅亞爾中央區

白蘇維濃是此區的王者，如果你在都漢發現了不錯的白蘇維濃，一定也是從這裡來的。尤其是松塞爾的白酒，青草嫩芽、檸檬、葡萄柚等濃郁的香氣令人印象深刻，讓它在全世界享有盛名。不過此區的價格早已隨著名氣水漲船高，若想買到價格實惠的葡萄酒，得往附近的產區如 Ménetou-Salon 或 Reuilly 尋找了。此區的紅酒與勃根地相同，都是以黑皮諾為主，柔順富果香，可以拿來搭配魚肉料理。

白葡萄品種

勃根地香瓜、白梢楠、白蘇維濃、夏多內

紅葡萄品種

卡本內弗朗、加美、黑皮諾

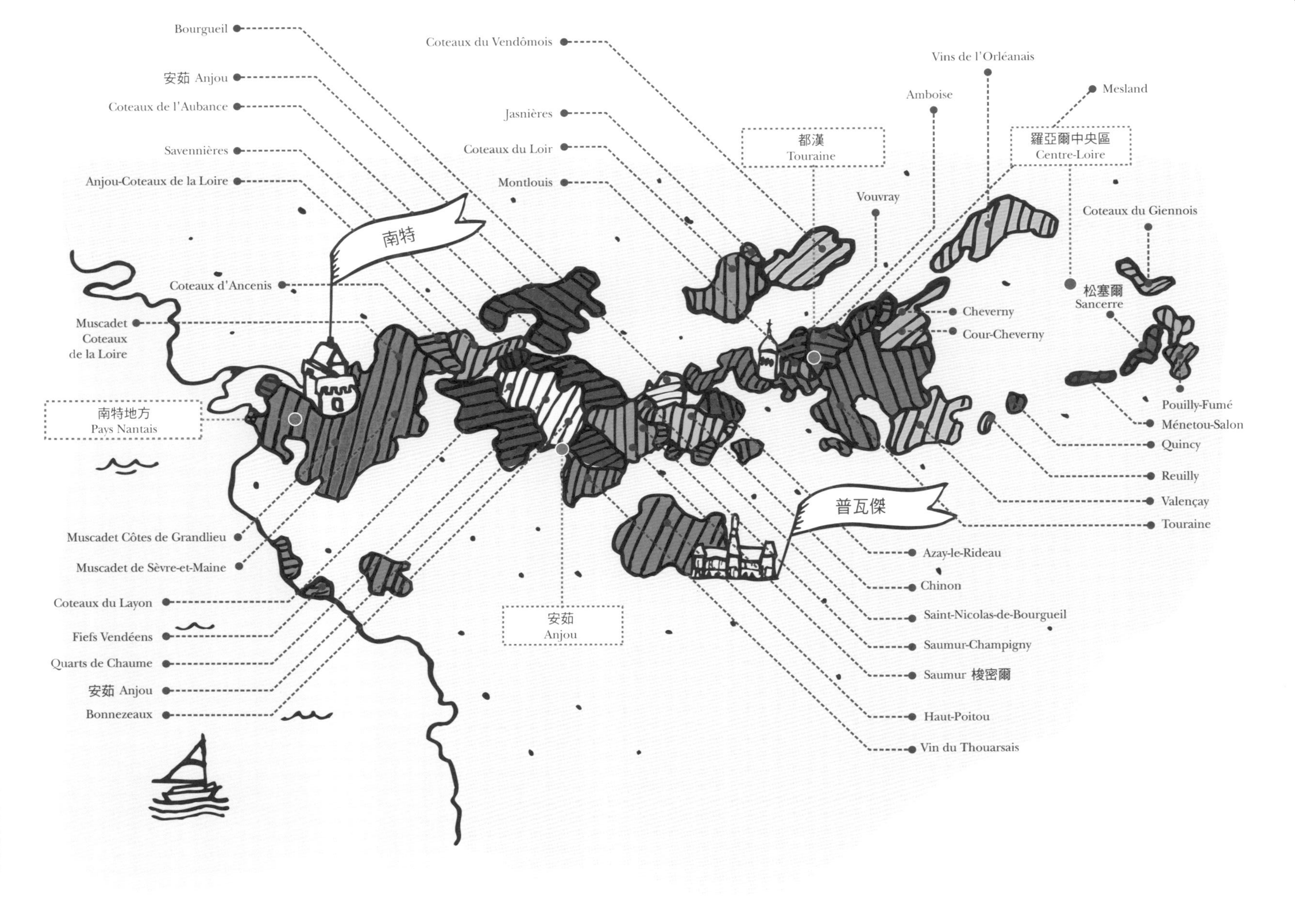
Bourgueil
安茹 Anjou
Coteaux de l'Aubance
Savennières
Anjou-Coteaux de la Loire
Coteaux du Vendômois
Jasnières
Coteaux du Loir
Montlouis
南特
Coteaux d'Ancenis
Muscadet Coteaux de la Loire
南特地方
Pays Nantais
Muscadet Côtes de Grandlieu
Muscadet de Sèvre-et-Maine
Coteaux du Layon
Fiefs Vendéens
Quarts de Chaume
安茹 Anjou
Bonnezeaux
安茹
Anjou
都漢
Touraine
Vouvray
Amboise
Vins de l'Orléanais
Mesland
羅亞爾中央區
Centre-Loire
Coteaux du Giennois
松塞爾
Sancerre
Cheverny
Cour-Cheverny
Pouilly-Fumé
Ménetou-Salon
Quincy
Reuilly
Valençay
Touraine
普瓦傑
Azay-le-Rideau
Chinon
Saint-Nicolas-de-Bourgueil
Saumur-Champigny
Saumur 梭密爾
Haut-Poitou
Vin du Thouarsais

隆河谷地 / Vallée du Rhône

紅酒與粉紅酒：90%
白酒：10%

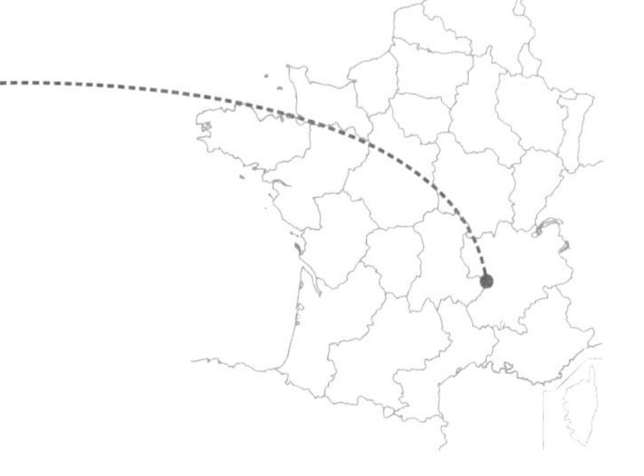

產區與品種

隆河谷地的葡萄園可劃分成南北兩區：以瓦隆斯（Valence）為分界點，以北為北隆河區，以南稱為南隆河。

北隆河生產以希哈品種葡萄單獨釀造的紅酒，白酒則以維歐涅為主、馬姍和胡姍為輔。南隆河出產的酒則混合相當多不同的葡萄品種，例如教皇新堡出產的紅酒就混合了多達十三種葡萄。除了白酒、粉紅酒與紅酒，我們還可以在隆河谷地找到天然甜葡萄酒：天然甜白酒以蜜思嘉釀造（產區：Muscat de Beaumes-de-Venise），天然甜紅酒則以格那希為主（產區：哈斯多）。此區也可以品嚐到以蜜思嘉與克萊雷特兩種葡萄釀造的克萊雷特氣泡酒（Clairette de Die）。

白葡萄品種

維歐涅、馬姍、胡姍、克萊雷特、布爾朗克（bourboulenc）、皮朴爾（picpoul）、白格那希、白于尼

紅葡萄品種

希哈、格那希、慕維得爾、卡利濃、仙梭、古諾斯（counoise）、瓦卡黑斯（vaccarèse）

風味

在北隆河地區，以希哈釀造的紅酒通常帶著胡椒與黑醋栗的香氣，口感較為強勁，單寧感較重但卻不失高雅。此地紅酒在年輕時單寧相當緊澀，需要數年時間來柔化。南隆河的葡萄酒也同樣強勁，甚至更濃烈，混合了格那希之後則會變得較圓潤優雅一些。在南北兩大陣營中，有幾個超級明星產區，像是北部的羅第丘與艾米達吉，南部的教皇新堡等。

至於白酒部分，北隆河的白酒品質優異，尤其是恭得里奧與格里業堡兩處法定產區的白酒，擁有全世界最濃郁的香氣：維歐涅葡萄賦予它花香、奶油及杏桃的獨特風味。相較之下，南隆河的白酒質量參差不齊：表現好的時候，可以聞到蜂蠟、洋甘菊與細緻的草本香草氣息；但要是遇上過熱的年份，口感就會變得肥膩。

同樣的情形也發生在粉紅酒上，例如塔維爾生產的著名粉紅酒，只要戒掉厚重的酒體，喝起來便十分可口。

最後，請注意酒精濃度！此區濃度超過15%的葡萄酒可不少，酒精與單寧被圓潤厚實的酒體包裹隱藏得很好，讓人一不小心就喝得很快……也醉得很快！

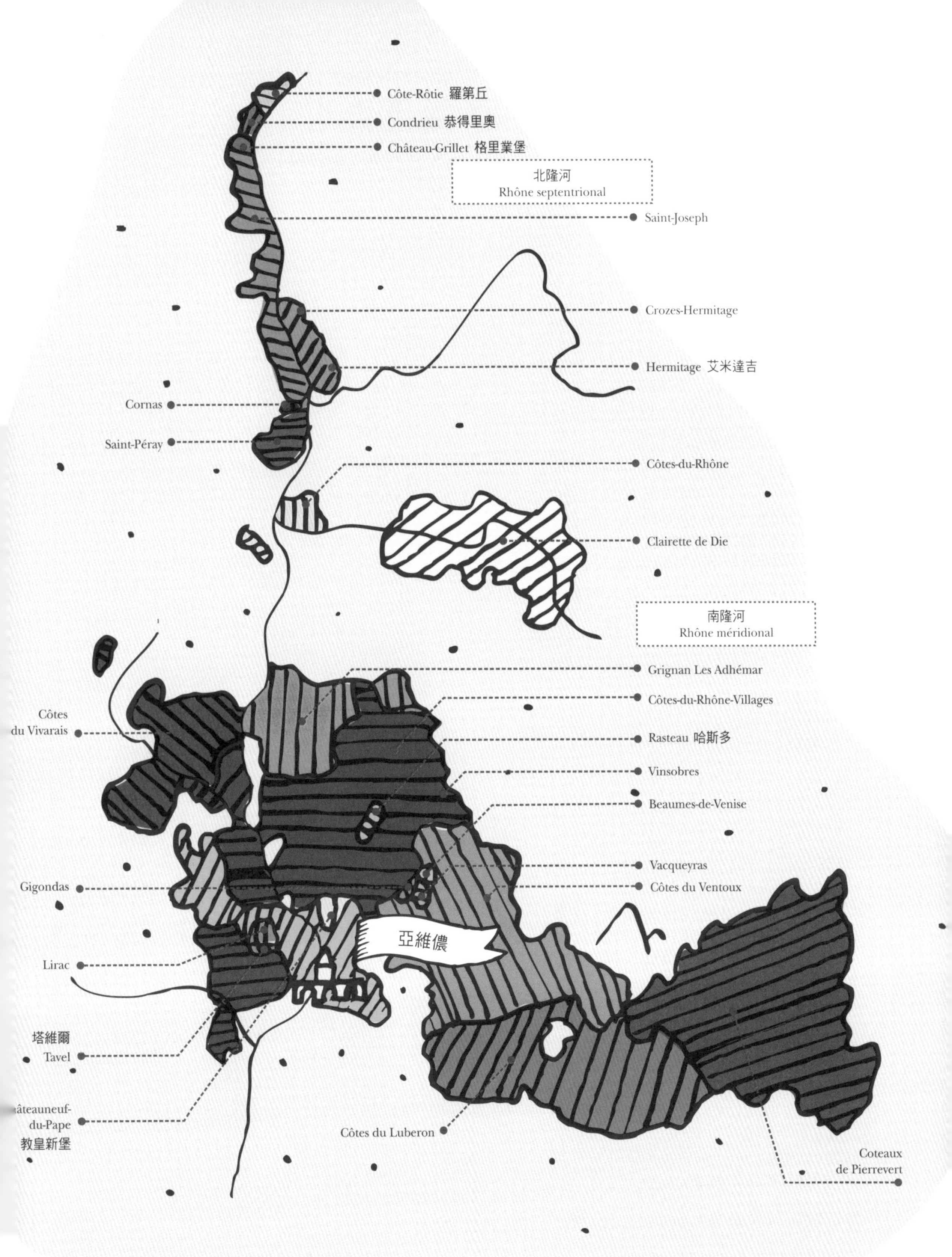
Côte-Rôtie 羅第丘
Condrieu 恭得里奧
Château-Grillet 格里業堡
北隆河
Rhône septentrional
Saint-Joseph
Crozes-Hermitage
Hermitage 艾米達吉
Cornas
Saint-Péray
Côtes-du-Rhône
Clairette de Die
南隆河
Rhône méridional
Grignan Les Adhémar
Côtes-du-Rhône-Villages
Rasteau 哈斯多
Vinsobres
Beaumes-de-Venise
Côtes
du Vivarais
Vacqueyras
Côtes du Ventoux
Gigondas
亞維儂
Lirac
塔維爾
Tavel
âteauneuf-
du-Pape
教皇新堡
Côtes du Luberon
Coteaux
de Pierrevert

法國其他地區

侏羅

侏羅區的葡萄酒有股神聖難以模仿的特質，最著名的莫過於氧化培養數年、散發著堅果香氣的黃酒（vin jaune）。此外也有使用夏多內與莎瓦涅（savagnin）兩種葡萄釀製（單獨或混釀）、結合了細緻花香與濃郁辛香料風味的經典白酒。

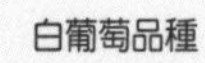

白葡萄品種
夏多內、莎瓦涅

紅葡萄品種
普沙、土梭（trousseau）、黑皮諾

布傑

地處侏羅、薩瓦與勃根地三區交疊處，氣泡酒、白酒、粉紅酒與紅酒皆有生產。其中以蒙得斯（mondeuse）、黑皮諾、加美與侏羅產區的普沙（poulsard）等品種混釀的紅酒，更能看出其深受上述三地的影響。儘管如此，它仍是一款口感強勁、充滿個性的好酒。

洛林

以圖爾生產的淡粉紅酒（gris de Toul）*著稱，在摩塞爾（Moselle）也生產風格接近阿爾薩斯的白酒。

＊法文的灰色（gris）在這裡指的是淡紅色，來自壓榨葡萄時短暫地從葡萄皮釋出的顏色。

奧維涅

經常被認為是羅亞爾河流域的一部分，此地種植的黑皮諾與加美葡萄最令人感興趣。在聖普爾桑（Saint-Pourçain-sur-Sioule）與奧維涅丘（Côtes d'Auvergne）兩地皆有清爽、富果味的紅酒，受到土壤或酒農技術影響，偶爾會有較結實的酒體出現。胡密谷（Côte Roannaise）同樣也有釀造果味奔放的紅酒與粉紅酒。

薩瓦

薩瓦區出產的白酒酸度相當高，搭配當地名菜乳酪風度鍋卻十分契合；以貝傑宏（bergeron，胡姍在薩瓦區的別名）釀造的白酒則口感圓潤，與魚肉料理是絕配。紅酒具有野生莓果、胡椒、濕土等氣味，開瓶前最好多給它幾年的時間在酒窖裡熟化。

白葡萄品種

阿爾迪斯（altesse）、阿里哥蝶、夏思拉（chasselas）、貝傑宏（胡姍）

紅葡萄品種

蒙得斯、加美、黑皮諾

德國

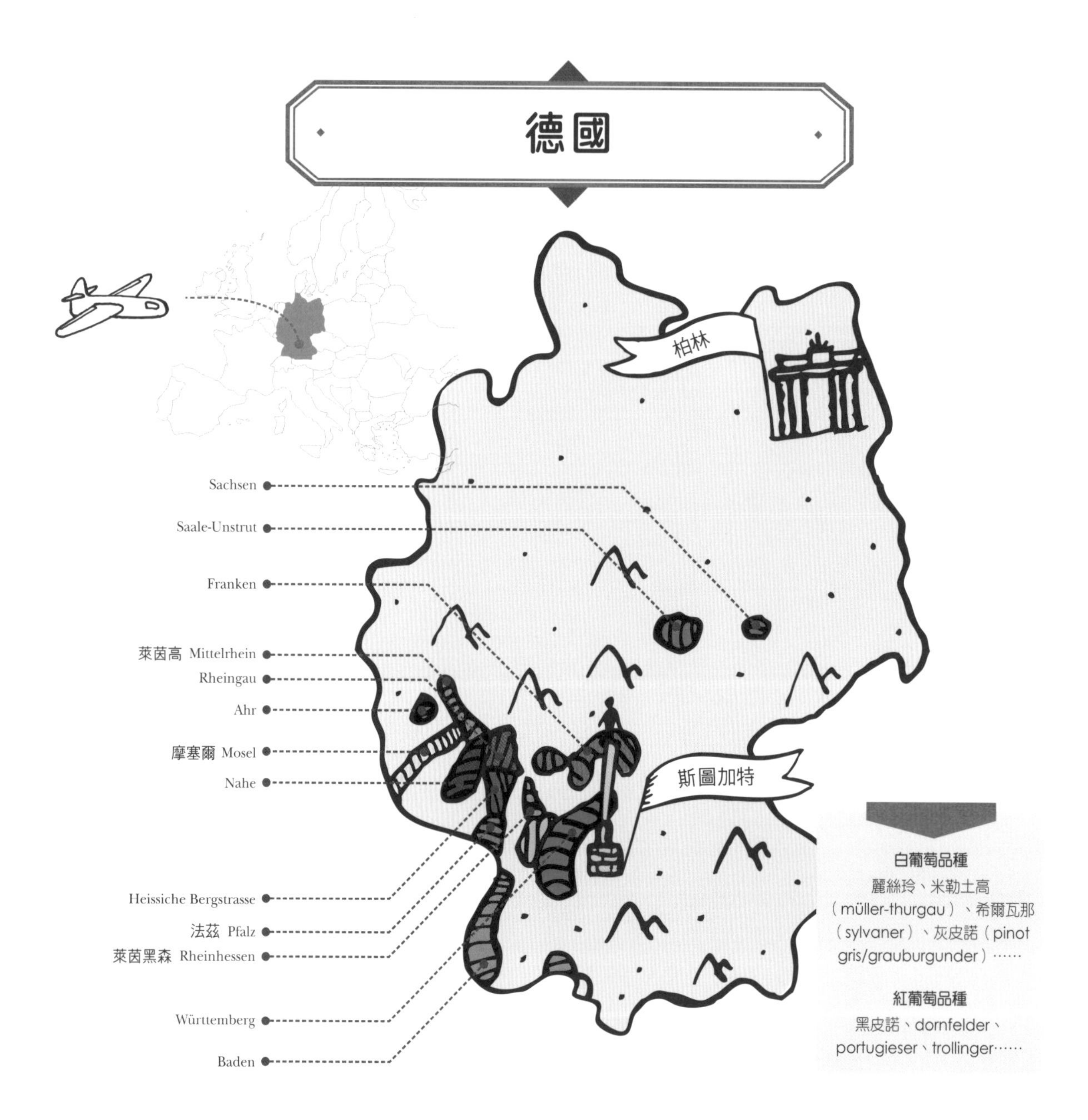

德國葡萄酒

德國的葡萄園分布在十三個地區，全都在氣候較溫暖的中部或南部。其實很少人知道，德國最偉大的白酒除了無與倫比的優雅，同時擁有驚人的酸度與不失均衡的甜度，還能經得起數十年陳年的考驗。不幸的是，也有不少劣質酒品行銷於世界各地。為了避免混淆，德國人選擇了香氣獨特、喜歡嚴苛環境、需要細心照料的麗絲玲葡萄，它釀出來的酒完全反映出產地的土壤特性：幾個最著名的產區有摩塞爾河岸、萊茵高、萊茵黑森和法茲。德國的紅酒則是清爽富果實味。

甜度

德國的白酒大多帶有明顯甜味，依葡萄成熟度和甜度由低到高分成六個等級：一般成熟度（kabinett）、遲摘型（spätlese）、精選型（auslese）、逐粒精選（beerenauslese）、精選貴腐（trockenbeerenauslese）、冰酒（eiswein）。

瑞士

產區

瑞士夾在法國、義大利、德國三大葡萄酒生產國中間，其生產的葡萄酒也與他的鄰居們非常相似。法語區的葡萄園面積佔了全國的四分之三，其餘的幾乎都在北部靠近德國的德語區。在瑞士南部的提契諾州（Ticino）以梅洛葡萄著稱，瓦萊州則種植了許多當地才有的獨特葡萄品種，是個值得探索的迷人之地。

葡萄品種

瑞士是唯一了解夏思拉（chasselas，在瓦萊州稱為 fendant）葡萄美妙之處的國家，雖然它的香氣較不明顯，卻能搖身一變成為個性鮮明、散發青蘋果與蕨類香氣、適合年輕時飲用的精緻白酒。夏思拉的產量約佔全瑞士的 75%，某些優秀酒莊釀造的白酒，更能突顯此品種乾淨純粹的印象。紅酒則以加美或其親戚佳瑪蕾（gamaret）與黑佳拉（garanoir）為主，這些葡萄釀成的酒口感清爽，經常帶著果醬和野味等香氣。

鮮少出口

瑞士生產的葡萄酒價格較高，而且幾乎所有的瑞士葡萄酒都被瑞士人喝光了，這就是為什麼我們在其他國家很難發現瑞士生產的葡萄酒。

白葡萄品種

夏思拉、米勒土高、petite arvine、amigne

紅葡萄品種

黑皮諾、加美、梅洛、umagne、cornalin

義大利

義大利與法國一樣，擁有多樣、複雜、引人入勝的葡萄園，總是能讓葡萄酒愛好者驚喜連連。若說 1980 年代的義大利葡萄酒給世人的印象是價格不高又精巧迷人，那麼現在的義大利又重新登上精品酒業的榜單。如同那些充滿果香味、兼具強勁與細緻酒體、富有魅力的義大利紅酒，此地的氣泡酒也相當優秀。總而言之，義大利有各種風味和等級的葡萄酒，供全世界的品飲者選擇。

複雜多樣的風土條件

風格多樣的葡萄酒來自於變化無窮的地形與氣候；北部的石灰土和南部的火山土，也讓地處山坡的葡萄園受益良多。

為數眾多、遍佈全國各地的原生品種葡萄，同樣影響了義大利酒的風格：在義大利估計有超過一千種葡萄，其中約有四百種被允許用來釀酒，由此可見義大利的土地多樣性絕對不輸法國。但如此一來，錯綜複雜的法定產區經常連義大利人自己都搞不太清楚，更別說某些生產者的名稱有時比法定產區更重要了。

重要產區

義大利幾乎到處都有生產葡萄酒，每年都與法國上演冠軍爭奪戰，看誰能得到葡萄酒產量與外銷量世界第一的名次。

西北部

倫巴底地區、皮蒙區及奧斯塔谷地出產結構堅實的紅酒，其中最知名的就屬「酒王」巴羅洛（barolo）與「酒后」巴巴瑞斯科（barbaresco），兩者皆以單一葡萄品種內比歐露（nebbiolo）釀造而成，也同樣展現了強大的單寧與濃郁複雜的香氣（皮革、菸草、瀝青焦油、黑李、玫瑰花等）。若不想品嚐這麼重的單寧，除非能找到陳年超過十五年以上的葡萄酒，當然，老酒的價格可不便宜。巴貝拉（barbera）是此區名氣較小但種植更廣泛的葡萄品種，具有較高的酸度和柔軟的單寧；多切托（dolcetto）釀造的紅酒則帶有充沛果味與苦甜參半口感。

東北部

包含唯內多、弗里尤利與鐵恩提諾等產區，以生產輕盈優雅、簡單、適合作開胃酒與搭配輕淡菜餚的白酒聞名。除此之外，最有名氣的應該就是新鮮與活潑都不輸法國香檳的普羅賽柯氣泡酒（prosecco）。而同樣來自附近的瓦波利切拉（Valpolicella）產區則以生產較輕淡的紅酒著稱。

中部

托斯卡尼葡萄酒產量佔全義大利第一，這裡是山吉歐維榭（sangiovese）品種的天堂，品質不斷提升的奇揚地（Chianti）產區也因此種葡萄釀的酒而享有盛名。此區的葡萄酒與茄汁料理是最佳良伴，不過大部分的愛好者還是偏愛 brunello di montalcino 與 vino nobile di montepulciano 生產、架構嚴謹且帶有更多水果風味的紅酒。此區還有一種稱為「超級托斯卡尼」的葡萄酒，以法國波爾多葡萄（梅洛或卡本內蘇維濃）為底，加入義大利葡萄一起釀製，可惜價格也不是普通的高。

南部

這裡有許多超值好酒，價格不貴，當地特有的葡萄品種更表現出在地酒款的稀有風格。帶有胡椒風味的 primitivo、帶有杏仁香氣的 aglianico，再加上 negroamaro 及 nero d'avola 等品種，皆可釀造出品質優良的紅酒。白酒的表現優雅迷人，口感從不甜到甜都有。最後別忘了還有產自西西里島、大名鼎鼎的瑪莎拉酒（Marsala）。

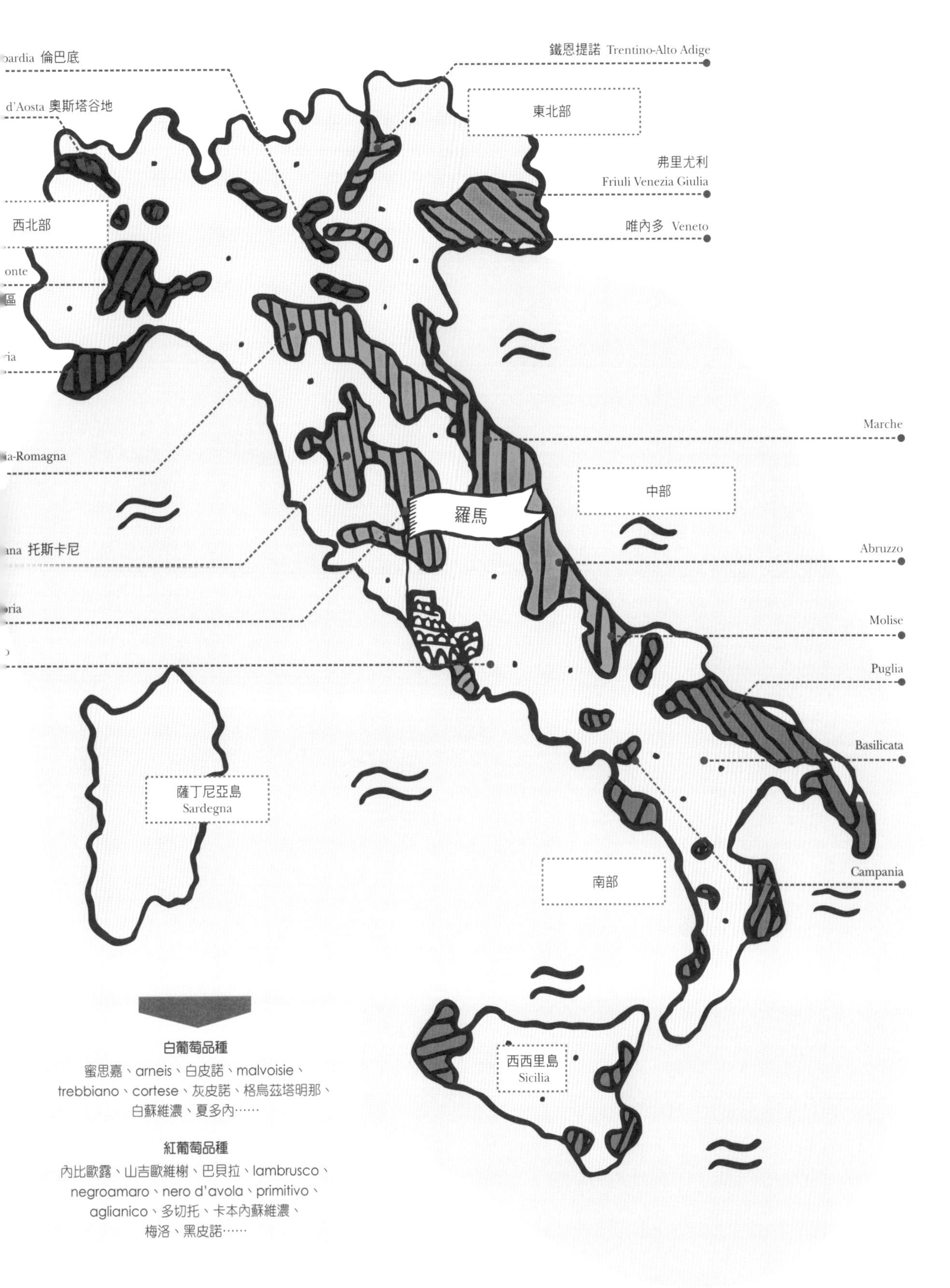
倫巴底
鐵恩提諾 Trentino-Alto Adige
d'Aosta 奧斯塔谷地
東北部
弗里尤利
Friuli Venezia Giulia
西北部
唯內多 Veneto
a-Romagna
Marche
中部
羅馬
托斯卡尼
Abruzzo
Molise
Puglia
Basilicata
薩丁尼亞島
Sardegna
Campania
南部
西西里島
Sicilia
白葡萄品種
蜜思嘉、arneis、白皮諾、malvoisie、
trebbiano、cortese、灰皮諾、格烏茲塔明那、
白蘇維濃、夏多內……
紅葡萄品種
內比歐露、山吉歐維榭、巴貝拉、lambrusco、
negroamaro、nero d'avola、primitivo、
aglianico、多切托、卡本內蘇維濃、
梅洛、黑皮諾……

西班牙

西班牙是全世界第三大葡萄酒生產國，其外銷量也是世界第三（2012年統計）。西班牙酒能在全世界銷售得如此成功，是因為他們懂得釀造各種類型的葡萄酒，從清淡易飲到深邃迷人、從簡單質樸到高貴知名的酒款皆有佳作。比起其他國家，西班牙的中價位葡萄酒有更多的果香與更圓滑醇厚的酒體，給人親切、愉悅、歡樂的印象，人們之所以愛喝西班牙葡萄酒，正是為了追求享受這樣的氣氛。

東北部

佩內得斯

此區生產圓潤強勁的白酒和濃郁的紅酒，但最令人耳熟能詳的是這裡的特產：卡瓦氣泡酒（cava）。卡瓦氣泡酒的生產程序仿效法國香檳（瓶中二次發酵），技術越釀越好，價格依然相當划算。享用的時機也與香檳一樣，無論是慶祝或當作開胃酒，或單純打發悠閒的時光都非常適合。

普里奧拉

此區生產的葡萄酒彷彿在諂媚重口味的葡萄酒愛好者一般，嚐起來幾乎都是超級濃郁、香氣熟美、酒體緊緻又可長時間保存，它的價格也隨著它的聲望在國際上水漲船高。

那瓦拉

那瓦拉葡萄酒的風格一直都很接近它的鄰居里奧哈葡萄酒：充滿果香、單寧滑順。事實上，那瓦拉的酒變化多端，我們可以在此區發現許多西班牙葡萄品種與國際主流品種，如此釀出來酒當然風格多元，從清脆爽口的白酒到橡木桶陳年的高級紅酒，各種等級都可以品嚐得到。

Navarra
那瓦拉

Somontano

佩內得斯
Penedés

Priorato
普里奧拉

Valencia
瓦倫西亞

Jumilla
胡米利亞

白葡萄品種

verdejo、albriño、白蘇維濃、蜜思嘉、parellada、macabeo、夏多內、malvisia……

紅葡萄品種

格那希、田帕尼優（tempranillo）、carinena、monastrell、卡本內蘇維濃……

北部與西北部

里奧哈

傳統的利奧哈紅酒相當出名，它的招牌特色是圓潤的口感、絲綢般的單寧，還有經典的香草與水果香氣。然而現在依照各個酒莊的風格，也有生產較輕淡或是更濃郁的葡萄酒。其實這裡也有生產一些口感強勁、帶著焦糖榛果風味的白酒。

斗羅河岸

斗羅河岸的葡萄酒是目前西班牙最炙手可熱的酒款之一，原因在於它結實的架構、深不透光的酒色以及口感複雜度。當然，價格也是深不見底。

多羅

比起斗羅河岸，多羅區生產的葡萄酒雖沒那麼複雜，但卻更扎實硬挺，而且相較於前者的高檔價位，此區的價格也比較讓人感興趣。

胡耶達

由此區最具代表性的葡萄品種 verdejo 釀造的白酒，口感清新、帶有明顯酸度和新鮮草本香草的風味。

中部與南部

拉曼恰

拉曼恰與巴爾德佩尼亞斯（Valdepeñas）的葡萄酒風格直率簡單、搭著新鮮果味，而且各種顏色都有。附近的曼雀拉（Manchuela）生產的酒體較為複雜，價格也較高。

赫雷斯

神奇雪莉酒的故鄉。與世界上其他的葡萄酒相反，雪莉酒最迷人的地方在於口感非常不甜、乾瘦，而且非常便宜。

葡萄牙

波特酒與馬德拉酒

葡萄牙能在全球葡萄酒市場參上一腳，絕對是因為他們生產了全世界最著名的加烈甜紅酒：波特酒（Port，或稱 Porto）。波特酒不但充滿陳年潛力，而且總是越陳越香。葡萄牙同時生產了另一種著名的馬德拉甜酒（Madeira），它的煙燻風味比波特酒更濃，口感沒波特酒那麼甜。這兩款甜酒在全世界受歡迎的程度，讓我們幾乎忘了其實葡萄牙也有不錯的紅酒與白酒。

其他葡萄酒

綠酒區生產的白酒酸度極高、口感清爽，適合夏日飲用，價格則是可笑的便宜。生產波特酒的斗羅河區，其紅酒口感濃郁、富有果香與辛香料風味；用釀造波特酒的多瑞加（touriga nacional）葡萄釀造出來的不甜紅酒，則充滿樹脂、桑葚和松樹風味。南部的阿連特茹生產的葡萄酒口感更圓潤、多果味，陳年之後更美味。

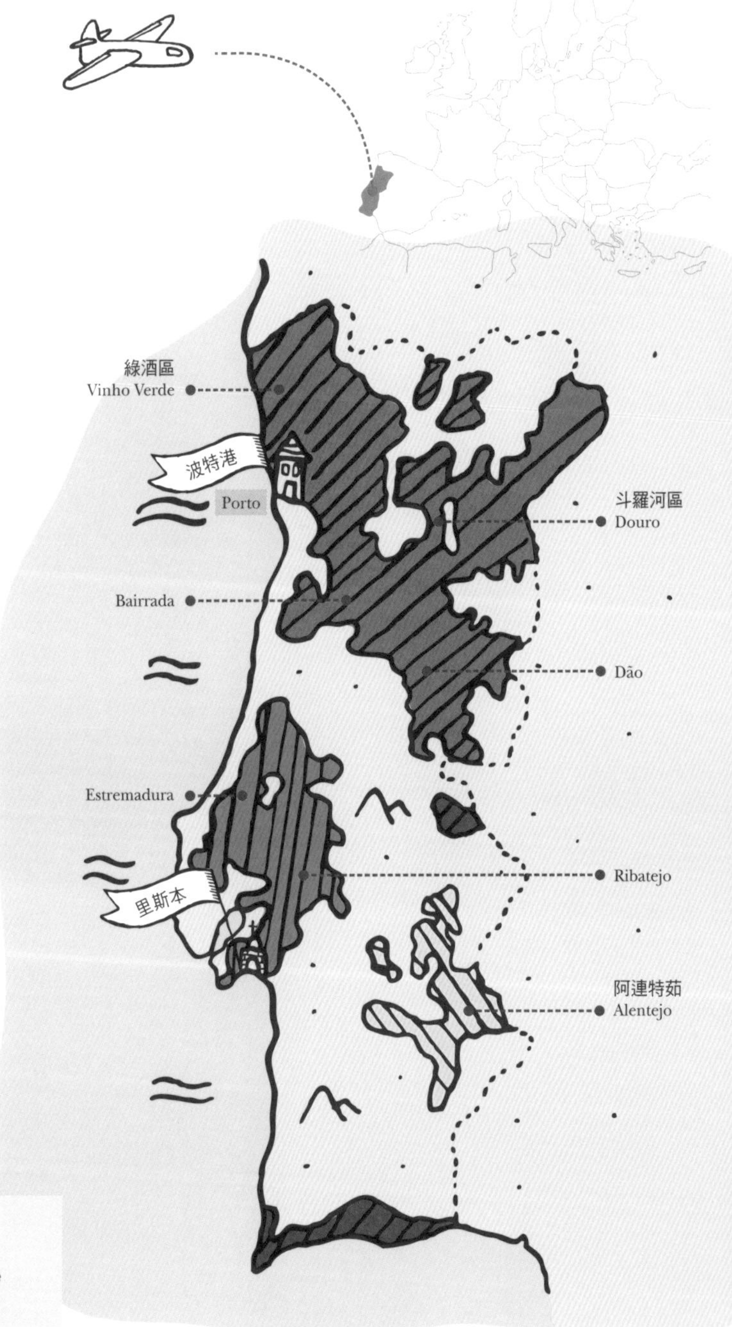

白葡萄品種

loureiro、trajadura、arinto、malvoisie

紅葡萄品種

多瑞加、tinta pinheira、tinta roriz、vinhão

希臘

希臘葡萄園一直生長在動盪混亂的時代，在中世紀時，希臘葡萄酒曾經是最搶手的物品，可惜從十五世紀到十九世紀中期希臘獨立後，葡萄園逐漸凋零。經過這數十年來的努力，希臘人運用當地原生的三百多種葡萄品種，重新塑造出希臘葡萄酒鮮明獨有的個性。現在我們可以找到種植於火山土壤、帶有純淨礦石風味的白酒。薩摩斯島以蜜思嘉釀造出名的甜酒，伯羅奔尼撒半島的高海拔地區生產濃郁、有陳年潛力的優質紅酒，馬奇頓地區也有產不錯的紅酒與粉紅酒。然而，希臘的經濟危機嚴重地影響到當地葡萄酒的銷量，也間接地影響了葡萄的種植。身為葡萄酒愛好者，由衷希望希臘能盡快恢復往日榮耀。

巴爾幹半島

保加利亞、斯洛維尼亞、塞爾維亞、羅馬尼亞……這些國家的古老葡萄園，在某些特殊的年份可以釀造出令人驚喜的葡萄酒。葡萄酒在巴爾幹半島有非常久遠的歷史，只是在共產政權執政時期，葡萄園大多荒廢了。幸運的是，過去十五年裡，有許多新銳酒廠重新出發，發掘當地被遺忘已久的葡萄品種，賦予它們全新樣貌。

舉例來說，塞爾維亞前首相（2003-2004）從政壇退出後，便轉行釀起葡萄酒！上個世紀的**塞爾維亞**出產不少富有個性且具陳年潛力的葡萄酒，如今有了年輕葡萄農相繼投入，讓奄奄一息的葡萄酒產業又充滿希望。

馬其頓共和國出產不錯的紅酒；**摩爾多瓦**受益於歐盟組織成員的好處，更新了國內的葡萄酒產業的現代化；**斯洛伐克**釀造的白酒越來越常出現在國際比賽中。**匈牙利**的托凱甜白酒（Tokaji），帶著蜂蜜香氣以及無與倫比的餘韻，幾乎可以陳年超過一個世紀，受到全世界的推崇；此外，當地也有生產其他口感不甜或甜的白酒，喝起來皆相當可口。

在相對遙遠的地中海東岸，塞浦路斯（Cyprus）島上有許多受到悉心照顧的葡萄園，出產的葡萄酒口碑極佳。除了不甜但口感濃郁的紅酒，島上最出名的還是將葡萄日曬風乾後釀造出來的卡曼達蕾雅甜酒（Commandaria）。

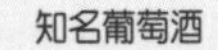

知名葡萄酒

匈牙利的托凱甜酒、
塞浦路斯的卡曼達蕾雅甜酒

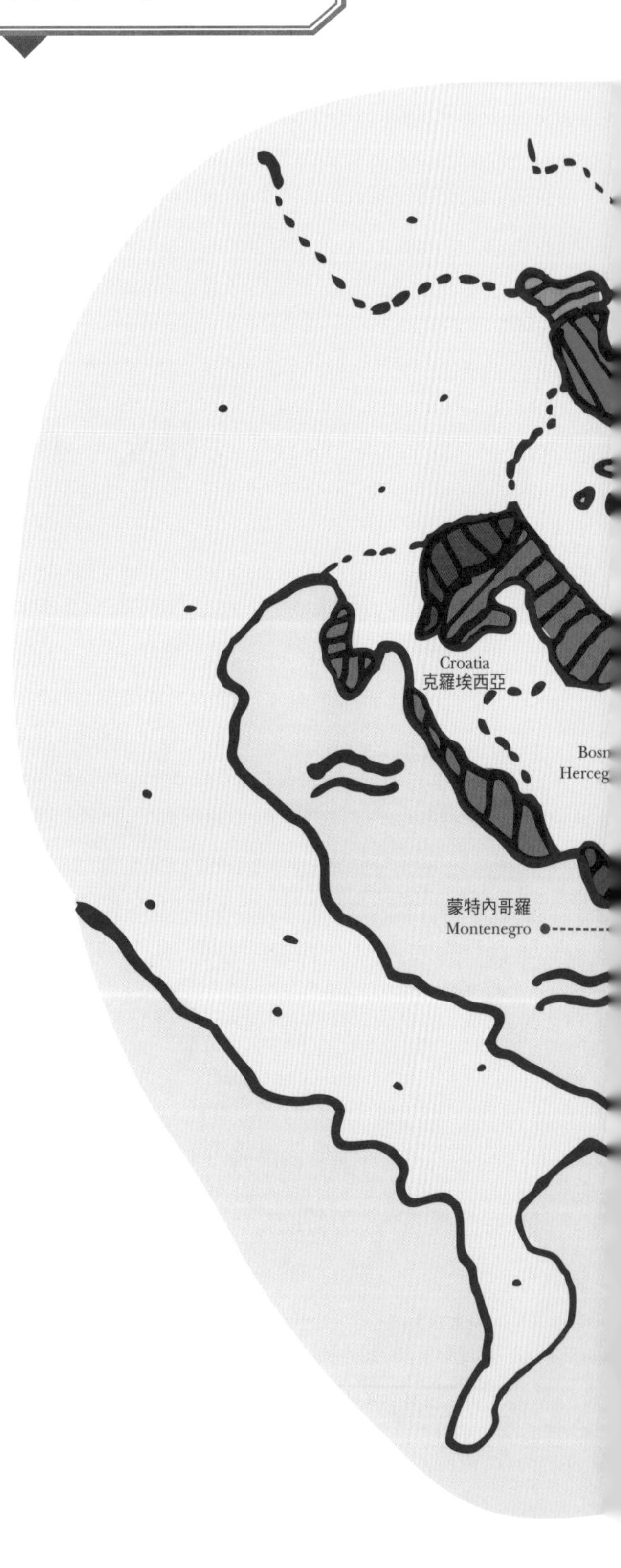

Moldova
摩爾多瓦
羅馬尼亞
Roumania
Serbia 塞爾維亞
保加利亞
Bulgaria
科索沃
Kosovo
馬其頓共和國
Macedonia

美國

美國是「新世界葡萄酒」的發源地，其風格與歐洲葡萄酒迥然不同：紅酒更甜美，白酒有更多的橡木桶與奶油風味，而且無論紅白酒的果香都更加奔放。這些我們一般定義為「現代酒」風格的做法也越來越常出現在法國某些葡萄園裡，證明了美國對於世界葡萄酒產業的影響力。雖然有些人指責這樣的風格太媚俗、太討喜，根本沒有葡萄酒自己的個性與複雜度，然而美國酒的優點是可以隨時享用，而且嚐起來令人愉悅。美國葡萄酒的小奇蹟其實是從 1970 年代末期才開始，如今，優秀的加州葡萄酒價格已能輕而易舉地追上波爾多列級酒莊。對收藏家來說，美國葡萄酒的品質早已毋庸置疑了。

加州

加州是美國最著名的葡萄酒產區，這也反映在加州葡萄酒的產量與品質上。面積狹長的加州從北到南都有葡萄園，氣候也十分適合釀造圓潤富果味的葡萄酒。其中名氣最響亮的產區非那帕谷莫屬，儘管酒價已經不便宜，仍然吸引大批遊客前往朝聖：這可是最熱門的酒莊之旅路線！

卡本內蘇維濃與梅洛是此地的經典，金芬黛（zinfandel）是另一個熱情洋溢、絕對值得好好認識的當地品種。在加州北部，靠近舊金山市的索諾瑪谷，生產了為數眾多但相對較為高雅的紅白酒。

沿著長長的海岸線往南一路走到洛杉磯，沿路上有許多葡萄園分佈在蒙特雷、聖路易斯歐比斯波與聖塔巴巴拉等郡，此處釀造出的酒體架構與價格都更現代，但總是順口易飲。

白葡萄品種

夏多內、白蘇維濃、麗絲玲

紅葡萄品種

梅洛、卡本內蘇維濃、希哈、格那希、金芬黛、皮諾黑、巴貝拉（barbera）

奧勒岡州與華盛頓州

相較於加州，北邊的奧勒岡州擁有更多風格清新的葡萄酒。此地的黑皮諾雖然比法國勃根地更甜美、更多些草莓風味，卻能同時發展出黑皮諾精緻高雅的一面。要注意的是，奧勒岡葡萄酒產量不大，所以價格並不便宜。

在奧勒岡州更北邊，圍繞著西雅圖市的華盛頓州，葡萄酒產量在全美國排名第二。當地葡萄園多集中在哥倫比亞谷，這裡的酒雖不及奧勒岡那般時髦引人注目，但價格相對划算許多。此地的麗絲玲、榭密雍、白蘇維濃、夏多內、卡本內蘇維濃與梅洛表現皆不俗。

中西部

俄亥俄、密蘇里、密西根，這三個州也有釀造葡萄酒！受限於氣候，這些地方的葡萄酒缺少酸度，不適合陳年。不過因為大量種植了受歡迎的國際葡萄品種，在當地隨處都能發現好喝易飲的年輕葡萄酒。

至於在德州，他們對葡萄酒產業下了一句標語：德州的葡萄酒將會成為未來的一件大事！

東岸

雖然很難相信，但紐約州確實有生產葡萄酒，而且產量緊追在華盛頓州之後。算一算，目前大概有一百五十家葡萄酒生產商，要和超過一千家葡萄汁生產商搶葡萄。事實上，這裡的葡萄很難完全成熟，常常得再添加糖分，只有不需要太成熟的麗絲玲與夏多內表現較佳。

智利

提到物超所值的酒款，很難不聯想到智利葡萄酒。智利葡萄酒多數是入門酒款，但隨開即飲，充滿熱情與辛香料卻不顯得沉重。智利極有可能是未來的葡萄酒明星產區，它擁有絕佳的氣候條件：強烈的日照帶來高溫，來自海洋的冷風會降低溫度與濕度，自安地斯山脈（Andes）襲來的冷空氣則為當地帶來涼爽的夜晚。此地的葡萄園大多有源自山脈的河水灌溉，貫穿而過的河流最後流入太平洋。

葡萄品種

智利種植的葡萄以國際主流品種為主，例如卡本內蘇維濃、梅洛、夏多內。唯一的例外是備受重視的卡門內（carmenere）葡萄，這個幾乎快要絕跡的品種，現在奇蹟似地成為智利高級酒的一分子。

產區

主要產區在聖地牙哥（Santiago）以南的中央谷地，但仍有為數眾多的副產區分散四處，出產風格多樣的葡萄酒。

白葡萄品種

夏多內、白蘇維濃、榭密雍、torontel

紅葡萄品種

梅洛、卡本內蘇維濃、黑皮諾、馬爾貝克、希哈、卡門內

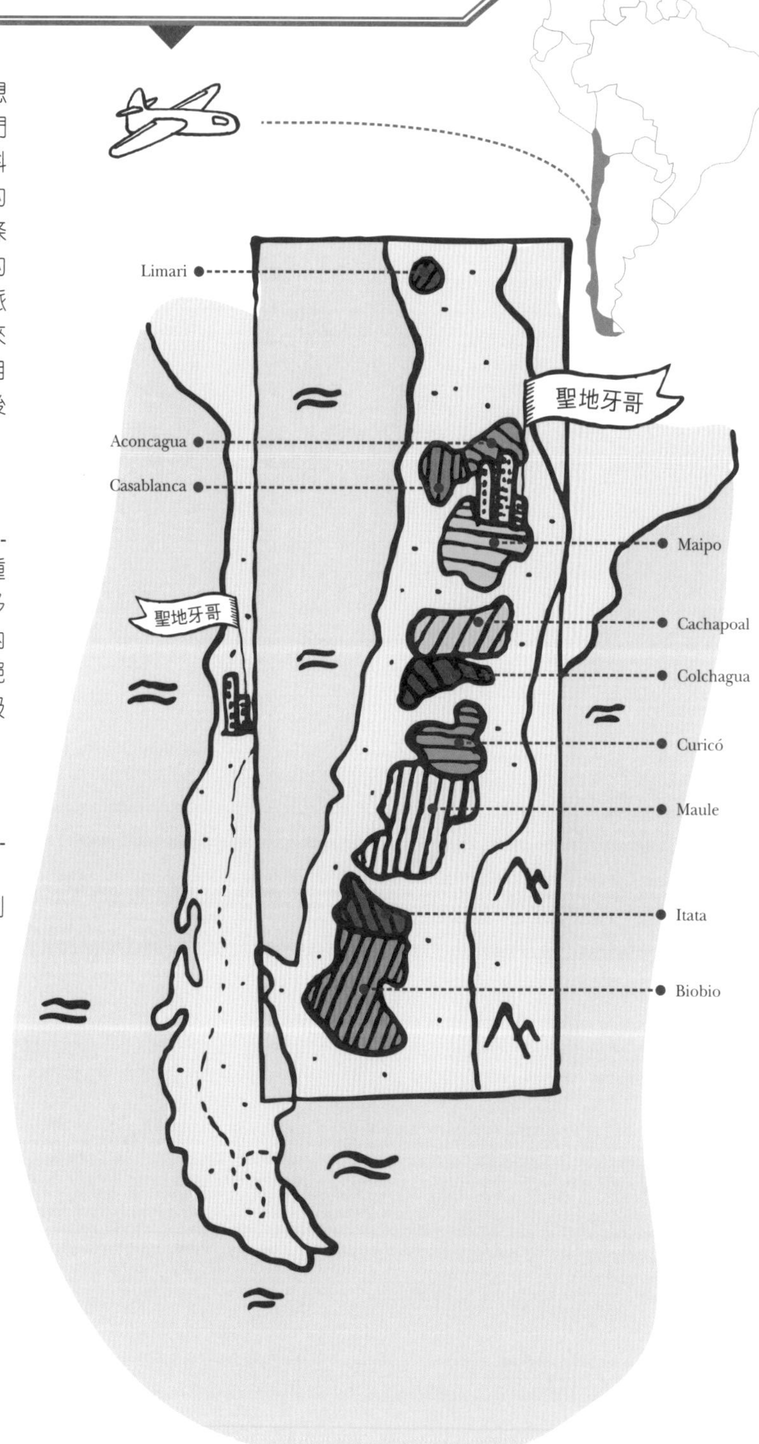

阿根廷

與智利相反，阿根廷位於安地斯山脈東側，大部分的葡萄園無法受益於太平洋的涼爽海風。但是生長在高海拔山區、享有最佳日照的葡萄園，還是可以釀出活潑的葡萄酒。一般說來，阿根廷的葡萄酒嚐起來比起智利的更濃郁也更扎實。

葡萄品種

馬爾貝克是阿根廷最有趣也最有名氣的葡萄品種，釀出來的酒成熟度高，風味也相當強勁。另外像是伯納達（bonarda）、梅洛、卡本內蘇維濃和希哈等需要大量陽光的葡萄品種，也都能在此一展長才。相反地，當地的白葡萄除了特別芳香的多倫特斯（torrontés）之外，其他品種皆表現普通。

產區

位於阿根廷中心的門多薩省，為該國主要的葡萄酒產區。另外在南部的巴塔哥尼亞高原（Patagonia），尤其在內羅格河省一帶，也生產了數量龐大的葡萄酒。

白葡萄品種

夏多內、多倫特斯

紅葡萄品種

馬爾貝克、伯納達、梅洛、卡本內蘇維濃、希哈、田帕尼優（tempranillo）、山吉歐維榭（sangiovese）、巴貝拉（barbera）

澳洲與紐西蘭

澳洲葡萄酒的先天限制

澳洲葡萄酒的一切都與人力和技術息息相關，他們戰勝惡劣氣候，實現了釀造偉大葡萄酒的壯舉。大約在十八世紀末期，葡萄開始被種植在這片大陸上。我們說不同的土壤及風土條件，造就出不同個性的葡萄酒，然而密集的灌溉、架設防止鳥蟲的帳幔、採收專用的低溫冷藏設備及低溫發酵等技術，才是讓澳洲葡萄酒獲得全世界欽佩的主因。為了馴服惡劣環境而付出的龐大努力總算有了回報，澳洲人釀出了獨樹一格、品質毫不妥協的葡萄酒，在全世界的葡萄酒市場建立起不容忽視的名聲與影響力。

澳洲葡萄園

葡萄藤幾乎都生長在氣候較溫和的西南與東南區，但即使在澳洲最涼爽的地區，葡萄仍然可以輕易達到十分成熟的程度，為了減少這種特性，生產者得付出相當大的努力。澳洲並沒有原生的葡萄品種，當地種植的全都是國際流行品種，也只有希哈（法文原文為 syrah，在澳洲稱 shiraz）在此獲得重生。如今濃郁飽滿、色澤深邃的澳洲希哈葡萄酒已在國際打出名號。然而近年來澳洲乾旱肆虐，已嚴重威脅到當地的葡萄酒產業。

紐西蘭葡萄酒

紐西蘭葡萄酒的名聲因絕美的白蘇維濃而開始響亮起來，這裡生產的白蘇維濃相當清爽活潑，帶著驚人的濃郁香氣，有青檸檬、香蕉甚至百香果的風味，在北島的霍克斯灣到南島的馬爾堡（紐西蘭最大產區）一帶種植得特別成功。通常白酒占紐西蘭葡萄酒產量的三分之二，除了白蘇維濃，夏多內、麗絲玲、格烏茲塔明那的表現也相當不錯。紐西蘭的另一個寶物是黑皮諾，其釀造出來的酒體十分細緻，接近法國勃根地風格。黑皮諾喜歡涼爽的環境，從南島向北延伸到威靈頓都有不錯的葡萄園。而霍克斯灣在氣候上比較溫暖些，種植較多的卡本內蘇維濃與梅洛。

白葡萄品種

夏多內、白蘇維濃、榭密雍、麗絲玲、蜜思嘉、蜜思卡岱勒（muscadelle）、白梢楠

紅葡萄品種

希哈、卡本內蘇維濃、黑皮諾

北領地
昆士蘭
澳洲西部
澳洲南部
雪梨
新南威爾斯
維多利亞州
Northland
Auckland
Marlborough
馬爾堡
Gisborne
Hawke's Bay 霍克斯灣
Nelson
Wellington 威靈頓
Canterbury
Otago

南非

葡萄酒的歷史

南非生產葡萄酒已經有好長一段時間，拿破崙流亡期間最喜愛 Klein Constantia 酒莊的甜白酒，就是來自南非。不過今日的南非葡萄酒已經和以前不相同了。自 1991 年種族隔離政策結束後，南非的葡萄園再度重生，並且與其他國家重新展開商業關係。

葡萄品種

現今南非生產的葡萄酒相當豐富多元，我們可以找到經典的夏多內白酒和卡本內蘇維濃紅酒，而希哈與梅洛的表現也不差。不過南非最具代表性的紅酒，還是來自當地、帶有鮮明果味與野味的葡萄品種皮諾塔吉（pinotage）；在白酒方面，白梢楠的表現令人驚豔。在法國羅亞爾河谷以外的地方，一般很難找到品質理想的白梢楠，然而在南非卻能釀出非常細緻優雅的風格，從不甜到甜的口感都深具魅力。

產區

為了讓南非葡萄酒更加突顯出當地的風土特色，年輕的酒農下足了功夫，例如史瓦特蘭省一帶所使用的自然動力農法。受惠於海風，靠近海岸的開普敦（Cape Town）以及周邊鄰近產區也出產不少優質好酒，其中以帕爾與斯泰倫博斯兩區近來發展最快。

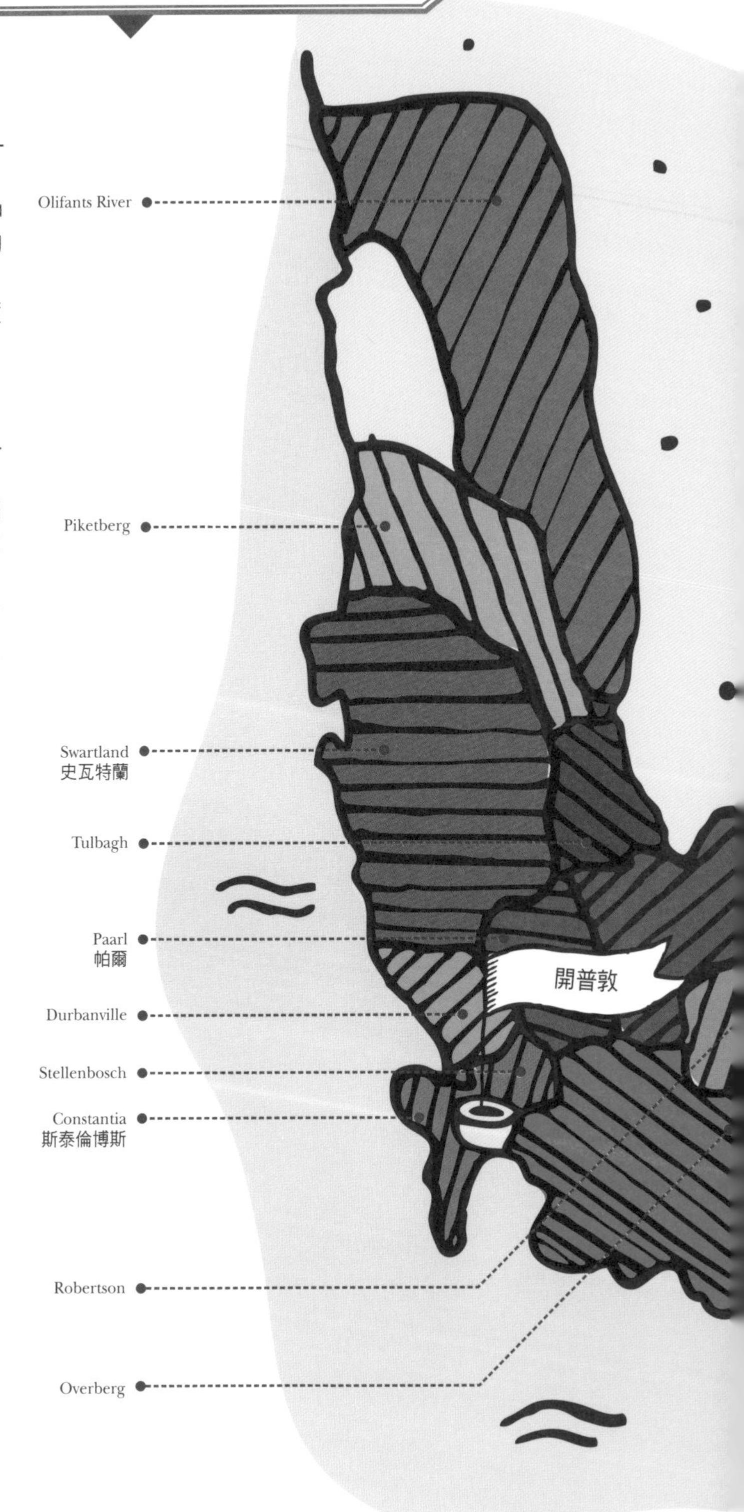

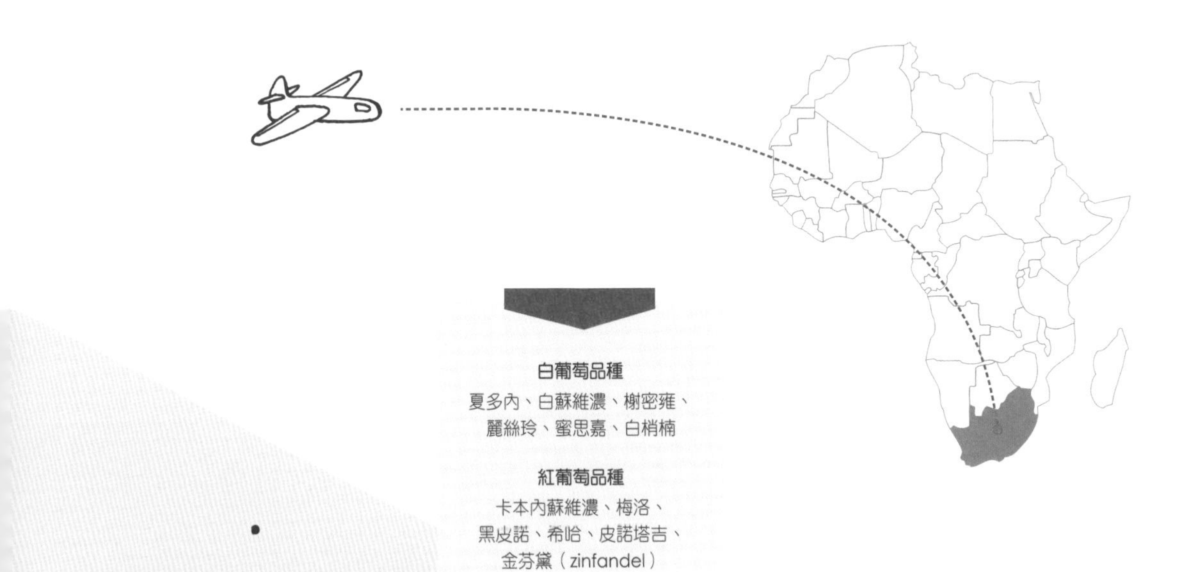

白葡萄品種

夏多內、白蘇維濃、榭密雍、
麗絲玲、蜜思嘉、白梢楠

紅葡萄品種

卡本內蘇維濃、梅洛、
黑皮諾、希哈、皮諾塔吉、
金芬黛（zinfandel）

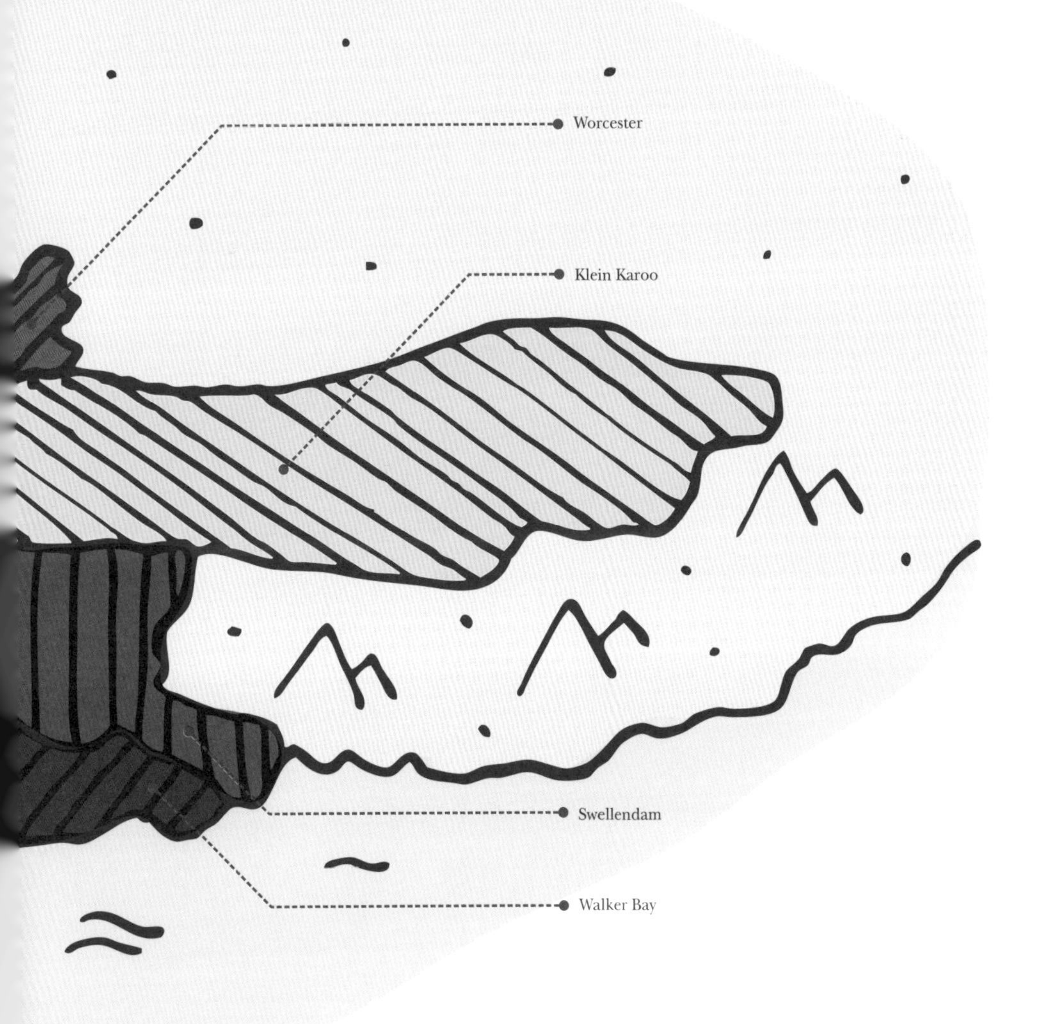

其他地區

葡萄園的風景不斷在地表上蔓延，除了原產葡萄酒的古老國家，新興國家的葡萄園也逐漸嶄露頭角。毫無疑問地，這三十年間，世界葡萄酒的版圖已經改變不少。不斷精進的葡萄種植技術，讓這些全新的葡萄園能夠在世界上任何地方紮根。傳統產酒國家開始另眼看待這些新競爭者，尤其是在國際競賽上，他們往往會爆發驚人的品質與活力。

英國：或許是全球暖化的問題，也可能是密集勞力或尖端技術的使用，使得英國的葡萄越來越能達到該有的成熟度，並且釀造出像樣的葡萄酒。無論如何，最讓人期待的還是產自沿海白堊土質的氣泡酒。

中東地區：**黎巴嫩**的葡萄酒在國際上素有盛名，而且蒸蒸日上。此地的釀酒歷史最早可以追溯到三千年前的腓尼基人，後來羅馬人在貝卡平原（Bekaa）上建了一座神廟獻給酒神，現在多數酒廠也都集中在貝卡河谷。Châteaux Ksara、Kefraya、Musar幾家知名酒莊釀造的優質紅酒帶有辛香料與巧克力風味，白酒則飽滿集中、香氣濃郁。除了這些經典酒廠，過去二十年間約有四十多家新銳酒莊相繼投入釀酒事業，展現出強大的活力，例如Domaine Wardy生產的葡萄酒便十分優秀。

人們常會忘記黎巴嫩周圍的國家也有生產葡萄酒，像是**以色列**、**敘利亞**，甚至遠一點的**阿富汗**，只希望這些國家的葡萄酒產業不會受到戰爭的影響而停擺。另外，在**埃及**也有出產些像愛馬仕的「尼羅河花園」淡香水那般出色的葡萄酒。

北非：在馬格里布*，釀酒早已是傳統的一部分。摩洛哥生產的粉紅酒和帶有辛香料風味的紅酒，都很適合在餐桌上與美食佳餚一同品嚐。

*馬格里布（Maghreb）：摩洛哥、阿爾及利亞、突尼西亞三國的代稱。

中國：此區葡萄酒生產與銷售量的成長方式比較特別。目前全中國喝掉的葡萄酒大約有八成是中國當地生產的，但生產者卻把希望寄託在葡萄酒的出口上。中國葡萄種植面積相當廣大，種植緯度大致與地中海區相同，從北部一直到東北都可看見葡萄園。近來法國人投注了大量資金在中國這些新興葡萄園上，像是著名的 Pernod Ricard 與 LVMH 等大集團，甚至連 Lafite-Rothschild 這樣的家族酒莊也來參一腳。

日本：葡萄酒產量十分有限，但水準相當高。

印度：雖然才剛起步，不過將來肯定會在葡萄酒世界佔有重要的位置。印度位於熱帶氣候，其實不太適合種植釀酒葡萄，然而他們卻展現了驚人的決心，大量使用現代化技術，快速增加產量。目前有超過五十家生產者，分布在三個主要葡萄種植區：馬哈拉施特拉邦（Maharashtra）的 Nashik 與 Sangli，以及卡納塔克邦（Karnataka）的 Bangalore。至於品質，簡單地說，資金雄厚的酒莊能聘請到世界頂尖的釀酒師來釀酒。

保羅很懂得享受生活，他的朋友都喜歡邀請他到家中作客。每當保羅踏進好友家的大門時，他總是精神奕奕地喊道：「嘿！我帶了瓶葡萄酒喔！跟我講講你們對這瓶酒的看法吧！」事實上，保羅的朋友更愛去他家作客，大家最期待的，就是聽見保羅說：「來吧！誰陪我去酒窖挑瓶好酒！」就算還沒嚐到葡萄酒的滋味，光是這期待的心情就令人雀躍不已。

然而，以前的保羅可不是這樣的。大家都還記得，以前保羅總是拎著一瓶不怎麼樣、但他卻以為很棒的葡萄酒來參加聚會。有時他甚至會帶來一些很詭異的葡萄酒，這些酒都是他「閉著眼睛選」的，譬如他會在小超市買一瓶看起來很厲害的波爾多紅酒，酒標上還寫著「偉大的葡萄酒」……後來保羅開始上葡萄酒專賣店買酒，他找到了一間很棒的店，店裡的人不僅能了解他的需求，也總是會給他一些很好的建議。某天，他去參加了一場葡萄酒展，那場活動令保羅大開眼界，離去時當然也帶了很多很多瓶葡萄酒。

保羅厭倦了總是在下班後匆匆忙忙去買酒，為了隨時隨地都有好酒可以喝，他下定決心要建立自己的酒窖，也開始向酒展上認識的酒農們訂購葡萄酒。經過數年的累積，現在他擁有一套非常漂亮的葡萄酒收藏，種類和品項都很豐富，有些可以立刻開來喝，有些適合放幾年後再來品嚐。保羅對他的小酒窖感到非常驕傲，不過偶爾也會懷疑，自己到底有沒有辦法將這些葡萄酒全部喝完……不必擔心，他的朋友們會很樂意和他一起喝光這些葡萄酒的！

這個章節獻給所有像保羅一樣想要收藏美好葡萄酒的人，並且樂於與眾人分享品嚐好酒的快樂。

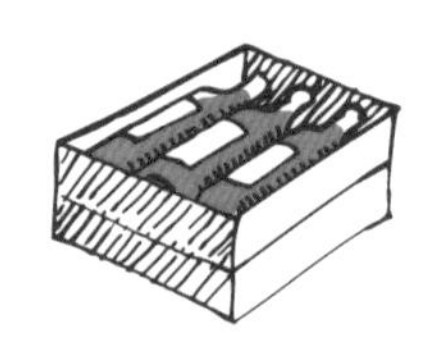

PAUL

保羅買葡萄酒

上餐廳點酒／讀懂酒標

選購葡萄酒／建立自己的酒窖

上餐廳點酒

看懂酒單

要從餐廳的酒單上挑瓶好酒，常讓人覺得很苦惱；有些餐廳的酒單乏味到讓人什麼也不想點，有些則是厚得像本字典，讓人根本沒勇氣打開來看。到底要如何才能點到一杯自己想喝的葡萄酒呢？

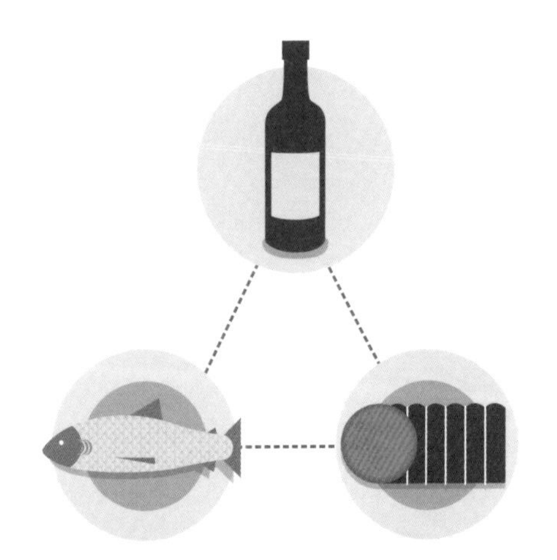

第一項原則：對自己的選擇有信心。無論如何，就算你點到不好的葡萄酒，也不是你的錯，而是餐廳的問題。

第二項原則：挑選一瓶可以搭配所有菜色的葡萄酒。如果有人點海鮮，就不要挑單寧太重的紅酒；如果有人點紅肉當主餐，則避免點太清爽活潑的酒。如果大家點菜差異較大，不妨來瓶清淡的紅酒或強勁的白酒，這樣就不會出錯了。

第三項原則：若價格相同，優先選擇小產區的葡萄酒。以30 歐元的價位來說，一瓶地區餐酒（VDP）絕對比一瓶梅多克（Médoc）的葡萄酒好喝。此外，寧願選一瓶最貴的小產區葡萄酒，好過選一瓶最便宜的知名產區葡萄酒。

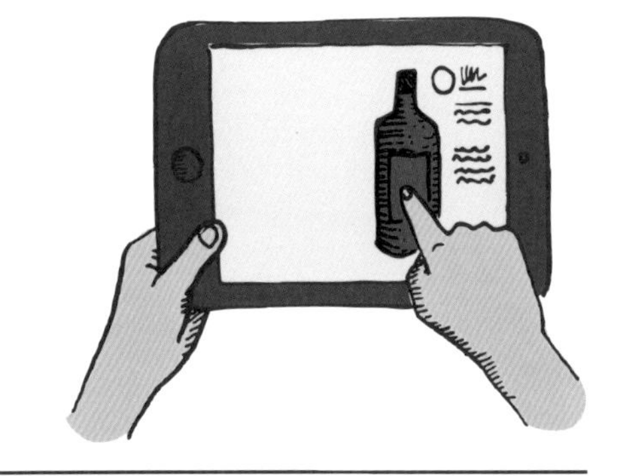

創意酒單

傳統的酒單容易讓葡萄酒初學者混亂，所以現在有許多餐廳會用更簡單易懂的表現方式，讓點酒變得更輕鬆。在法國、美國及南非的餐廳常見以下三種創意酒單：

- **酒評式酒單：**
  用具體且非常特別的一句話，來呈現每一款酒的特色，例如「這款酒像一位髮量稀疏卻英氣不減的男人」、「這酒就像溫柔清純又性感的灰姑娘」，諸如此類有趣又生動的描述。

- **觸控式面板酒單：**
  只要點選任何一款酒，就會立在螢幕上刻跳出完整的介紹資訊，例如葡萄園地圖、葡萄品種、酒莊介紹等，簡單易操作，而且資訊完整。

- **以葡萄酒風格分類的酒單：**
  首先選擇想要的葡萄酒風格，例如口感醇厚堅實、如鵝絨般柔順圓潤、輕盈且具有豐富果香……然後再決定葡萄酒的產地及法定產區，簡單又清楚。

酒單

單杯酒

(12cl)

白酒（BLANC）

Loire, Sancerre, «Floris» Domaine V. Pinard 4,10€

紅酒（ROUGE）

Vin de Pays du Cantal IGP Gamay- Gilles Monier 2011 6,10€

單瓶

勃根地及薄酒萊 1

Marsannay «le Clos» - R. Bouvier 2010 47€
Bourgogne Nerthus Domaine Roblet Monnot 2011 39€
Chablis, 1er Cru les Vaillons – J. Drouhin 2011 38€

2 3 4 5

隆河谷地

Saint Joseph «Silice» - P. et J. Coursodon 2012 46€

羅亞爾河谷地

Vouvray «Le Portail» - D & C. Champalou 2010 43€
Quincy Domaine Trottereau 2012 30,50€

義大利

Toscane «Insoglio» - Campo di Sasso 2011 32€

如果缺少這些資訊怎麼辦？

請餐廳的侍酒師或服務生為你說明，因為他們應該要最了解自己為客人準備的酒。如果他們不知道該如何回答，那就表示這家餐廳的侍酒服務及水準可能並不怎樣……

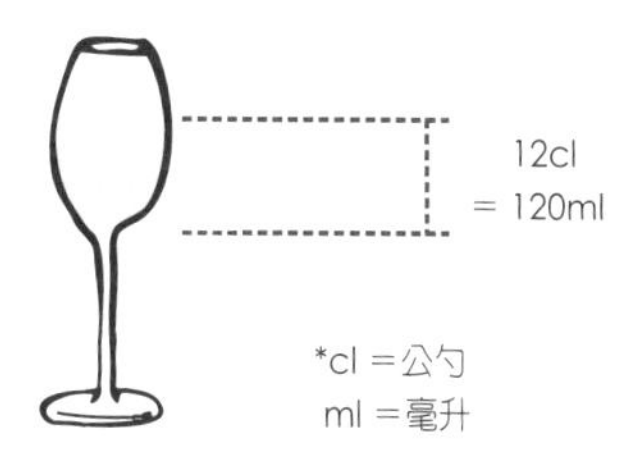

單杯酒

餐廳的酒單上必須提供至少一款以上的單杯酒供客人選擇。通常來說，單杯酒都是些簡單易飲的葡萄酒，但千萬別因此而排斥它，因為它反映了每家餐廳的選酒喜好和品味。如果酒單上僅標示葡萄酒的生產地區，則會令人對這樣的餐廳產生疑慮。若是酒單上的單杯酒選擇很多？不妨問問店家是如何保存這些葡萄酒的：如果酒開瓶之後沒有放置在酒窖機內，或使用抽真空的設備將酒瓶內的空氣抽光，這些酒可能過不了幾天就變質了。

酒單上的必要資訊

1. 地區
2. 法定產區（appellation）
3. 酒莊名稱、生產者名稱，或酒商名稱
4. 出產年份
5. 價格！

其他參考資訊：

- 葡萄園地塊的名稱（例如：1er cru Vaillons）
- 酒款的名稱（例如：cuvée Renaissance；cuvée Antoinette）
- 葡萄酒出產國家（如果酒單上有來自各國的葡萄酒）

價格換算

單杯酒

相對於單瓶酒來說，單杯酒的售價通常比較昂貴。一杯 120 毫升的單杯酒，容量是整瓶酒的六分之一，而售價會是整瓶酒的四分之一。如果你發現酒單上有同一個酒款的單杯酒和單瓶酒，不妨計算一下，就可知道這家餐廳的酒價漂不漂亮。

餐廳的單瓶酒

在法國，餐廳的葡萄酒銷售利潤是出名的高。平均來說，餐廳會以採購價的三倍當作售價。但你得知道：通常餐廳的採購價會比一般人購買葡萄酒的價格更低。這樣推算的話：把你的購買價乘以二至二點五倍就是餐廳的售價。舉例來說，一瓶在酒莊售價 10 歐元的葡萄酒，在餐廳的售價很可能要 24 歐元。

然而令人生氣的是，巴黎現在有為數不少的新潮餐廳，欺負多數客人並不懂葡萄酒，甚至敢將售價提高到原本的五至六倍！

建議：現在有許多手機應用程式，可以幫你快速找出每款葡萄酒的均價（只要不是太神祕的酒款）。看多了，自然就會越來越了解每間餐廳的定價策略。

自帶葡萄酒

如果你有在收藏葡萄酒，不妨問問餐廳是否能讓你帶自己的葡萄酒去享用。餐廳可能會收取每瓶 10 歐元的開瓶費，但如果你帶的是名貴的葡萄酒，比起在餐廳點酒，支付開瓶費還是相對划算許多。

侍酒師的工作

在高級餐廳用餐，一定會有一位侍酒師等著為你服務。侍酒師的任務，就是找出與餐點最搭配的葡萄酒組合。通常餐廳的葡萄酒挑選及採購工作，都是由侍酒師負責，他也必須確保服務客人的過程完美無誤。

一位好的侍酒師

- 具備專業的葡萄酒知識，但絕不在客人面前賣弄。
- 了解自家酒單並能隨時調整。如果某款葡萄酒賣完了，侍酒師必須提前告知客人，並提供另一個相似的建議。
- 善於觀察與捉摸顧客心理，猜測什麼是你想要的跟你可能會喜歡的。
- 透過交談，技巧性地試探客人的口味與偏好。
- 在你毫無頭緒時適時給予建議。選酒的依據當然不會以價格昂貴與否，而是以搭配菜色並符合你的口味為優先。
- 當你在兩、三款葡萄酒之間猶豫不決時，他會適時協助你做出決定。好的侍酒師甚至能將酒單上所有的酒做個簡單的分析比較，再依客人的喜好給予建議。
- 絕不批評客人的選擇！侍酒師可以提出建議，但絕不能讓客人覺得自己的選擇不夠好。
- 若你點的是單杯酒，他會先倒一點請你品嚐。

侍酒的時候：

侍酒師必須在客人面前開瓶。如果拿到你面前的是一瓶已經開好的葡萄酒，你有理由懷疑這瓶酒可能是之前其他客人打開的、有問題的葡萄酒，試酒時請務必提高警覺。

侍酒師會先詢問哪一位客人想試酒。一般來說會由買單的人負責試酒。

當你試過酒並且表示酒沒問題之後，侍酒師會先為其他賓客斟酒，最後再將你的酒杯斟滿。

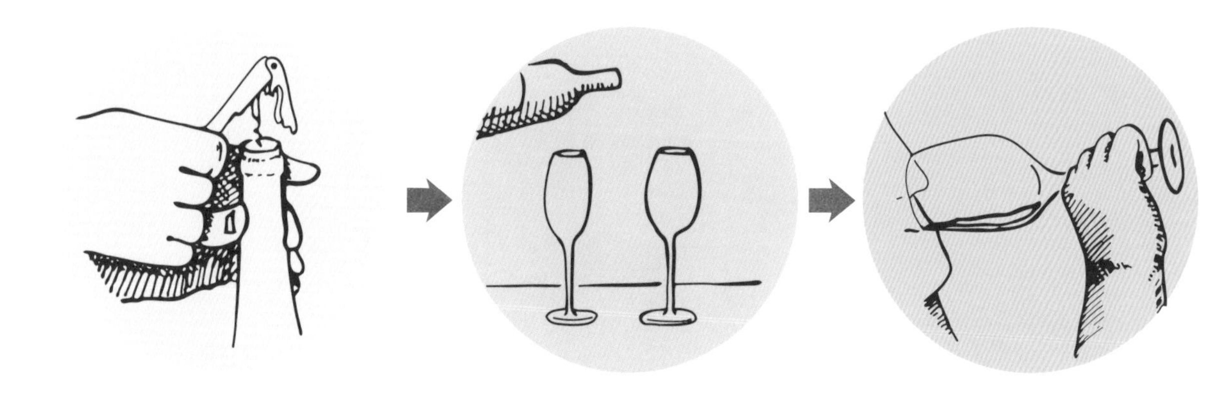

為什麼要試酒？

這是為了確定酒有沒有問題（缺陷），例如軟木塞變質、葡萄酒過氧化或缺氧、溫度不對等等。

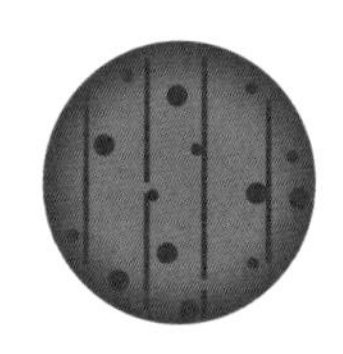

如果發現軟木塞變質或葡萄酒過氧化，請將酒退還。侍酒師必須換瓶一模一樣但尚未開瓶的葡萄酒給你。如果你嗅到酒已經出現「軟木塞味」，侍酒師是絕不可以拒絕換酒的！你可以直接把那瓶酒退掉，因為它已毫無價值了。

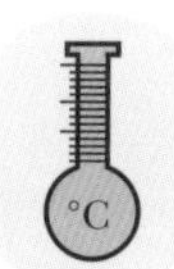

若酒的溫度太低，你可以向侍酒師反應，但除了等酒自己回溫之外沒其他辦法。記得，低溫反而會使葡萄酒的香氣隱匿消失。等回溫之後，葡萄酒香氣湧現，你一定會感到驚喜萬分。

如果葡萄酒缺氧或是沒有香氣，請侍酒師將酒過一下醒酒瓶。侍酒師若是經驗豐富且了解自己的酒，發現這種情況一定會直接將酒換到醒酒瓶中，或著至少會建議你這麼做。

若酒本身沒有任何問題，你只是覺得滋味普通，這種情況是無法要求退酒的。但你可以向侍酒師表達你的感受，並詢問為何他會推薦這款葡萄酒給你。

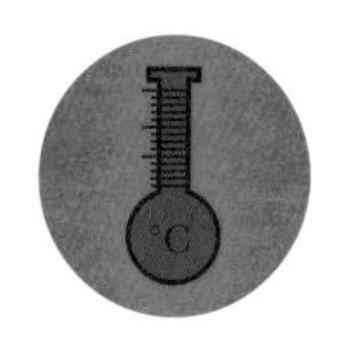

若葡萄酒溫度過高，可請侍酒師拿冰桶來，讓酒瓶浸泡其中。

讀懂酒標

酒標上的標示

範例：波爾多葡萄酒酒標

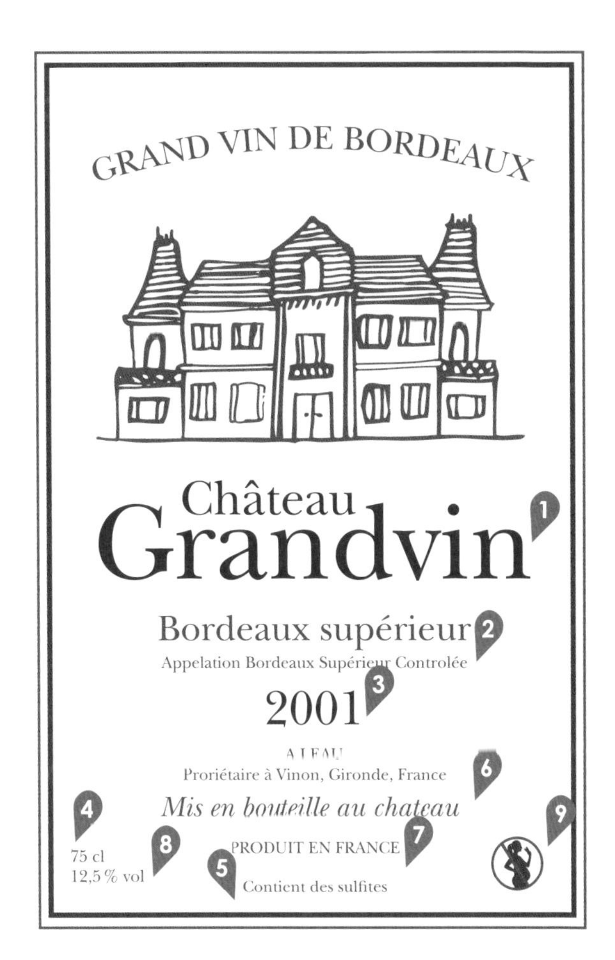

除此之外尚有兩項必要資訊：便於追蹤流向的酒瓶編號，以及酒瓶回收的環保標誌。

1. **葡萄酒名稱：**非必要資訊。酒名可以是酒莊（domaine）、酒款（cru）、品牌或是城堡（château）名稱。在波爾多通常會用「城堡」而不是「酒莊」。
2. **等級名稱：**必要資訊。等級名稱可以是法定產區（AOC，如範例中的 Appelation Bordeaux Supérieur）、優質地區餐酒（AOVDQS）、地區餐酒（VDP）或是日常餐酒（VDT）*。
3. **年份：**非必要資訊，表示這瓶酒全部來自那一年採收的葡萄。
4. **容量：**必要資訊。
5. **此酒含硫化物：**接近必要資訊。市面上很少有不含硫的葡萄酒。
6. **裝瓶者：**必要資訊。範例中的這款酒是在城堡裝瓶的。
7. **出產國：**出口用葡萄酒必要資訊。
8. **酒精含量：**必要資訊，通常會以百分比表示。
9. **孕婦請勿飲酒：**必要資訊，亦可用文字代替圖示。

＊AOC：Appellation d'Origine Contrôle
AOVDQS：Appellation d'Origine Vin Délimité de Qualité Supérieure
VDP：Vin de Pays
VDT：Vin de Table（2009 年更名為 VDF: Vin de France）

其他範例：勃根地葡萄酒酒標

1 **法定產區名稱：**若為勃根地一級園（1er Cru）或特級園（Grand Cru）生產的葡萄酒，有時「勃根地地區」（Bourgogne）的字樣不會出現，但「法定產區」是一定得詳細標寫出來的。例如範例中的「一級園」及其「克理瑪」（climat，葡萄園的個別小地塊，此例中的克理瑪為 Les Chaffots）。

2 **酒莊名稱：**可為生產者或酒商名稱（如範例所示）。

其他非強制性標示

1 酒莊或品牌的代表性圖案。

2 製作方式、熟成方式或其他傳統標示，例如在橡木桶中熟成、老藤……

3 使用的葡萄品種名稱。

4 獎牌或榮譽勳章。

5 葡萄酒類型：若是氣泡酒，則必須註明甜度類型，例如不甜（brut）、微甜（sec）、半甜（demi-sec）、甜（doux）……

葡萄酒的背標

為了維持正面酒標的大方和美感，有些酒莊會在酒瓶背面貼上另外一張標籤，上頭可以標示更多關於葡萄酒的詳細資訊。

1 **酒莊介紹：**酒莊歷史、酒莊傳統特色、酒莊製酒理念……

2 **飲用建議：**最佳飲用溫度、適合搭配餐點、是否需要醒酒……

3 **其他說明或認證：**例如 AB 和 Ecocert 認證的有機標示、Demeter 和 Biodyvin 的自然動力法認證標示……

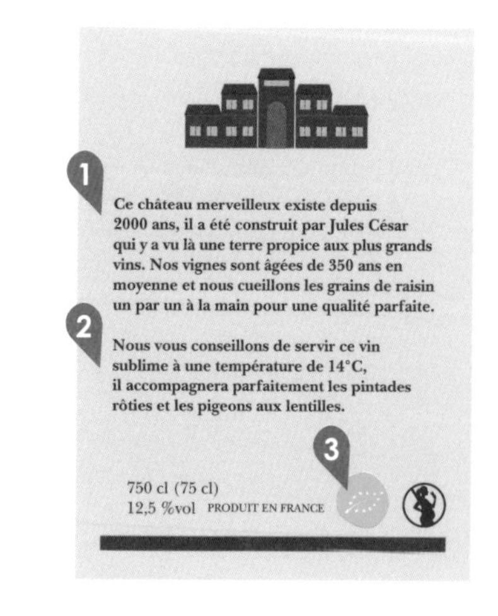

認識好的標示

你應該要學會從眾多標示中認識重要的訊息，選擇一瓶品質良好的葡萄酒。

列級葡萄酒（cru classé）：
例如阿爾薩斯的特級園、波爾多的一級到五級酒莊和布爾喬亞級酒莊、勃根地的一級園和特級園……值得注意的是，也有很多品質優秀的葡萄酒並未被列入等級葡萄酒之中。

在酒莊裝瓶（mis en bouteille à la propriété /au château / au domaine）：
雖然有些在酒莊裝瓶的酒不怎麼樣、在酒莊外的地方裝瓶的酒很不錯，但以平均水準來說，「於酒莊內裝瓶」仍可被視為品質的指標。另外，盡量避免購買「於生產區域內裝瓶」（mis en bouteille dans la région de production）的葡萄酒，表示那瓶酒是在酒標上的法定產區之外的地方裝瓶，通常這種酒的品質都不太好，甚至非常糟糕。

合適的酒精濃度：
不夠成熟的葡萄釀出來的酒，酒精濃度較低，味道也會比較苦澀。建議挑選酒精濃度至少 12% 以上的紅酒或白酒，甜酒則選擇酒精濃度 13.5% 或以上的會更好。

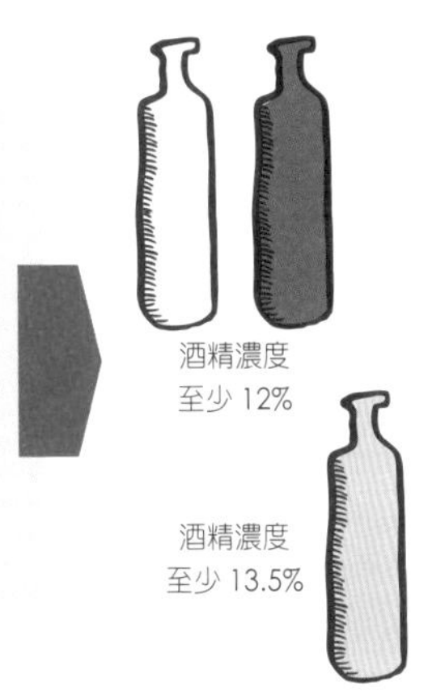

具原創性的背標：
那些經典制式的標準背標與寫法，通常出自大型商業團隊之手，大同小異且了無新意。相反地，那些由酒農親手撰寫的、關於酒莊的敘述或小故事，反而更能展現個人風格，讓我們透過品嚐這瓶葡萄酒去感受各個酒莊的特色。

83 R D.G.D.D.I 75cl.
83 E D.G.D.D.I 75cl.
83 E D.G.D.D.I 75cl.

錫箔製的葡萄酒籤封：
以瑪莉安娜（法蘭西共和國精神象徵）頭像為裝飾的葡萄酒籤封，其實暗藏了很多的資訊。綠色的表示法定產區葡萄酒，藍色的表示地區餐酒或一般餐酒，橘色的表示特別種類葡萄酒，例如加烈葡萄酒。所以綠色籤封的葡萄酒當然適合做為優先選項！
此外，籤封上的N、E、R英文字母也有各自代表的意義。這些字母代表了裝瓶者的身分，N表示酒商（négociant），E表示公司（entreprise），這兩者代表來自酒商或大品牌的葡萄酒，他們會將收購來的葡萄或葡萄酒以自有品牌銷售。字母 R 則表示種植者（récoltant），代表生產者自己種植及釀造的葡萄酒，也就是酒農自產的葡萄酒。

行銷用語和手法

各式各樣的標語讓酒標看起來更具有說服力，但要小心別掉進文字陷阱裡了，有些標語說穿了只是用來強調或裝飾，好吸引消費者注意罷了。

偉大的波爾多葡萄酒（Grand Vin）：
這樣的標語完全沒有任何意義，充其量只是用來裝飾法定產區葡萄酒的瓶子，沾光波爾多的偉大名聲。這種標語對葡萄酒的品質根本不具任何保證。

偉大的、最好的、珍貴的酒款（Grande cuvée/Tête de cuvée/Cuvée Prestige）：
如同前例，這些標語一樣不具意義，也不值得驕傲。一般來說，以這種方式命名的酒款，只代表它的名聲比入門酒款高，最重要的還是生產的酒莊本身的名聲。

橡木桶熟成（Vieilli / élevé en fûts de chêne）：
這說明了酒的風格，卻與品質無關，酒莊可依喜好決定是否標注。事實上，有很多橡木桶熟成的葡萄酒並不會特別標示。

老藤（Vieilles Vignes）：
葡萄樹的年齡會影響葡萄酒的味道。通常樹齡大於四十年的葡萄樹可稱為老藤，然而法律上並沒有任何關於標示「老藤」的資格限制，所以某些酒莊會把那些樹齡才二、三十年的葡萄樹也稱為老藤，並標示於酒標上。

酒標的形狀：

有些大膽的酒莊會採用各種形狀新奇的酒標，例如水滴形、圓形、鋸齒形……而他們所瞄準的客群也有別於傳統酒標愛好者，畢竟在部分消費者眼中，傳統酒標的設計真的越來越過時了。但說到底，酒標的形狀只是包裝的一部分，和酒本身的品質一點關係也沒有，選個自己喜歡的酒標又有何不可呢？

圖案：

新世界的酒莊或酒商喜歡將酒標設計成各式各樣的圖案，展現創意，讓葡萄酒表現年輕氣息。有些法國酒莊每年都會設計不同的酒標，Mouton-Rothschild 酒莊就是一個經典的例子，他們每年都會邀請 位當代知名藝術家來繪製酒標，包括畢卡索、凱斯．哈林和近幾年合作的傑夫．昆斯。

女性化酒標：

女性的消費潛力無窮，遠勝男性消費者，在購買葡萄酒方面也一樣。從行銷的觀點來看，專為女性設計酒標的做法也就不令人意外了。貼上粉紅色酒標的葡萄酒滋味可能不錯，也可能不怎麼樣，但以可愛外表增加銷售這件事來說……效果也不怎麼樣。調查結果顯示，女性消費者並沒有輕易就受到影響，尤其當買來的酒是要與男性共享時，她們甚至會討厭購酒標過於女性化的葡萄酒。

其他的「驚喜」

城堡酒莊（Château）：
使用「Château」這個字有特殊的法定意義，表示這款酒必須是法定產區（AOC）等級的葡萄酒，而且酒莊可能擁有自己的葡萄園和熟成酒窖。因此，一般的釀酒合作社和獨立酒農，其實都有權利在酒標印上這個字。

於釀酒合作社裝瓶：
釀酒合作社出產的葡萄酒，有時會標示「在酒莊裝瓶」（Mise en bouteille à la propriété）。若酒農本身是釀酒合作社的股東，合作社當然也是屬於酒農們的財產，因此這樣的標示是成立的。

刻意放大的標章：
擁有 AB（Agriculture Biologique）、Ecocert、和 Demeter 有機認證標章，代表這瓶酒的生產者對於葡萄園土地所投注的心力，不亞於對葡萄酒釀造的堅持。但是當這樣的標誌被刻意放得過大，代表這瓶酒的確是使用有機栽種葡萄，卻可能是以幾近工業化的方法釀製而成。

令人混淆的「作弊」名字：
你可以買到「拉菲堡」（Château Lafite），也可以買到「拉飛堡」（Château Laffite），但這兩者可是完全不一樣的葡萄酒！前者是波爾多最名貴的葡萄酒之一，屬於一級園，價格不菲；後者則是平價酒，生產的酒莊位於聖艾斯臺夫（Saint-Estèphe）和馬第宏（Madiran）。

地區餐酒（VDP）：
雖然不常見，但確實有些表現非常優秀的地區餐酒，甚至比部分法定產區（AOC）葡萄酒更知名。通常這樣的例子，都是生產者主動放棄法定產區的資格；少了規範束縛，酒農就可以自由地釀自己喜歡的酒*。某些小有知名度的酒農因為選用官方指定之外的葡萄品種，或不按照規定的比例釀酒，只能以地區或日常餐酒的名義銷售。然而這些葡萄酒的價格可不便宜，而且一般超市是找不到的。

＊編註：AOC 在法文的意思是「原產地管制命名」，不論是葡萄品種、種植數量、釀造過程等都需要得到官方認證，是法國葡萄酒的最高級別。

選購葡萄酒

住家附近的小型超市

實際狀況

小型超市裡的葡萄酒，都是在室溫之下直立陳列，長期置於過熱的環境，軟木塞變得乾燥，保存的狀態其實並不理想。可以的話，挑一瓶旋轉瓶蓋的葡萄酒，因為這種瓶蓋密封性較佳，相對之下多少可以保護葡萄酒。

該選什麼酒？

別選擇那些名貴的葡萄酒，因為它們價格昂貴，而且當下根本不適合飲用——紅酒的單寧太生硬，白酒的木桶味太突出，還需要幾年的時間來熟成。

選擇果香豐富、適合年輕飲用的葡萄酒

紅酒：例如羅亞爾河（Chinon、Saumur-Champigny、Bourgueil）、南隆河（單寧柔順、酒體飽滿）、薄酒萊（非薄酒萊新酒，可考慮Brouilly、Saint-Amour、Chiroubles）等地區。西班牙或智利的紅酒柔順易飲、價格親切，也是不錯的選擇。

白酒：不要買酸度高的干白酒，最好選擇圓潤又有豐富果香味的，例如馬貢內（Mâconnais）、普羅旺斯和隆格多克等地的酒。

氣泡酒：選擇知名酒廠的品牌香檳，品質會比較穩定可靠。不然就選擇一瓶跟香檳差不多價位、比較貴一點的氣泡酒（crémant）。

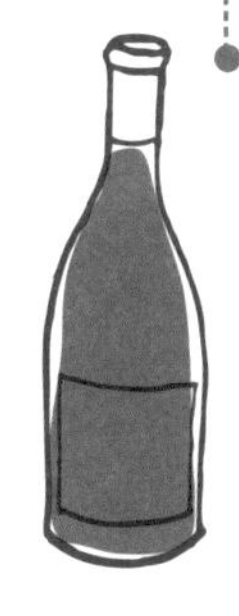

優先選擇一些大型酒商或知名品牌的葡萄酒，品質會比中低價位葡萄酒穩定許多。例如：勃根地的酒商 Jadot 或 Bouchard、隆格多克的 Gérard Bertrand、隆河丘的 Chapoutier 或 Guigal。

去大賣場買酒

大賣場的酒架上什麼都有，換句話說，你可以找到各種價位的葡萄酒！

在大賣場買酒的優點：有非常多的葡萄酒可以選擇（但可能有三分之二的酒並不是太有意思），而且價格優惠。大型量販店的採購價非常低，因為他們必須比其他競爭對手賣得更便宜！

缺點：大部分時候沒有工作人員可以讓你諮詢葡萄酒。

特別推薦酒款

有掛這種吊牌或環圈的，表示是有專業人士背書的葡萄酒，例如 Hachette、Gault Millau、Bettane & Desseauve、Revue du France 等酒評指南。擁有精選推薦的吊牌，並不代表這些葡萄酒就很棒，但至少保證這些酒的品質是可以接受的，你大可以放心。

得獎酒款

獎牌勳章可以讓酒瓶看起來更厲害，但要先了解一件事：並非所有的葡萄酒競賽都具有價值和意義。一場無名競賽的加冕勳章，完全無法保證這就是一瓶好酒。事實上，酒展或競賽本身的名聲才能賦予獎牌價值，例如 Le Salon des vignerons indépendants、Le Salon de l'agriculture、Le Concours Général Agricole de Paris、Le Concours Mondial de Bruxelles 等知名賽事。若是你挑選的葡萄酒有得到上述單位所頒發的獎牌，你可以為此感到驕傲。然而你得了解另一件事：得獎，並不表示它是現有同種類的葡萄酒之中最棒的。這不過說明了在某個特定時刻，有某些特定的人曾經特別欣賞這些酒罷了。此外，參與比賽是得付費的*。

＊譯註：意指可能還有很多不願付費參加比賽的好酒不在此列。

品牌葡萄酒

就是那些最容易找到的、由釀酒合作社或大型酒商出品的葡萄酒。選擇品牌葡萄酒的優點是品質較穩定且有保障，缺點是缺乏獨特性。

有些葡萄酒屬於經銷商（賣場）自有品牌，例如 Le Club des Sommeliers 是 Casino 的品牌、Pierre Chanau 是 Auchan 創立的、Chanter Blanc 屬於 Lercerc、L'âme du terroir 屬於 Cora、Reflets de France 是 Carrefour 的品牌。雖然這些葡萄酒並不是很有特色，但至少就口味來說還算不錯，也沒有太大的缺點。

酒農葡萄酒

大型量販店有時會買下某些酒農的獨家銷售權，在自家店裡販售。他們通常喜歡和產量充足的酒農合作，這樣才足以供給其旗下眾多賣場整年度的需求。賣場販售的葡萄酒通常都以大眾口味為主；若是選用頗具個人特色、非典型市場口味且產量稀少的酒農葡萄酒，老實說這樣的決定實在有點愚蠢。

掃描酒標

只要用智慧型手機下載相關應用程式（例如 Vins et Millésimes、Drync Wine Free、Cor.kz Wine，和可以掃描酒標條碼的 ConseilVin），你就能清楚了解每款葡萄酒。另外還有越來越普遍的酒標 QR Code，只要掃描一下，就可以得到詳細的酒莊介紹。

參觀酒展或酒莊

這是最理想的買酒去處，因為你可以先品嚐再購買：酒展上，會有酒農親自為你斟上他們釀的葡萄酒；去酒莊，主人一定會準備酒杯和酒桌讓你品酒。品酒，正是我們去參觀酒展和酒莊最重要的目的！

價格

直接和生產者購買葡萄酒，一定比在外面買便宜許多，因為少了中間的中介者，就不需要再外加一筆轉手利潤。

各種酒款

一間酒莊不會只生產一款酒，通常都會有入門款和進階款。酒莊會依不同地塊採收的葡萄分別釀造，然後根據風土條件、法定產區、葡萄混釀比例和熟成類型，以不同酒款銷售。在酒莊有機會可以品嚐到一整個系列的葡萄酒，當然，你不必非得欣賞最貴的那款酒，也可以表明自己比較欣賞入門款。一個好的生產者對自家的入門和頂級葡萄酒，應該是付出同等的心力的。你可以先購買最簡單的酒款，隔年再回到同一間酒莊試試進階款，慢慢進步，這是學習認識及品嚐葡萄酒的好方法。

交流

通常在酒展上人太多了，酒農根本沒時間和你說話。但如果你去他的酒莊參觀，他很可能會熱情地接待你、和你聊聊他的葡萄酒。

參觀酒莊

只有酒農可以清楚告訴你葡萄樹的平均樹齡、葡萄園土壤的成分結構、今年的雨量太多或太少、釀酒過程的細節等等，你就可以了解為何這款酒比較精彩、那款酒比較細緻。

但請不要糟蹋酒農的時間和熱情，讓他花費兩個鐘頭和你討論，最後只買了半瓶裝的葡萄酒……如果你實在沒有多的預算買酒，最好先和對方講清楚。同樣地，若你去一間高級酒莊（城堡）參觀但沒有打算買酒，也要先告知對方。如果不買酒，有些酒莊會請客人另外支付品酒的費用。

水平或垂直品酒

所謂的「水平試飲」，是品嚐多種款式（品種、釀造法）、但都來自同一年份及同一間酒莊的葡萄酒。參觀酒莊時，最常見的品酒方式就是水平試飲。這也是了解一間酒莊的葡萄酒最好的一種方式。

「垂直品酒」就比較少見，意指品嚐不同年份的同一個酒款。有些擁有陳年葡萄酒庫存的酒莊，會同時銷售幾個不同年份的葡萄酒。若想觀察氣候及時間（熟成）對葡萄酒帶來的影響，這也不失為一種好方法。

參觀葡萄園和酒窖的潛規則

酒莊參觀需要事先預約：大型酒商的酒莊和釀酒合作社平時是對外開放的，不需要預約也可以進去參觀，但小酒農的酒莊不會接受無預約的訪客。此外，葡萄採收季是最不適合拜訪酒莊的時機。

葡萄酒專賣店

一間好的葡萄酒專賣店一定對酒充滿了熱情，而且通常很健談。對葡萄酒愛好者來說，這是認識葡萄酒非常重要的管道。店家會用引導的方式，一瓶接著一瓶，帶領愛好者探索葡萄酒，鼓勵他們勇於嘗試從未嘗試過的葡萄酒，為他們開啟充滿驚喜的探索之門。

連鎖專賣店

大型連鎖專賣店，例如 Nicolas 和 Le Repaire de Bacchus，店內的酒款都是從總公司的葡萄酒型錄上挑選出來的。他們會根據客戶需求來挑選葡萄酒。雖然比起獨立專賣店，連鎖店的選酒大多屬於保守款和經典款，但一般來說，店內一定可以找到能滿足顧客需求的酒。

獨立專賣店

店家會親自到各個酒莊品嚐葡萄酒，有時也會在店裡接待酒農、挑選酒款並且議價。根據店主的想法和喜好，獨立專賣店可能會引進受大眾喜愛的或必備款的葡萄酒、當地獨有的品種葡萄酒或不知名的法定產區葡萄酒、迷人的地區餐酒、有機葡萄酒……好的葡萄酒專賣店不能只會推薦經典酒款，而且還要能令人驚艷。

好的葡萄酒專賣店

- 若你已經說明購酒預算，店員不會想盡辦法說服你買最貴的酒，而是要能配合你的預算建議合適的酒款。
- 當你請他介紹葡萄酒時，不只是唸出酒標上的資訊，而是要能說出生產者的名字，甚至最好能介紹葡萄園的背景。
- 樂意和你分享他對葡萄酒的想法、他個人的喜好和他喝的酒。
- 店裡會賣一些好喝的薄酒萊、蜜思卡得（Muscadet）、麗絲玲（riesling）和外國葡萄酒，絕不會因為這些酒的名聲不夠響亮而嫌棄它們，因為每個產區一定都會存在美妙的葡萄酒！

葡萄酒市集

你擁有探險家的靈魂嗎？不妨去葡萄酒市集逛逛吧！葡萄酒市集活動已有三十多年歷史，最初是由法國某大型量販店所發起，其活動收益可高達賣場整年度營業額的一半以上。

運作方式

在法國，這個活動一年舉辦兩次，分別在春天和秋天舉行，每次都差不多持續二週時間。九月的葡萄酒市集比較有趣，新釀好的葡萄酒才剛完成裝瓶，而對大型量販店業者來說，這是促銷葡萄酒庫存最好的時機，因為新年份的葡萄酒馬上又要進貨了。此外，各家賣場間的競爭非常激烈，在市集上幾乎已經把各自的利潤降到最低。可以肯定的是，在市集活動期間，消費者一定可以買到便宜又划算的葡萄酒！

只想隨意晃晃？

你可以先買幾瓶看板或傳單上推薦的葡萄酒來品嚐，若是喜歡，再回去多買一些你最中意的葡萄酒。

事先做功課

要好好探險，當然得準備好基本工具！通常媒體都會做專題報導，你輕易就能從網路上找到各個市集的葡萄酒比較，以及如何制定最佳購買策略的建議。若有發現活動期間才有販售的葡萄酒，這些很有可能只是前一年賣不掉的冬季庫存。無論如何，重點是：出手之前務必先做足功課。

特別優惠促銷

特別的促銷活動通常都辦在第一天……或是市場開幕的前一晚，前提是你得受邀參加開幕晚會。想參加晚會並不難，一般來說只要向賣場負責人示意，就可獲得邀請。切記要眼明手快！因為在這分秒必爭的關鍵時刻，葡萄酒可是一下子就會銷售一空的。

上網買酒

線上購物的時代早已來臨，自 2007 年起，葡萄酒在網路上的銷售業績平均年成長 33%。有些網路商家關閉，有些則異軍突起。法國有三百二十五家線上葡萄酒銷售商店，其中每年有 7% 的商家倒閉，隨後立刻被新的商家取代。我們要如何判斷哪些網站是可靠的呢？

判斷標準

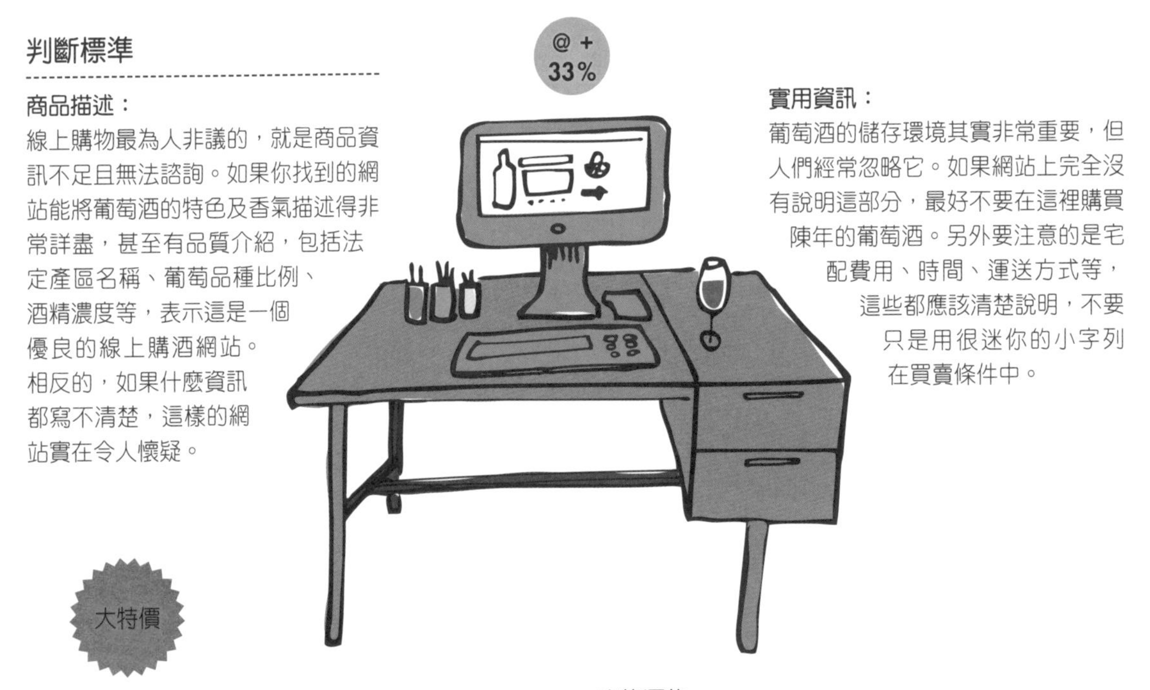

商品描述：
線上購物最為人非議的，就是商品資訊不足且無法諮詢。如果你找到的網站能將葡萄酒的特色及香氣描述得非常詳盡，甚至有品質介紹，包括法定產區名稱、葡萄品種比例、酒精濃度等，表示這是一個優良的線上購酒網站。相反的，如果什麼資訊都寫不清楚，這樣的網站實在令人懷疑。

實用資訊：
葡萄酒的儲存環境其實非常重要，但人們經常忽略它。如果網站上完全沒有說明這部分，最好不要在這裡購買陳年的葡萄酒。另外要注意的是宅配費用、時間、運送方式等，這些都應該清楚說明，不要只是用很迷你的小字列在買賣條件中。

大特價

真假促銷：
劃掉原價、放大「特惠價」，是市場上常見的行銷手法。但這真的已經是最划算的價格了嗎？你可以上專業的葡萄酒網站比價，例如 WineDecider 或 Wine-Searcher。如果你不太在意酒標是否美觀，有個省錢的妙招：尋找那些因酒標汙損而降價出售的葡萄酒。

出售酒款：
最好先確認網站上的酒款是否已有現貨可以銷售。有太多這樣的例子，商家在網站上出售他們尚未收到貨的期酒*，但最後卻說沒貨。而真正蒙受損失的，是坐在螢幕前那些已經下了訂單、滿心期待的買家。

幾個經典的線上葡萄酒網站

可靠的酒商：Vinatis、Nicolas、Château Online、Vin-Malin、Millésime
私人葡萄酒銷售網：Cave Privée、1Jour1Vin、Vente A La Propriété
葡萄酒拍賣：IDealWine
葡萄酒包裹會員：Trois Fois Vin、Amicalement vin、Le Petit Ballon
葡萄酒專賣店網站：Savour Club、Lavinia、Caves Legrand、La Contre-Étiquette

＊編註：期酒是購買酒的一種方法，讓消費者有機會趁著酒還在木桶裡時，預先購買特定的葡萄酒。

建立自己的酒窖

什麼地方？多少預算？

只需要一瓶葡萄酒，你就可以開始建立自己的酒窖。酒窖的規模取決於你的預算，以及存放葡萄酒的地點。最理想的情況，當然是擁有一整套可以完美應付各種場合與需求的葡萄酒收藏。

二至五瓶酒

買幾瓶適合日常小酌的白酒和紅酒，可當作開胃酒，也可應付臨時的晚餐聚會。選擇一些果香味豐富、喝起來輕鬆愉悅的葡萄酒，例如幾瓶羅亞爾河和隆格多克的紅酒、一瓶夏布利（Chablis）和一瓶普羅旺斯白酒。可追加一瓶氣泡酒、香檳或高級氣泡酒（crémant），遇上特別的時刻可以開來慶祝。

預算：5-12 歐元 / 瓶

五至十瓶酒

想讓酒窖更豐富的話，添購一瓶甜酒，可用來搭配甜點，在某個週日下午與三五好友吃蛋糕時一起享用。另外再準備一瓶天然甜葡萄酒（或波特酒、或 Muscat-de-Rivesaltes），適合當作晚宴的完美句點，或是和喜好甜酒的朋友們分享。選一、兩瓶適合夏天飲用的粉紅酒備用。最後，記得買瓶高級一點的紅酒和白酒，可選個名氣響亮的法定產區葡萄酒，例如波美侯（Pomerol）或聖愛美濃（Saint-Émilion）的紅酒，和梅索（Meursault）的白酒。這種葡萄酒具備陳年的潛力，你可以留待某些特別的時刻再來慶祝，例如生日派對、求愛告白、久別重逢的聚會……

預算：5-20 歐元 / 瓶

不要花太多錢！

不論你的銀行帳戶裡有多少錢，絕對不要以「人生揮霍一次」為藉口，花超過你能力範圍的金額去買酒，因為你不會有勇氣去打開這瓶「揮霍酒」。就算哪一天你決定開來喝了，過高的期待反而可能令你大失所望。此外，昂貴的葡萄酒通常需要長時間熟成，若你沒有給它一個良好的儲藏環境，只會毀了這瓶酒，到最後什麼都不剩。

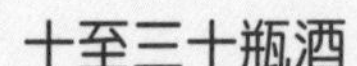

十至三十瓶酒

來，讓你的葡萄酒收藏更多樣化吧！多選擇一些來自不同地區，甚至不同國家的葡萄酒，重點是，要帶有不同口感和多一些香氣，比如鮮活且輕盈、細緻且豐富、濃郁且帶香料味、絲滑且強勁……如此一來，不論搭配什麼餐點，或者不管什麼心情，你的酒窖裡一定可以找到一瓶合適的葡萄酒。別忘了順便蒐集一些奇特的酒，比方說以稀有的葡萄品種釀製，或是特別產區的酒。如果是有故事的酒，或者是自然動力農法製造的葡萄酒，也很值得收藏。

預算：5-25 歐元 / 瓶

超過三十瓶酒

喜歡的葡萄酒一次買個三瓶或六瓶。這樣做可以讓你更了解時間對葡萄酒的影響。品嚐放置六個月、一年、兩年，甚至更長時間的葡萄酒，你會發現它在味道上的改變與演化。

開始對「年份」有興趣：

到這個階段時，你肯定已經有幾個特別欣賞的酒莊，並且會固定去酒莊走走。每年都買幾瓶這些酒莊的葡萄酒來品嚐，你會漸漸發現年份對葡萄酒的影響。

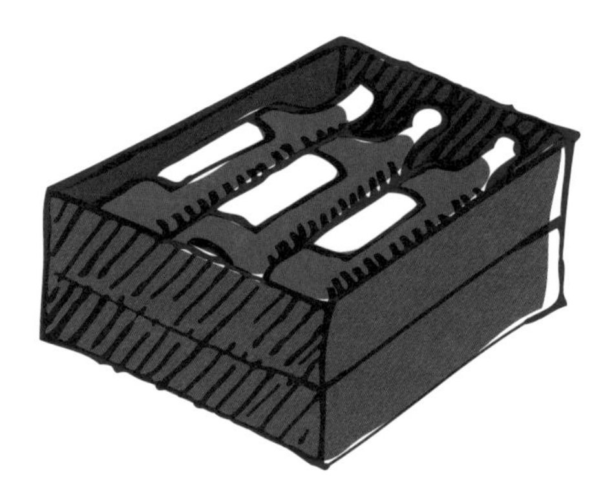

辨別用來陳年的葡萄酒：

把年輕適飲的葡萄酒和需要陳年的葡萄酒分開擺放，因為前者消耗和輪轉的速度都很快，而後者則往往要等待數年（有時甚至超過十年）後才適飲。建議你應該持續且規律地買酒，這樣你的手邊才會隨時有新鮮年輕的葡萄酒、成熟適飲的葡萄酒，以及陳年年份的葡萄酒。

預算：無上限

葡萄酒的儲存條件

儲存環境多少會影響到葡萄酒的熟成速度，例如以 18℃保存的葡萄酒，熟化速度一定比置於 12℃的酒還要快。然而，就和人類的成長一樣，慢慢熟成的葡萄酒品質較佳。

葡萄酒的理想儲存環境必須符合以下幾個原則：

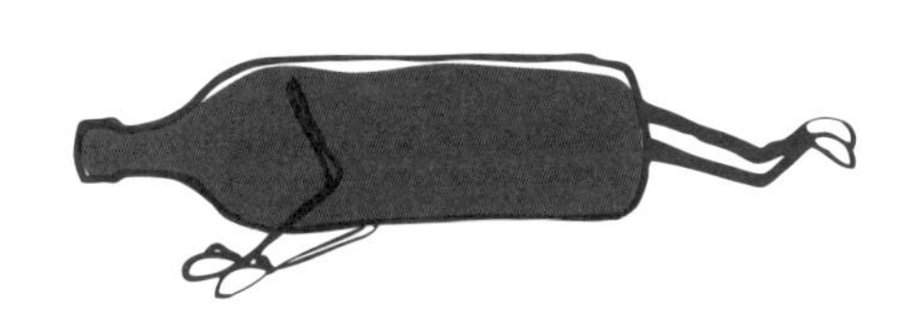

水平擺放：
葡萄酒應該水平擺放，尤其是軟木塞封瓶的葡萄酒，這樣液體才能接觸到軟木塞，使它保持濕潤和密封性。

溫度：對預計陳放數十年的葡萄酒來說，理想的儲存溫度應該是 11-14℃。但大部分的葡萄酒在 6-18℃的儲存條件下放置數年也不會有太大問題。葡萄酒熟成會因冷而緩慢、熱而加速。在地窖裡，緩慢而自然的季節變化節奏，讓葡萄酒可以和諧的熟成。一定要避免溫度劇烈變化，因為這樣會破壞葡萄酒的品質！靠近暖氣、烤箱或其他任何熱源，都會加速破壞的程度。

濕度：濕度很重要！若空氣太乾，酒塞也會因此而變得乾燥，空氣就會慢慢一點一點地穿透過去。最好的濕度條件大約是在 75-90%。唯一的風險是當濕度過高，軟木塞會發霉、酒標會掉下來，但這種情況非常少見。

光線：光線對葡萄酒非常不利。過量的光線會破壞葡萄酒的顏色和香氣，應該將酒置於陰暗的地方保存，例如櫥櫃或樓梯間，甚至簡單添一塊蓋布都能發揮作用。

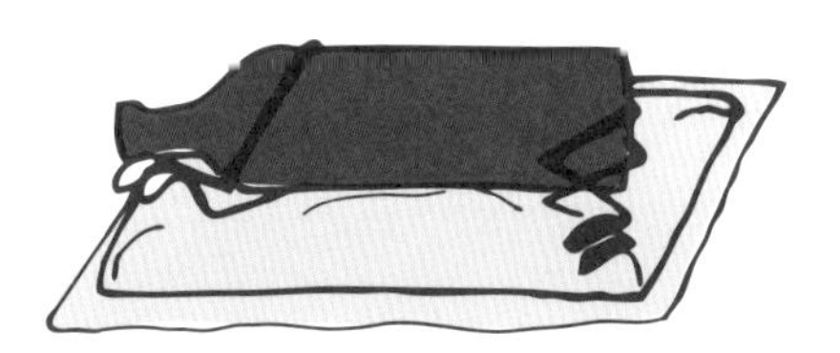

安靜：就像我們在睡覺時一樣，葡萄酒也需要安靜。撞擊和震動會打碎分子和擾亂香氣，這就是為何我們不會將酒窖建於地鐵隧道之上，或把酒擺在洗衣機上方。

異味：空氣中的異味會穿過軟木塞。有蒜頭味、漂白水味、臭抹布味的空間，或放置燃油的倉庫，都不是儲存葡萄酒的理想環境。就算是潮濕的紙箱，若放置的時間太久，那潮味也會影響葡萄酒的香氣。

讓葡萄酒陳年

在做這件事之前，應該先提出一個問題：這瓶酒需要陳年嗎？要回答這個問題，得先知道這瓶酒的適飲年份。並非所有的葡萄酒都是為了陳年而釀造的，而這個問題最主要的目的，當然是在葡萄酒的風味達到顛峰的時刻享用它。只要能掌握最佳品嚐時機，無論是兩年或二十年的酒，都能讓你體會到葡萄酒的奧妙。

可趁早享用的葡萄酒

多數價格較便宜的葡萄酒、氣泡酒、白酒、粉紅酒、質淡且單寧少的紅酒。也就是說，大部分我們會購買的葡萄酒都屬此類。品嚐這類型的葡萄酒，就是要欣賞它們新鮮又奔放的豐富果香味，放來陳年是沒有意義的。

通常來說，以白皮諾、維歐涅、蘇維濃、加美等葡萄釀製的酒，都較適合趁早飲用。但當然也有例外，若一瓶酒的口感夠強勁，也可試著放個幾年再喝，說不定會有意外的驚喜。

可陳年品嚐的葡萄酒

通常都是那些最珍貴、價值不菲的葡萄酒。太早飲用，其味道過於強勁，需要時間讓它熟成，綻放出最豐富和諧的味道表現。

以紅酒來說，優質的波爾多、勃根地、艾米塔吉（Hermitages）、教皇新堡（Châteauneufs-du-Pape）、馬第宏（Madiran）、西班牙的 Priorat 和 Ribera Del Duero、義大利的 Barolo 和 Barbaresco、葡萄牙的波特酒（Porto），還有阿根廷、加州和澳洲的好酒。白酒方面，羅亞爾河和南非的干型和甜型白梢楠（Chenin）、好的勃根地、德國的干型和甜型麗絲玲（Riesling）、索甸區（Sauternes）的甜酒、匈牙利的托凱甜酒（Tokaji）和義大利的蜜思嘉（muscat）。

怎麼知道葡萄酒是否需要陳年？

向他人諮詢：詢問購買店家或酒農、看酒背標籤說明、上網查資料……

葡萄酒在酒瓶中如何熟成？

氧氣，就是讓葡萄酒熟成的原因。

在酒瓶裡一定會有少許空氣殘留，這些小小的氣泡已足夠讓葡萄酒慢慢熟成，直到它的狀態到達顛峰，然後再慢慢走下坡。若讓酒瓶水平擺放，則空氣與酒接觸的面積更大，將會更有利於熟成。這是另一個我們應該讓葡萄酒平躺的理由。

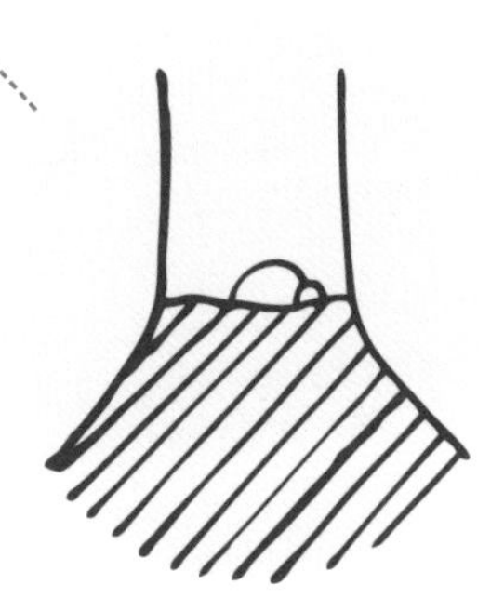

酒瓶中的空氣

雖然標準酒瓶和兩瓶裝分量的酒瓶容量相差一倍，但兩者裝瓶時殘留的空氣量卻是一樣的。這就是為什麼兩瓶裝的葡萄酒熟成速度比標準瓶更慢、更耐久存，而且平均算起來，大瓶的酒總是比標準瓶的酒還要貴一點。

直接品嚐：

如果你有買兩瓶以上的同款葡萄酒，不妨打開一瓶來喝。

味道嚐起來如何？閉鎖、生硬、濃厚，沒有很多香氣？很明顯地，這支葡萄酒在生氣，因為它太早被你叫醒了，你應該要再等一下。

如果紅酒喝起來很強勁，酸度和單寧都很重？耐心多等幾年後再品嚐它吧！

布置酒窖

小公寓

可以把酒放在櫥櫃、儲藏室、抽屜，如果你家有封起來不用的壁爐，也可以放在那裡，因為裡面的空氣通常比較陰涼。無論你把酒放在哪裡，重點是，一定要讓酒平躺、置於陰涼處，並且遠離熱源。如果你有置酒架，小心不要放在會被陽光照到的地方。

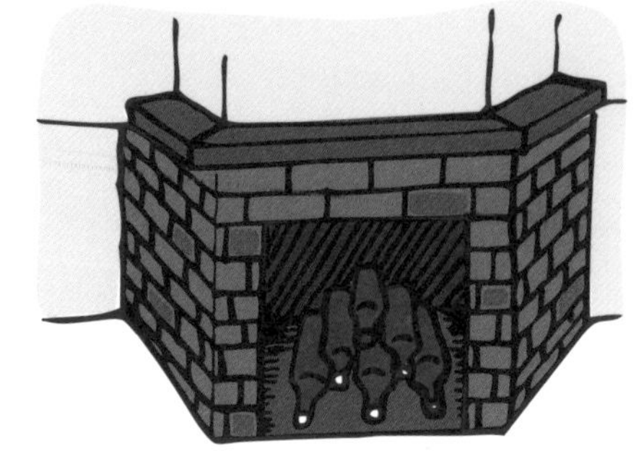

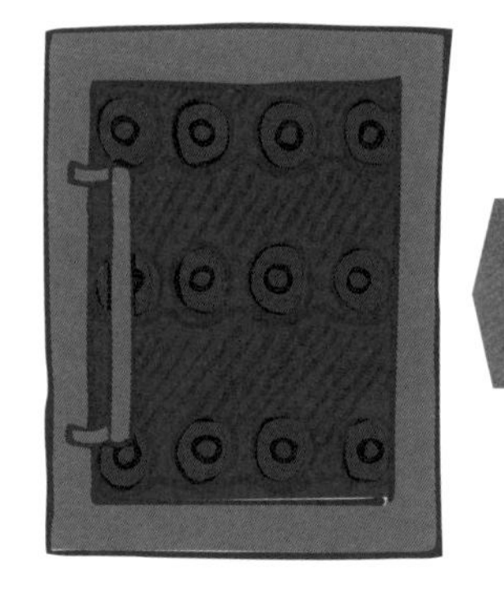

大公寓或獨棟房子

你口袋裡有點錢，有很多葡萄酒，但沒有酒窖？買一個電子酒窖機吧！電子酒窖機有各種大小（根據型號不同，可放十二至三百瓶酒），恆溫控濕又防光害，會是很棒的選擇。酒窖機有三種：一般冷藏型，適合保存葡萄酒幾個月的時間；恆溫型，比較昂貴，但可維持 12℃恆溫；多重分溫型，可分層控置溫度。酒農建議每三個月可將酒窖機的溫度調整 2-3℃，模擬大自然季節變化的循環。

獨棟房子

你有一大筆預算，也立志要收藏葡萄酒，但沒有酒窖？可以考慮自己蓋一個，整理一個專門儲酒的房間，不能有窗戶（或把窗戶封閉），做好隔熱保護措施，加裝空調設備，再放一桶水替代加濕器……最後，選一扇堅固的門及一副好鎖。你也可以請專門設計酒窖的建設公司代勞，建一個圓柱型地下酒窖，包含整體酒櫃設計，結合中央旋轉樓梯……這樣的酒窖可以容納五百至五千瓶葡萄酒。

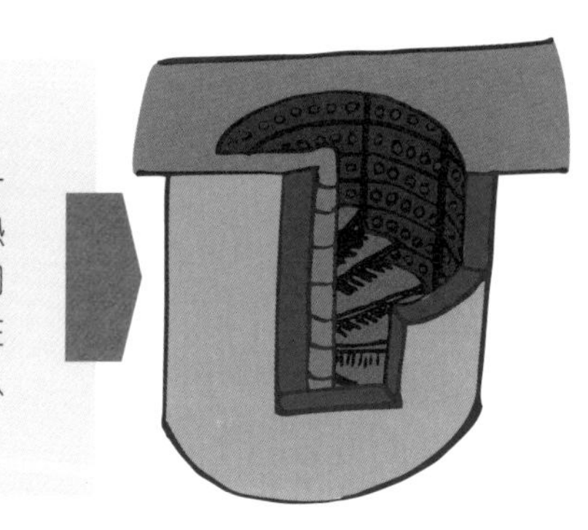

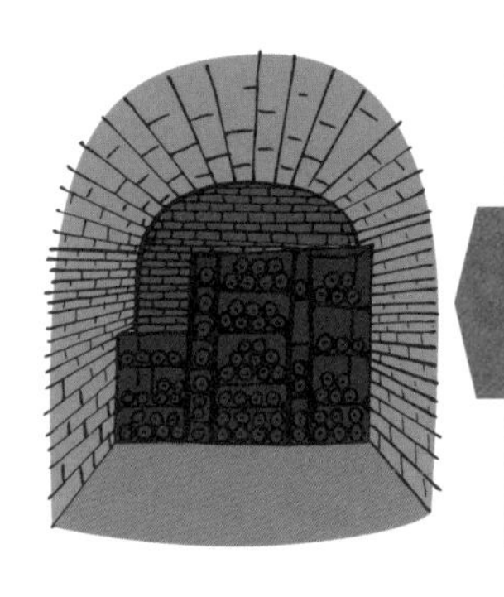

你已經有酒窖了？

你真是個幸運的人！如果你的酒窖是地底式的、牆壁很厚、以古老石材建造，而且上頭的地面結實，這就是最理想的酒窖。若是現代設計、水泥建造、室內溫度很高，你可考慮加裝隔熱措施或空調機。若是這樣的話，以最節能的方式計算，你可以在每立方公尺的空間內存放一百五十瓶葡萄酒；或你能充分利用空間，將牆面和天花板都擺滿葡萄酒，且只留下足夠寬的走道，那麼四平方公尺的酒窖大約可存放一千兩百瓶葡萄酒。

如何存放葡萄酒？

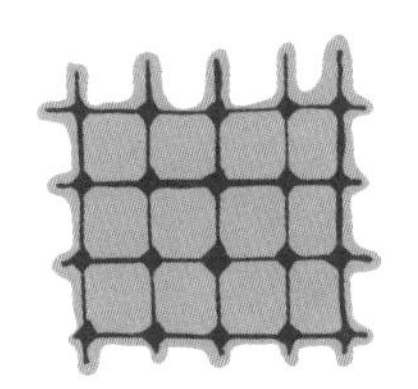

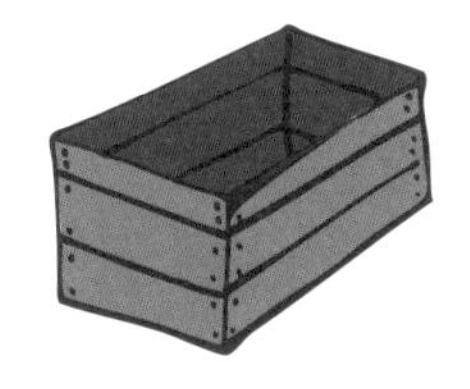

可堆疊式酒架：
可放六瓶或十二瓶葡萄酒，塑膠或金屬材質，可單獨購買，也可互相堆疊（但堆疊過高容易傾倒），依個人需求調整使用方法。

固定式酒架：
固定於牆上，較耐用且保護性佳。你也可以自己動手量身定做，或使用專門置酒的層板來做酒架。

原裝木箱：
如果環境不會太潮濕，美麗的木箱會是很好的選擇；但若環境過於潮濕，小心木箱可能會發霉，進而使軟木塞感染上黴菌。

如何整理葡萄酒？

依產地：最傳統的整理方式，你可以快速依產地風格找到想要的葡萄酒。

依年份：簡單明瞭，可將必須在兩年內喝完的酒和準備陳年的酒分開擺放。

依優先順序：將打算盡快喝掉的酒放在最容易拿到的位置，預備多放幾年的酒則放在比較難拿取的位置，例如後方、底層、靠近天花板處。

酒窖目錄
這是所有喜愛收藏葡萄酒的人不可或缺的工具。

裡頭可記錄：原產地、年份、酒莊或生產者名稱，購買的地點、價格、日期及數量（每次開瓶後再重新更正），以及擺放的位置。目錄應該要能幫助我們立刻找到需要的葡萄酒，為此我們可以將酒架做記號和編碼，例如勃根地酒是 B4、隆格多克是 B5、得趁年輕飲用的波爾多是 C1……

ANTISÈCHES

我的葡萄酒小抄

看一眼就能記住重點

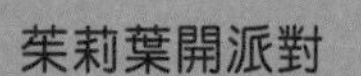

茱莉葉開派對

帕柯姆學品酒

保羅買葡萄酒

艾多種葡萄

柯哈莉參觀酒莊

茱莉葉
開派對的小抄

一個合適的酒杯，可使紅酒散發出
更豐富的香氣，而且口感更佳。

濃郁強烈的紅酒，
要在用餐前三小時先開瓶醒酒。

開香檳的方式不是拉拔瓶塞，
而是旋轉瓶身！

年輕的酒過醒酒瓶是為了加速氧化，
老酒過醒酒瓶則是為了去除酒渣。

與情人共進浪漫晚餐時，
最好避開容易使牙齒變黑的紅酒。

快速冷卻葡萄酒的方法：
在裝滿冷水與冰塊的冰桶中加入一匙鹽巴。

白酒的適飲溫度在 8-13℃，
紅酒則在 13-18℃。

醋會讓葡萄酒變成活死人。

品酒的順序：從最清淡到最濃郁。

在搭配葡萄酒和食物時，
可以顏色相近和產地相同為原則。

在睡前盡量多喝水，
可以避免隔日的宿醉。

低溫會掩蓋香氣，使單寧顯得生硬；
高溫會使葡萄酒口感變得沉重、渾濁。

對比搭配法可能會讓食物
展現山更多男人驚艷的味道。

開瓶後的葡萄酒，酒瓶接近全滿的狀態
會比剩下一點點更容易保存。

斟酒時，不要超過酒杯的
三分之一。

白酒可以有效去除紅酒留下的汙漬。

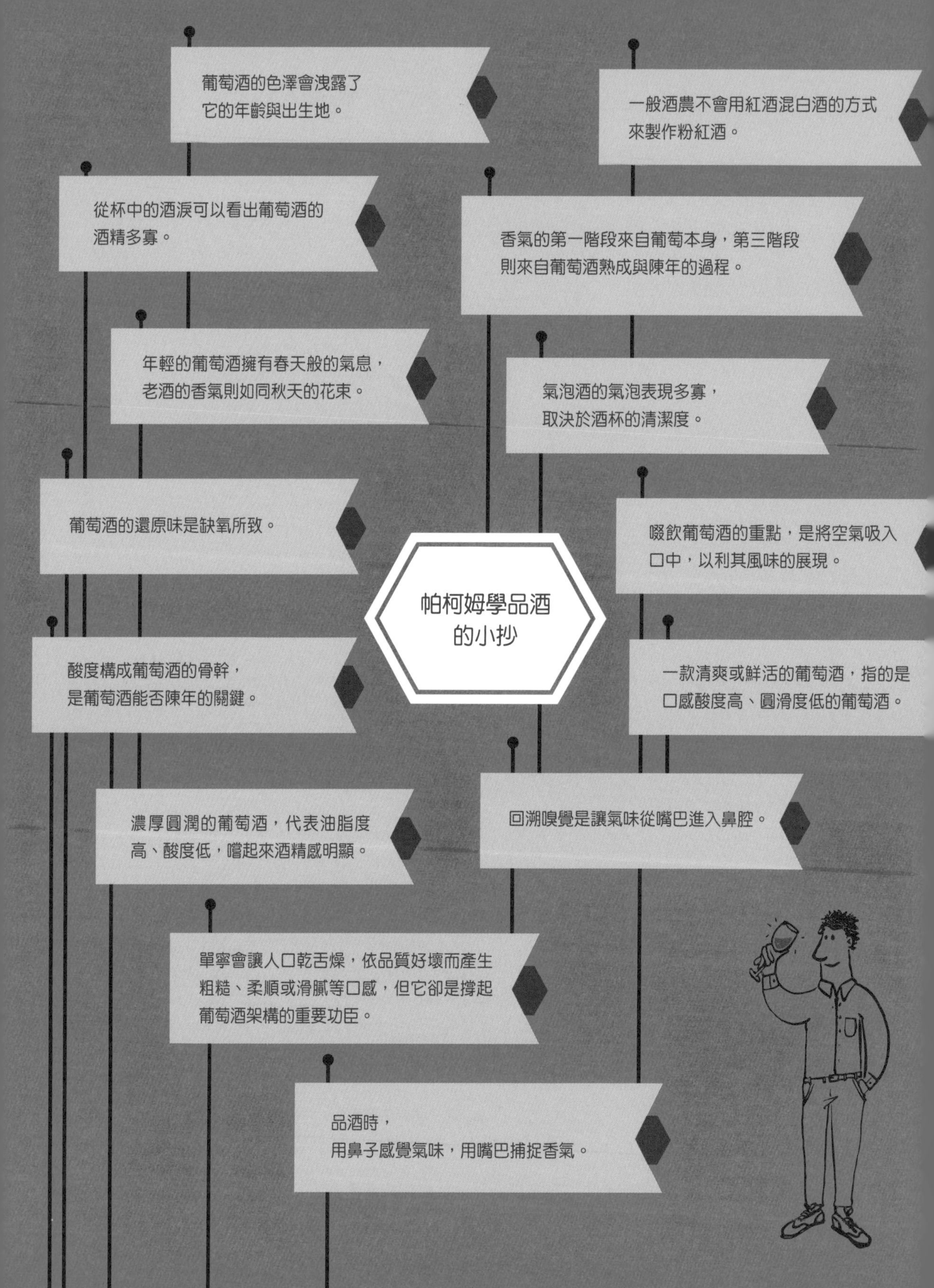
葡萄酒的色澤會洩露了
它的年齡與出生地。
一般酒農不會用紅酒混白酒的方式
來製作粉紅酒。
從杯中的酒淚可以看出葡萄酒的
酒精多寡。
香氣的第一階段來自葡萄本身，第三階段
則來自葡萄酒熟成與陳年的過程。
年輕的葡萄酒擁有春天般的氣息，
老酒的香氣則如同秋天的花束。
氣泡酒的氣泡表現多寡，
取決於酒杯的清潔度。
葡萄酒的還原味是缺氧所致。
啜飲葡萄酒的重點，是將空氣吸入
口中，以利其風味的展現。
帕柯姆學品酒
的小抄
酸度構成葡萄酒的骨幹，
是葡萄酒能否陳年的關鍵。
一款清爽或鮮活的葡萄酒，指的是
口感酸度高、圓滑度低的葡萄酒。
濃厚圓潤的葡萄酒，代表油脂度
高、酸度低，嚐起來酒精感明顯。
回溯嗅覺是讓氣味從嘴巴進入鼻腔。
單寧會讓人口乾舌燥，依品質好壞而產生
粗糙、柔順或滑膩等口感，但它卻是撐起
葡萄酒架構的重要功臣。
品酒時，
用鼻子感覺氣味，用嘴巴捕捉香氣。

艾多種葡萄的小抄

天然甜葡萄酒會在酒精發酵期間加入中性烈酒，終止發酵。

葡萄樹進入成熟期後，果實會根據種品的不同，從綠色轉變成黃色或紅色。

酒農選用的種植方式，能讓同一品種的葡萄展現出不同的風貌。

自然動力農法依據月亮的運行來施行耕作，對天然肥料與藥劑的要求也比有機農法更嚴格。

葡萄皮的色素賦予葡萄酒顏色，而覆蓋在葡萄皮上的果霜則包含了葡萄酒發酵所需的酵母菌。

乳酸發酵常用來釀造紅酒，但少見於白酒或粉紅酒。

有機農法收成的葡萄釀成有機葡萄酒，不會殘留任何化學農藥。

杯型式引枝法流行於氣候炎熱的區域，其樹幹外形矮短粗壯。

葡萄酒的酒精是酵母菌消化葡萄的糖分轉換而成的。

Jéroboam 是指 3 公升裝酒瓶，容量等於四瓶 750 毫升標準瓶。

白酒的釀造方法，是直接將採收下來的葡萄榨汁，紅酒則是將果實浸泡數天後才榨汁。

香檳酒的氣泡是直接在酒瓶裡進行發酵而成的。

根瘤蚜是來自美國的害蟲，解決方法則是將新芽嫁接在美洲原生葡萄品種的砧木上。

遲摘葡萄是為了讓果實的糖分更濃縮，好用來釀造甜酒。

年份的品質是根據葡萄產區一整年的氣象表現來決定。

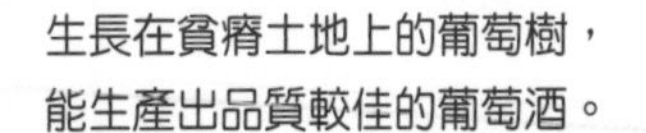

生長在貧瘠土地上的葡萄樹，
能生產出品質較佳的葡萄酒。

著重於表現葡萄品種特性的葡萄酒，
無法表現出那塊土地獨特的風土條件。

風土條件是所有自然因素的總合，但還要加
上人為因素，才能塑造出葡萄酒的風格。

柯哈莉參觀酒莊的小抄

比起黏土土質，石灰岩質的土壤能讓葡萄酒的架
構更細緻。

保羅買葡萄酒的小抄

侍酒師不需要為軟木塞變質的葡萄酒負責，但他必須很樂意換一瓶新的給你。

決定要陳放一瓶葡萄酒之前，
先問問自己這瓶酒適不適合陳年。

獎牌的價值，來自於頒發的酒展或競賽的聲望。

好的侍酒師在正式侍酒前，
一定會讓你先品嚐酒的味道。

酒的背標通常會有更多關於葡萄酒及葡萄園的資訊。

裝瓶時殘留在酒瓶中的少許氧氣，
讓葡萄酒得以慢慢熟成。

葡萄酒目錄是管理酒窖不可或缺的幫手。

參觀酒展或酒莊，是品嚐葡萄酒最好的方式，也可以買到價格合理的葡萄酒。

不要將葡萄酒存放在氣味不好的地方。

葡萄酒需要陰暗、低溫、適當濕度和可以靜置的地方才能好好陳年。

酒瓶封籤上寫著 N 和 E，代表這瓶酒來自酒商；
寫著 R 代表這是來自酒農的葡萄酒。

在小型超市買酒，最好買年份較新，
並且用旋轉蓋密封的葡萄酒。

你可以用地區或年份來分類自己收藏的葡萄酒。

封閉不用的壁爐
可當作存放葡萄酒的小空間。

酒標上寫著「Grand Vin de Bordeaux」
並不代表它來自法定產區，
事實上這句標語沒有任何價值。

勃根地葡萄酒的酒標，
產區名稱會標得比酒莊名稱更大；
波爾多的酒標則正好相反。

酒標上必須標示裝瓶地點。

章節索引

茱莉葉開派對

派對前的準備工作 ------------ 8
葡萄酒開瓶器 10
不用開瓶器的開瓶法 12
如何開香檳？ 13
什麼場合喝什麼酒？ 14
開瓶的時間 16
醒酒或換瓶？ 17
飲用的最佳溫度 18
在派對上------------------- 20
如何正確地侍酒？ 22
什麼酒配什麼食物？ 23
品酒會的小建議 26
派對結束後-- 29
保存已開封的葡萄酒 31
治療宿醉 33

帕柯姆學品酒

葡萄酒的色澤 -------------- 36
反射光澤與清澈度 39
酒淚與酒腳 40
觀察氣泡 41
葡萄酒的香氣 -------------- 42
香氣的分類 43
季節的輪替 48
香氣的三個階段 49
酒壞了！ 50
口中的葡萄酒 -------------- 52
圓潤或尖銳？ 54
葡萄酒的雙腿 55
葡萄酒的單寧 56
窺探後韻 57
用黑色酒杯玩盲飲 58
盲飲的步驟 60
平衡問題 62
吞下去或吐掉？ 63
是品酒，不是酗酒 65
尋找夢想中的葡萄酒 ----------------------------- 66

艾多種葡萄

從品種到果實 74
白色的葡萄品種 76
紅色的葡萄品種 86
葡萄樹的生命週期 --------- 96
葡萄樹的不同「造型」 98
砧木的歷史 99
氣象與年份的影響 100
葡萄園的管理與照顧 102
葡萄採收的時機 ----------- 106
手工採收葡萄 108
機器採收葡萄 109
如何釀造紅葡萄酒？ 110
如何釀造白葡萄酒？ 112
如何釀造粉紅葡萄酒？ 114
如何釀造香檳葡萄酒？ 116
葡萄酒的培養熟成 ------------------------------ 118
甜型與超甜型葡萄酒 120
中途抑制發酵的天然甜葡萄酒 121
各式各樣的葡萄酒瓶 122
軟木塞的祕密 124
為什麼要在葡萄酒裡加硫？ 127

柯哈莉參觀酒莊

風土條件 ---------- 130

法國的葡萄酒 ---------- 134

阿爾薩斯葡萄酒 134
薄酒來葡萄酒 135
勃根地葡萄酒 136
波爾多葡萄酒 138
香檳葡萄酒 140
隆格多克-胡西雍葡萄酒 142
普羅旺斯與科西嘉葡萄酒 144
西南區葡萄酒 146
羅亞爾河葡萄酒 148
隆河葡萄酒 150
法國其他地區的葡萄酒 152

歐洲的葡萄酒 ---------- 154

德國葡萄酒 154
瑞士葡萄酒 155
義大利葡萄酒 156
西班牙葡萄酒 158
葡萄牙葡萄酒 160
希臘葡萄酒 161
巴爾幹半島 162

世界各地的葡萄酒 ---------- 164

美國葡萄酒 164
智利葡萄酒 166
阿根廷葡萄酒 167
澳洲與紐西蘭葡萄酒 168
南非葡萄酒 170
其他地區的葡萄酒 172

保羅買葡萄酒

上餐廳點酒 ---------- 176

侍酒師的工作 179

讀懂酒標 ---------- 181

辨認好的標示 183
行銷用語和手法 184

選購葡萄酒 ---------- 187

去大賣場買酒 188
參觀酒展或酒莊 190
葡萄酒專賣店 192
葡萄酒市集 193
上網買酒 194

建立自己的酒窖 ---------- 195

葡萄酒的儲存條件 197
讓葡萄酒陳年 198

我的葡萄酒小抄

茱莉葉開派對的小抄 203
帕柯姆學品酒的小抄 204
艾多種葡萄的小抄 205
柯哈莉參觀酒莊的小抄 206
保羅買葡萄酒的小抄 207

名詞索引 210

名詞索引

白葡萄品種

Aligoté/ 阿里哥蝶：136, 137
Altesse/ 阿爾迪斯（薩瓦地區）：153
Bergeron/ 貝傑宏（「胡姍」的別稱）：153
Bourboulenc/ 布爾朗克：142, 144, 150
Carmenere/ 卡門內：166
Chardonnay/ 夏多內：14, 26, 27, 75, 76, 82,84, 116, 135, 136, 137, 140, 142,143, 148, 152, 156, 159, 165, 166, 167, 168, 169, 170, 171
Chasselas/ 夏思拉：153, 155
Chenin/ 白梢楠：14, 61, 78, 148, 149, 168,170, 171, 182, 184, 198
Courbu/ 古爾布：146
Gewurztraminer/ 格烏茲塔明那：79, 134, 156, 169
Gros manseng/ 大蒙仙：146, 147
Macabeu/ 馬卡貝歐：142
Marsanne/ 瑪姍：53, 80, 83, 84, 142, 150
Mauzac/ 莫札克：15, 142, 146
Melon de Bourgogne/ 勃根地香瓜：148, 149
Muscadelle/ 蜜思卡岱勒：26, 81, 146, 168
Muscat/ 蜜思嘉：53, 85, 134, 142, 143, 150, 156, 161, 168, 171, 198
Muscat d'Alexandrie/ 亞歷山大蜜思嘉：85
Muscat ottonel/ 翁東克蜜思嘉：85
Petit manseng/ 小蒙仙：146
Picpoul/ 皮朴爾：142, 150
Pinot blanc/ 白皮諾：24, 54, 134, 156, 198
Pinot gris/ 灰皮諾：134, 154, 156
Pinot meunier/ 皮諾莫尼耶：116, 140
Riesling/ 麗絲玲：24, 27, 82, 134, 154, 165, 168, 169, 171, 192, 198
Rolle/Vermentino/ 侯爾（在科西嘉稱作「維門替諾」）：53, 83, 84, 144
Roussane/ 胡姍：80, 83, 142, 150, 153
Sauvignon (blanc)/ 蘇維濃：26, 27, 37, 68, 77, 81, 84, 87, 88, 91, 136, 146, 148, 149, 156, 159, 165, 166, 168, 169, 171, 198
Savagnin/ 莎瓦涅：152
Sémillon/ 榭密雍：26, 77, 81, 146, 147, 165, 166, 168, 171
Sylvaner/ 希爾瓦那：134, 154
Ugni blanc/ 白于尼：84, 144, 150
Viognier/ 維歐涅：80, 83, 150, 198

紅葡萄品種

Cabernet franc/ 卡本內弗朗：26, 88, 91, 138,146, 148, 149, 157
Cabernet-sauvignon/ 卡本內蘇維濃：27, 87, 88, 91,138, 144, 146, 147, 156, 159,164, 165, 166, 167, 168, 170, 171
Carignan/ 卡利濃：55, 95, 106, 142, 143,144, 150, 159
Cinsault/ 仙梭：106, 142, 144, 150
Clairette/ 克萊雷特：84, 142, 144, 150
Counoise/ 古諾斯：150
Fer servadou/ 費爾塞瓦都：146
Gamay/ 加美：54, 92, 135, 137, 148, 149,152, 153, 155, 177, 198
Grenache/ 格納希：26, 72, 83, 84, 89, 90, 106, 121, 142, 144, 150, 159, 165
Malbec/ 馬爾貝克：37, 94, 146, 147, 166, 167
Merlot/ 梅洛：75, 87, 88, 91, 138, 142, 146, 147, 155, 156, 157, 164, 165, 166, 167, 169, 170, 171
Mondeuse/ 蒙得斯：152, 153
Mourvèdre/ 慕維得爾：72, 93, 106, 142, 144, 150, 159
Négrette/ 內格瑞特：146, 147
Nielluccio/ 尼陸修：15, 144
Pinot noir/ 黑皮諾：27, 55, 75, 86, 87, 116, 134, 136, 137, 140, 148, 149, 152, 153, 154, 155, 156, 165, 166, 168, 169, 171
Shiraz/Syrah/ 希哈：26, 68, 74, 80, 89, 90, 106, 142, 144, 150, 165, 166, 167, 168, 170, 171
Siaccarello/ 西亞卡列羅：144
Tannat/ 塔那：146, 147
Trousseau/ 土梭：150
Vaccarèse/ 瓦卡黑斯：150
Zinfandel/ 金芬黛：164, 165, 171

類型葡萄酒

Auslese/ 精選型葡萄酒（德國葡萄酒分類等級之一）：53, 154
Beaujolais nouveau/ 薄酒萊新酒：135, 187
Blanc de blancs/ 白中白，以白葡萄釀造的白（香檳）氣泡酒：15, 27, 140
Cava/ 卡瓦氣泡酒，西班牙：14, 158
Crémant/ 氣泡酒：14, 24, 27, 101, 116, 134, 136, 187, 195
Mutage des vins doux naturels/ 中途抑制發酵的天然甜葡萄酒：121
Sherry/Jerez/ Xérès/ 雪莉酒（亦稱赫雷斯酒），西班牙：121, 158, 159
Kir/ 基爾酒，以黑醋栗香甜酒（crème de cassis）及阿里哥蝶白酒混調的飲料：8
Liqueur/ 利口酒：121
Madère/ 馬德拉甜酒，葡萄牙：8, 50, 119, 121, 123, 160
Moscato/ 義大利蜜思嘉葡萄酒：85
Porto/ 波特酒，葡萄牙：8, 119, 121, 123, 143, 160, 195, 198
Sélection de grains nobles ou Beerenauslese/ 逐粒精選貴腐葡萄酒：120

Tokay/ Tokaji/ 托凱甜酒，匈牙利：53, 162
Trockenbeerenauslese/ 精選貴腐葡萄酒（德國葡萄酒分類等級之一）：53, 154
Vin de paille/ 麥桿甜酒：120
Vins moelleux et liquoreux/ 甜型與超甜型葡萄酒：120

產區

A

Ajaccio（AOC）/ 阿加修，科西嘉島：145
Aloxe-Corton（AOC）/ 阿羅斯 - 高登，勃根地：137
Alsace/ 阿爾薩斯：14, 24, 27, 53, 54, 79, 82, 85,103, 123, 130, 134, 183
Amboise/ 安伯日，羅亞爾河：149
Anjou（AOC）/ 安茹，羅亞爾河：54, 148-149
Anjou Coteaux de la Loire（AOC）/ 安茹羅亞爾丘，羅亞爾河：148
Ardèche（PDV）/ 阿爾代什，隆河：92
Auvergne 153：歐維涅區
Azay-le-Rideau（AOC）/ 阿列 - 麗多，羅亞爾河：149

B

Bandol（AOC）/ 邦斗爾，普羅旺斯：14, 27, 93, 144, 145
Banyuls（AOC）/ 班努斯，胡西雍：53, 89, 119, 121, 123, 143
Barolo/ 巴羅洛，義大利：15, 157, 198
Barr/ 巴赫，阿爾薩斯：134
Barsac(AOC）/ 巴薩克，波爾多：53, 138
Béarn（AOC）/ 貝亞，西南產區：146
Beaujolais/ 薄酒萊：14, 15, 25, 54, 92, 109,135, 177, 187, 192
Beaujolais-Villages/ 薄酒萊村莊級，薄酒萊：135
Beaumes-de-Venise（AOC）/ 威尼斯 - 彭姆，隆河：53, 123, 150
Bellet（AOC）/ 伯雷，普羅旺斯：144, 145
Bergerac（AOC）/ 貝傑哈克，西南產區：15, 53, 147
Blagny(AOC）/ 布拉尼，勃根地：137
Bonnezeaux（AOC）/ 邦若，羅亞爾河：53, 148
Bordeaux/ 波爾多：8, 9, 14, 15, 26, 37, 53,54, 55, 77, 81, 87, 88, 91, 94,100, 123, 138-139, 146, 147, 174, 181, 182, 183, 184, 186, 198,201, 208
Bourgogne/ 勃根地：8, 14, 15, 16, 25, 26, 27,37, 54, 55, 59, 76, 85, 86, 92, 98,100, 103, 105, 110, 123, 133, 136-137, 152, 165, 169, 177, 182,183, 187, 198, 201, 208
Bourgueil（AOC）/ 布戈憶，羅亞爾河：14, 26, 148, 149, 187
Bouzeron（AOC）/ 布哲宏，勃根地：137
Brouilly（AOC）/ 布依，薄酒萊：135, 187
Bugey（AOC）/ 比傑，薩瓦：152-153
Buzet（AOC）/ 布杰，西南產區：146

C

Cabardès（AOC）/ 卡巴得斯，隆格多克：142
Cadillac（AOC）/ 卡帝亞克，波爾多：15, 139
Cahors（AOC）/ 卡歐，西南產區：24, 147
Cairanne（AOC）/ 加漢，隆河：26
Canon-Fronsac（AOC）/ 加儂弗朗薩克，波爾多：139
Cassis（AOC）/ 卡西斯，普羅旺斯：145
Centre-Loire/ 羅亞爾中央區，羅亞爾河：77, 148-149
Cérons（AOC）/ 西隆，波爾多：138
Chablis（AOC）/ 夏布利，勃根地：14, 24, 26, 27, 54, 76, 136, 137, 177, 195
Chambolle-Musigny（AOC）/ 香波蜜思妮，勃根地：15, 136, 137
Champagne/ 香檳區：8, 13, 14, 15, 16, 18,20, 24, 29, 31, 32, 38, 53, 76, 86,101, 109, 116, 117, 123, 136, 140-141, 157, 158, 187, 195, 204, 206
Chassage-Montrachet（AOC）/ 夏山 - 蒙哈榭，勃根地：136
Château Angélus/ 金鐘堡，波爾多：139
Château Ausone/ 歐頌堡，波爾多：139
Château Cheval Blanc/ 白馬堡，波爾多：139
Château-Grillet（AOC）/ 格里業堡，隆河：150, 151
Château Haut-Brion/ 歐 - 布里昂堡，波爾多：139
Château Lafite-Rotschild/ 拉菲堡，波爾多：139
Château Latour/ 拉圖堡，波爾多：139
Château Margaux/ 瑪歌堡，波爾多：139
Château Mouton-Rotschild/ 木桐堡，波爾多：139
Château Pavie/ 帕維堡，波爾多：139
Château Yquem/ 依更堡，波爾多：62, 139
Châteauneuf-du-Pape（AOC）/ 教皇新堡，隆河：89, 150, 198
Chénas（AOC）/ 薛納，薄酒萊：135
Cheverny（AOC）/ 修維尼，羅亞爾河：149
Chinon（AOC）/ 希濃，羅亞爾河：14, 149, 187
Chiroubles（AOC）/ 希路柏勒，薄酒萊：15, 135, 187
Chorey-Lès-Beaune（AOC）/ 修黑 - 伯恩，勃根地：137
Clairette de Die（AOC）/ 迪 - 克雷賀特，隆河：150, 151
Clairette du Languedoc/ 隆格多克克雷賀特，隆格多克：143
Collioure（AOC）/ 高麗烏爾，胡西雍：143
Colmar/ 柯爾瑪，阿爾薩斯：134
Condrieu（AOC）/ 恭得里奧，隆河：151
Corbières（AOC）/ 高比耶，隆格多克：142, 143
Cornas / 高納斯，隆河：151
Corse/ 科西嘉島：14, 15, 84, 85, 144-145
Costières de Nîmes（AOC）/ 尼

姆丘，隆格多克：40, 143
Côte chalonnaise（AOC）/ 夏隆內丘，勃根地：136, 137
Côte de Beaune（AOC）/ 伯恩丘，勃根地：26, 37, 136, 137
Côte de Nuits（AOC）/ 夜丘，勃根地：14, 136, 137
Côte de Provence（AOC）/ 普羅旺斯丘，普羅旺斯：145
Côte de Sézanne（AOC）/ 西棧丘，香檳區：141
Côte des Bar（AOC）/ 巴丘，香檳區：141
Côte des Blancs（AOC）/ 白丘，香檳區：104, 141
Côte-de-Brouilly（AOC）/ 布依丘，薄酒萊：135
Côte-Rôtie（AOC）/ 羅第丘，隆河：15, 90, 151
Coteaux d'Aix-en-Provence（AOC）/ 艾克斯 - 普羅旺斯丘，普羅旺斯：145
Coteaux d'Ancenis（AOC）/ 安謝尼丘，羅亞爾河：148, 149
Coteaux de l'Aubance（AOC）/ 歐班斯丘，羅亞爾河：148
Coteaux de Pierrevert（AOC）/ 皮耶維爾丘，普羅旺斯：151
Coteaux du Cap Corse（AOC）/ 科西嘉角，科西嘉島：145
Coteaux du Giennois（AOC）/ 杰諾瓦丘，羅亞爾河：149
Coteaux du Languedoc（AOC）/ 隆格多克丘，隆格多克：143
Coteaux du Layon（AOC）/ 萊陽丘，羅亞爾河：55, 148
Coteaux du Loir（AOC）/ 羅瓦丘，羅亞爾河：148
Coteaux-du-lyonnais（AOC）/ 里昂丘，薄酒萊：135
Coteaux Varois(AOC）/ 瓦華丘，普羅旺斯：145
Coteaux Vendômois（AOC）/ 馮多馬丘，羅亞爾河：149
Côtes de Bergerac（AOC）/ 貝傑哈克丘，西南產區：53
Côtes de Blaye（AOC）/ 布拉伊丘，波爾多：139
Côtes de Bourg（AOC）/ 布爾丘，波爾多：139
Côtes de Castillon（AOC）/ 卡斯提雍丘，波爾多：139
Côtes de Francs（AOC）/ 弗朗丘，波爾多：139
Côtes de Malepère（AOC）/ 馬勒佩爾丘，隆格多克：142
Côtes du Frontonais（AOC）/ 弗隆東丘，西南產區：147
Côtes du Lubéron（AOC）/ 呂貝宏丘，隆河：151
Côtes du Roussillon Villages（AOC）/ 胡西雍丘村莊，胡西雍：142
Côtes du Ventoux（AOC）/ 馮度丘，隆河：151
Côtes du Vivarais（AOC）/ 維瓦瑞丘，南隆河：150
Côtes-du-Rhône（AOC）/ 隆河丘，隆河：14, 53, 123, 142,150, 187
Côtes-du-Rhône Villages(AOC）/ 羅河丘村莊，隆河：151
Cour-Cheverny（AOC）/ 古爾修維尼，羅亞爾河：149
Crozes-Hermitage（AOC）/ 克羅茲艾米達吉，隆河：151

D-F

Dambach-la-Ville（AOC）/ 當巴克拉維爾，阿爾薩斯：134
Duras（AOC）/ 杜哈，西南產區：146
Entre-Deux-Mers（AOC）/ 兩海之間，波爾多：139
Faugères（AOC）/ 佛傑爾，隆格多克：142, 143
Fiefs Vendéens（AOC）/ 弗翁德望，羅亞爾河：148
Fitou（AOC）/ 菲杜，隆格多克：142
Fleurie（AOC）/ 弗勒莉，薄酒萊：135
Fronsac（AOC）/ 弗朗薩克，波爾多：139

G

Gaillac（AOC）/ 加雅克，西南產區：147
Gevrey-Chambertin（AOC）/ 哲維瑞 - 香貝丹，勃根地：136, 137
Gigondas（AOC）/ 吉恭達斯，隆河：150
Givry（AOC）/ 吉弗里，勃根地：137
Graves（AOC）/ 格拉夫，波爾多：132, 138, 139
Graves de Vayres（AOC）/ 瓦意爾 - 格拉夫，波爾多：139
Grignan-les-Adhémar（AOC）/ 格裡昂安德瑪，隆河：151
Guebwiller/ 蓋布維萊，阿爾薩斯：134

H-K

Haut-Médoc(AOC）/ 上梅多克，波爾多：138
Haut-Poitou（AOC）/ 上布阿圖，羅亞爾河：149
Hermitage（AOC）/ 艾米達吉，隆河：90, 150, 151, 198
Irancy（AOC）/ 依宏希，勃根地：137
Irouléguy（AOC）/ 伊魯萊吉，西南產區：146-147
Jasnières（AOC）/ 賈斯尼耶，羅亞爾河：15, 148
Juliénas（AOC）/ 朱里耶納，薄酒萊：135
Jura/ 侏羅區：24, 27, 54, 76, 103, 119, 120, 121, 123, 152, 153
Jurançon（AOC）/ 居宏頌，西南產區：15, 53, 146
Kirchberg/ 阿爾薩斯特級葡萄園：27
Kitterlé/ 阿爾薩斯特級葡萄園：27

L

La Rioja/ 拉里奧哈，阿根廷：167
Ladoix-Serrigny（AOC）/ 137：拉都瓦 - 賽西尼，勃根地（AOC Ladoix-Serrigny, Bourgogne）
Lalande de Pomerol（AOC）/ 拉隆 - 波美侯，波爾多：139
Languedoc/ 隆格多克：14, 27, 54, 55, 72, 76, 80, 83, 95, 103, 106, 128, 187, 195, 201
Languedoc-Roussillon/ 隆格多克 - 胡西雍：84, 88, 93, 142-143
Les Baux-de-Provence（AOC）/ 波 - 普羅旺斯，普羅旺斯：145
Limoux(AOC）/ 利慕，隆格多克：27, 142
Lirac（AOC）/ 里哈克，隆河：150
Listrac-Médoc（AOC）/ 里斯塔克 - 梅多克，波爾多：138
Loire/ 羅亞爾河：14, 15, 25, 26, 37, 53, 54, 61, 77, 78, 85, 91,

92, 103, 105, 106-107, 153, 170, 177, 187, 195, 198
Lorraine/ 洛林：152-153
Loupiac（AOC）/ 盧皮亞克，波爾多：138
Lussac Saint-Émilion（AOC）/ 律沙克 - 聖愛美濃，波爾多：139

M

Mâconnais/ 馬貢區，勃根地：136, 137, 187
Madiran（AOC）/ 馬第宏，西南產區：146-147, 186, 198
Maghreb/ 馬格里布（非洲西部）：137
Maranges（AOC）/ 馬宏吉，勃根地：137
Marcillac（AOC）/ 馬希雅克，西南產區：147
Margaux(AOC) / 瑪歌，波爾多：15, 138, 139
Marlenheim/ 阿爾薩斯特級葡萄園：134
Marmandais/ 馬蒙地，西南產區：146-147
Marsannay-la-Côte（AOC）/ 馬沙內，勃根地：137, 177
Maury（AOC）/ 莫利，胡西雍：53, 89, 121, 142, 143
Médoc（AOC）/ 梅多克，波爾多：27, 138, 139
Ménetou-Salon（AOC）/ 蒙內都 - 沙隆，羅亞爾河：149
Mercurey（AOC）/ 梅克雷，勃根地：137
Mesland/ 梅斯朗，羅亞爾河：149
Meursault（AOC）/ 梅索，勃根地：14, 27, 137, 195
Minervois（AOC）/ 密內瓦，隆格多克：142, 143
Molsheim/ 阿爾薩斯特級葡萄園：134
Montagne de Reims（AOC）/ 漢斯山區，香檳區：140
Montagne Saint-Émilion（AOC）蒙塔涅 - 聖愛美濃，波爾多：/ 139
Montagny（AOC）/ 蒙塔尼，勃根地：137
Montbazillac（AOC）/ 蒙巴季亞克，西南產區：146
Monthélie（AOC）/ 蒙黛利，勃根地：136, 137
Montlouis（AOC）/ 蒙路易，羅亞爾河：53, 149
Montravel/ 蒙哈維爾，西南產區：146
Morey-Saint-Denis(AOC) / 莫瑞 - 聖丹尼，勃根地：137, 182
Morgon（AOC）/ 摩恭，薄酒萊：14, 135
Moulin-à-Vent（AOC）/ 風車磨坊，薄酒萊：135
Moulis（AOC）/ 慕里，波爾多：138
Muscadet（AOC）/ 蜜思卡得，羅亞爾河：15, 24, 40, 53, 54, 85, 148, 149, 192
Muscadet Coteaux de la Loire（AOC）/ 蜜思卡德 - 羅亞爾丘，羅亞爾河：148
Muscadet Côtes de Grandlieu（AOC）/ 蜜思卡德 - 格蘭里奧丘，羅亞爾河：148
Muscadet de Sèvre-et-Maine（AOC）/ 蜜思卡德 - 塞爾曼尼：148
Muscat de Beaumes-de-Venise（AOC）/ 威尼斯 - 彭姆 - 蜜思嘉，隆河：53, 85, 121, 123, 150
Muscat de Frontignan（AOC）/ 風替紐 - 蜜思嘉：85, 121, 123, 143
Muscat de Lunel（AOC）/ 呂內爾 - 蜜思嘉，隆格多克：143
Muscat de Mireval(AOC) / 米黑瓦 - 蜜思嘉，隆格多克：143
Muscat de Rivesaltes（AOC）/ 麗維薩特 - 蜜思嘉，胡西雍：85, 121, 123,142, 143, 195

N-O

Nuits-Saint-Georges（AOC）/ 聖 - 夜喬治，勃根地：137
Obernai/ 奧貝爾奈，阿爾薩斯：134
Osterberg/ 阿爾薩斯特級葡萄園：134

P

Pacherenc du Vic-Bilh（AOC）/ 維克 - 畢勒 - 巴歇漢克，西南產區：146
Palette(AOC) / 巴雷特，普羅旺斯：144, 145
Patrimonio(AOC) / 巴帝歐尼摩，科西嘉：144, 145
Pauillac（AOC）/ 波雅克，波爾多：15, 24, 138, 139
Pays Nantais/ 南特區，羅亞爾河：148-149
Pécharmant(AOC) / 貝夏蒙，西南產區：15, 146
Pernand-Vergelesses（AOC）/ 佩南 - 維哲雷斯，勃根地：137
Pessac-Léognan（AOC）/ 貝沙克 - 雷奧良，波爾多：138
Pomerol（AOC）/ 波美侯，波爾多：26, 138, 139, 195
Pommard（AOC）/ 波瑪，勃根地：15, 136, 137
Pouilly-Fuissé（AOC）/ 普依 - 富塞，羅亞爾河：137
Pouilly-Fumé（AOC）/ 普依 - 芙美，羅亞爾河：149
Pouilly-Loché（AOC）/ 普依 - 樓榭，勃根地：137
Pouilly-Vinzelles（AOC）/ 普依 - 凡列爾，勃根地：137
Provence/ 普羅旺斯：14, 15, 76, 84, 93, 95, 103, 123, 144-145, 187, 195
Puisseguin-Saint-Émilion（AOC）/ 普榭剛 - 聖愛美濃，波爾多：139
Puligny-Montrachet（AOC）/ 普里尼 - 蒙哈榭，勃根地：15, 137

Q-R

Quarts de Chaume（AOC）/ 休姆 - 卡德，羅亞爾河：53, 148
Quincy（AOC）/ 甘希，羅亞爾河：149, 177
Rasteau（AOC）/ 哈斯多，隆河：121, 151
Régnié(AOC) / 黑尼耶，薄酒萊：135
Reuilly（AOC）/ 荷依，羅亞爾河：149
Rhône/ 隆河：15, 16, 26, 89, 90, 93, 95, 103, 150, 151
Ribeauvillé/ 阿爾薩斯特級葡萄園：27, 134
Rioja/ 里奧哈，西班牙：15, 130, 158, 159
Riquewihr/ 阿爾薩斯特級葡萄園：134
Rosé des Riceys（AOC）/ 利榭粉

紅酒，香檳區：141
Rully（AOC）/ 乎利，勃根地：137

S

Saint-Amour（AOC）/ 聖艾姆，薄酒萊：135, 187
Saint-Aubin（AOC）/ 聖歐班，勃根地：136, 137
Saint-Bris（AOC）/ 聖彼茲，勃根地：27, 136, 137
Saint-Chinian（AOC）/ 聖西紐，隆格多克：142, 143
Saint-Émilion/ 聖愛美濃，波爾多：14, 27, 138, 139, 195
Saint-Estèphe（AOC）/ 聖艾斯臺夫，波爾多：138, 186
Saint-Georges-Saint-Émilion（AOC）/ 聖喬治 - 聖愛美濃，波爾多：139
Saint-Joseph（AOC）/ 聖喬瑟夫，隆河：90, 151
Saint-Julien（AOC）/ 聖朱里安，波爾多：15, 138
Saint-Marcaire（AOC）/ 波爾多：139
Saint-Nicolas-de-Bourgueil（AOC）/ 布戈憶 - 聖尼古拉，羅亞爾河：149
Saint-Péray（AOC）/ 聖佩雷，隆河：151
Saint-Romain（AOC）/ 聖侯曼，勃根地：137
Saint-Véran（AOC）/ 聖維宏，勃根地 27, 136, 137
Sainte-Croix-du-Mont（AOC）/ 蒙 - 聖跨，波爾多：139
Sainte-Foy-Bordeaux（AOC）/ 聖發 - 波爾多，波爾多：139
Sancerre（AOC）/ 松塞爾，羅亞爾河：77, 149
Santenay（AOC）/ 松特內，勃根地：137
Sardaigne/ 薩丁尼亞島，義大利：84, 156
Saumur（AOC）/ 梭密爾，羅亞爾河：149, 187
Saumur-Champigny（AOC）/ 梭密爾 - 香比尼，羅亞爾河：149, 187
Sauternes（AOC）/ 索甸，波爾多：24, 37, 53, 81, 138, 139, 198
Savennières（AOC）/ 莎弗尼耶，羅亞爾河：53, 148
Savigny-Lès-Beaune（AOC）/ 薩維尼，勃根地：137
Savoie/ 薩瓦：54, 152-153
Schlossberg/ 阿爾薩斯特級葡萄園：134
Sommerberg/ 阿爾薩斯特級葡萄園：27

T

Tavel（AOC）/ 塔維勒，隆河：150
Thann/ 阿爾薩斯特級葡萄園：134
Toscane/ 托斯卡納，義大利：14, 84, 128, 156, 157, 177
Touraine（AOC）/ 都漢，羅亞爾河：15, 148-149

V

Vacqueyras（AOC）/ 瓦給雅斯，隆河：151
Valençay（AOC）/ 瓦隆榭，羅亞爾河：149
Vallée de la Marne（AOC）/ 馬恩河谷，香檳區：139
Vin de Corse Calvi（AOC）/ 卡勒維 - 科西嘉：145
Vin de Corse Figari（AOC）/ 菲加利 - 科西嘉：145
Vin de Corse Porto-Vecchio（AOC）/ 波特維其歐 - 科西嘉：145
Vin de Corse Sartène（AOC）/ 撒甸內 - 科西嘉：145
Vin du Thouarsais（AOC）/ 羅亞爾河：149
Vinsobres（AOC）/ 凡索伯，隆河：151
Viré-Clessé（AOC）/ 維列 - 克雷榭，勃根地：137
Volnay(AOC）/ 渥爾內，勃根地：136, 137
Vosne-Romanée（AOC）/ 馮內 - 侯瑪內，勃根地：137
Vougeot(AOC）/ 梧玖，勃根地：137
Vouvray（AOC）/ 梧雷，羅亞爾：53, 61, 149, 177

W-Z

Wiesemburg/ 阿爾薩斯特級葡萄園：134
Zinnkœpflé/ 阿爾薩斯特級葡萄園：134

其他

Agriculture biodynamique/ 自然動力農法：104-105
Agriculture biologique/ 有機農法：103
Agriculture intensive/ 集約式耕作法：102
Agriculture raisonnée/ 合理減藥農法：102
Biodyvin/ 自然動力葡萄酒認證：104
Demeter/ 自然動力法認證：104
Cordon de Royat/ 高登式引枝法：98
Ecocert/ 有機認證：70, 104, 182, 186
Passerillage/ 以風乾葡萄釀造甜葡萄酒的方式：120
Phylloxéra/ 葡萄根瘤蚜蟲：99
Sommelier/ 侍酒師：179-180
Taille en gobelet/ 杯型式引枝法：98
Taille en Guyot (simple ou double)/ 居由式引枝法：98
Tanins/ 56：單寧
Terroir/ 風土條件：130-133
Vendanges de glace/ 冰凍葡萄採收：107, 120
Vendanges tardives/ 遲摘葡萄採收：107, 120
Vin de terroir/ 風土葡萄酒：68, 133
Vin de cépage/ 單一品種葡萄酒：68, 133
Vitis vinifera / 歐亞種釀酒葡萄：75